괜찮아 지금은
위험하지 세계일주
않아 전성시대

괜찮아 위험하지 않아

지금은 세계일주 전성시대

글·사진 정화용

한국인, 세계일주에 최적의 조건을 갖춘 국민

세계일주! 말만 들어도 가슴 떨리고 설레는 기분이 듭니다. 이 책을 펼치는 순간 바로 여러분도 그 세계일주의 주인공이 될 수 있습니다.

한국인들에게 지금은 세계일주를 하는 데 최적기라고 할 수 있습니다. 10대 청소년부터 신혼부부, 직장에서 은퇴한 분들까지 세대를 불문하고 세계일주에 대한 꿈을 실현하는 사람들이 가파른 기울기로 늘고 있고, 이를 반증하듯 인천국제공항은 매해 출국자 신기록을 세우고 있습니다. 여행 불모지라고 할 수 있었던 아프리카, 남미 대륙에서도 이제는 한국인 여행자를 쉽게 찾아볼 수 있게 되었지요.

다른 세상 얘기 같다고요? 네, 불과 5년 전만 해도 딴 세상 얘기였을지 모르지만, 지금은 결코 아닙니다. 제가 감히 말씀 드리자면 한국인은 세계일주를 떠나는 데 가장 좋은 배경을 갖추고 있는 사람들이라고 단언할 수 있습니다.

지금부터 그 이유를 간단히 소개해 드리지요.

먼저 대한민국 여권입니다. 한국 여권이 세계 여권파워에서 랭킹 3위를 차지할 정도로 강력한 지위를 가지고 있다는 건 이제 누구나 다 아는 사실일 겁니다. 특히 이 한국 여권은 3개월 이상의 장기여행에서 더욱 빛을 발휘합니다. 국경을 넘어 다른 나라로 자주 이동해야 하는 세계여행에서 무비자의 혜택은 엄청난 이점이 됩니다.

2018년을 기준으로, 한국인이 무비자로 입국할 수 있는 나라는 무려 188개국이나 됩니다. 이 말은 대한민국 국민이라면 세계 대부분의 나라가 아무런 조건 없이 두 팔 벌려 환영한다는 의미가 됩니다. 덕분에 우리는 "일단 가고보자"는 식의 '충동 여행'도 가능한 전 세계 몇 안 되는, 선택받은 국민이 될 수 있었던 겁니다.

한국처럼 비자 없이 세계 대부분의 나라를 자유롭게 여행할 수 있는 국가는 생각보다 많지 않습니다. 중국의 신흥재벌, 중동의 석유부자들도 세계일주를 가기 위해서는 수십 일 전부터 각 나라마다 까다로운 비자 증빙서류부터 준비해야 하죠. 자유롭게 세계를 여행한다는 면에서 보면 한국인이란 신분이 더 없이 완벽한 조건이 되는 셈입니다.

다음은 한국의 높은 물가가 오히려 세계여행을 하는 데 유리한 조건으로 바뀐다는 역설입니다. 사실상 유럽과 북미를 제외하고 한국보다 물가가 비싼 나라는 거의 없다고 봐도 무방합니다. 하다못해 과일이나 일부 식자재는 물가지옥인 북유럽을 상회하는 수준입니다. 그 외의 아시아, 아프리카, 중남미, 동유럽 등 전 세계 80% 이상의 나라들은 한국보다 물가가 훨씬 저렴합니다. 그래서 항공료를 제외한다면 외국을 여행하면서 쓰는 숙식비가 한국에서 일상적인 생활을 하면서 쓰는 돈보다 훨씬 적은 경우가 허다합니다.

예를 들어, 커피 값만 해도 그렇습니다. 75개국을 돌아다니며 경험해본 바로는 스타벅스 아메리카노 한 잔의 가격이 한국보다 비싼 나라는 스위스와 싱가포르밖에 없었습니다. 우리보다 1인당 GDP가 높은 서유럽, 북미국가들도 커피 한 잔 가격이 한국보다 저렴한 2000~3500원 사이인 걸 보면 한국이 얼마나 물가 강국인지 피부로 느낄 수 있습니다.

예를 하나 더 들어 보겠습니다. 한국의 대형마트에서 1만 원을 주고 쇼핑하라고 하면 얼마나 많은 상품을 살 수 있을까요? 과일 2~5개, 맥주 두 캔을 사고 나면 초록색 1만 원짜리 지폐가 금세 사라질 겁니다. 이에 반해 동남아, 남미, 심지어 유럽에서조차 같은 금액으로 장을 본다면 최소 5~10개의 과일과 3캔 이상의 맥주가 장바구니에 담겨져 있을 것입니다.

비단 장바구니 물가뿐만 아니라 스쿠버다이빙, 패러글라이딩, 살사댄스, 요가강습 등의 액티비티 비용도 해외가 훨씬 더 저렴합니다. 이왕이면 다홍치마라고 같은 돈으로 한국에서 평범하게 생활하느니 '저렴하게' 해외여행을 하면서 추억을 쌓는 게 낫지 않을까요?

최근에는 달러를 제외한 대부분의 화폐를 대상으로 원화 가치가 가장 높은 시기입니다. 특히 볼거리가 많은 터키, 브라질, 이집트, 인도, 러시아 등의 나라는 근 10년 이래 최고의 환율입니다. 환율이 떨어짐에 따라 여행경비가 줄어들게 되는 것은 당연한 이치죠.

터키를 예로 들자면 2년 전만 해도 1리라에 300원 정도의 환율이었지만, 지금은 1리라에 단 180원에 불과합니다. 10리라짜리 식사 한 끼를 먹는다고 치면 3000원에서 1800원으로 무려 40%나 저렴해진 셈이죠. 언제까지 현재와 같은 원화 강세가 쭉 이어질지는 모르지만 한 가지 확실한 건 지금처럼 원화 가치가 강세일 때 세계일주를 가면 그만큼 경제적으로 훨씬 효과적이겠죠?

세 번째는 전 세계적인 한류 열풍입니다. 케이 팝을 필두로 한류 열풍이 퍼지지 않은 나라는 거의 없습니다. 기독교든 이슬람교든, 그리고 백인이든 아랍인이든 인도인이든 인종과 종교를 넘어 케이 팝은 전 세계에서 보편적인 사랑을 받고 있습니다. 심지어 여행금지국인 이라크, 시리아, 이름도 들어본 적 없는 서아프리카 가봉, 말리 같은 나라에서도 무수히 많은 케이 팝 팬들이 존재하죠. 이들 케이 팝 팬들은 직접 한국인을 만나고 싶어 하고, 모두 한국어를 배우고 싶어 합니다.

한류는 90년대 후반 탄생된 이후, 지금까지 한 번도 뒷걸음질을 친 적이 없습니다. 최근에는 한식, 뷰티, 패션 등의 신 한류가 케이 팝 열풍에 편승해 전 세계를 강타하고 있기도 하죠.

하지만 이런 한류 열풍이 10년, 20년 지속될지 누가 알겠습니까? 있을 때 잘 하라고 전 세계인들이 한국 문화와 한국인을 사랑해 줄 때 세계일주를 떠나야 하지 않을까요?

마지막으로 항공 노선의 세계화와 저가 항공사의 대두입니다. 그 중심에는 세계 공항의 허브로 손꼽히는 한국의 인천공항이 있습니다. 먼저 항공료를 살펴보지요. 저의 경우, 1년 10개월 동안 세계일주 여행을 하면서 27번 비행기를 탔고, 항공료로 총 303만 원을 썼습니다. 생각보다 저렴하다는 생각이 들지 않나요?

10년 전만 해도 남미에 한 번 가기 위해서는 왕복 200만 원 이상을 지불해야 했지만 지금은 항공사 프로모션을 잘 이용하면 100만 원도 채 들지 않습니다. 멕시코를 경유하는 한국-남미 노선이 2017년부터 활성화되었기 때문입니다.

아프리카 노선도 마찬가지입니다. 두바이와 카타르가 항공 운항의 중심지로 떠오르면서 이곳을 경유하면 아프리카 남아공이나 케냐와 같은 나라도 100만 원 내외로 다녀올 수 있게 되었습니다. 즉 남미, 아프리카 노선을 피날레로, 한국에서 출발하는 하늘길의 마지막 퍼즐이 완성된 것입니다. 바야흐로 항공 노선의 다양화가 한국인의 세계여행 기폭제가 된 셈이죠.

지금은 N포세대 세계일주 전성시대

한발 더 나아가 저와 같은 대한민국 20, 30대는 세계일주를 떠나는 환상적인 조건을 갖춘 황금세대라고 생각합니다. 요즘 한국의 20~30대들은 결혼과 출산, 내집 마련을 포기하는 추세입니다. 다들 자기가 하고 싶은 걸 마음껏 즐기면서 자유롭게 인생을 살아가고 싶어 하죠.

결혼과 출산을 포기한 만큼 그 잉여에너지와 돈을 다른 곳에 쓸 만한 여력이 생기지 않겠습니까? 어떤 사람은 외제차를 사는 데, 어떤 사람은 매주 맛집을 찾아가는 데 돈과 시간을 쓰겠지요. 여러분이 여행에 조금이라도 관심이 있다면 저는 그 잉여자원을 세계일주를 하는 데 쓰는 걸 강력히 추천합니다. 이왕 혼자서 자유롭게 소확행(소소하지만 확실한 행복)을 즐기고 싶다면 그 범위를 한국에서 세계로 넓혀 보시는 건 어떨까요?

더욱이 결혼과 출산이라는 스케일 큰 인생의 과제를 무기한 연기했다면 반대급부로 얻어야 되는 것도 세계일주 정도의 스케일은 되어야 하지 않을까요? 일종의 보상심리인 셈이죠. 이는 절대 무시할 수 없는 요소이기도 합니다. 남들처럼 '정석코스의 삶'의 길을 따르기 싫다면 그에 상응하는 무언가를 얻을 수 있어야 심리적 안정감과 자신감을 가질 수 있기 때문이죠.

추가적으로 수도권 집값은 평범한 직장인이 월급을 모아서 살 수 있는 수준을 이미 넘어 섰습니다. 한국의 젊은이들이 아등바등 아껴 쓰고 차곡차곡 월급을 저축해도 수도권에 있는 3~4억 짜리 집 한 채를 사려면 최소 십 수 년이란 세월이 필요합니다. 멀쩡한 직장인도 집 한 채 장만하려면 부모님께 손을 벌리거나 대출을 끼얹어서 장만해야 하죠. 온전한 보금자리를 마련하는 게 아무리 중요하다 하더라도 그 과정에서 젊은이들에게 너무 가혹한 희생을 요구하는 게 현실입니다.

이 미친 집값의 1/10도 안 되는 2~3천 만 원이면 세계일주가 가능합니다. 우리가 꿈꿔왔던 전 세계의 명소를 다 가보는 데 수도권의 '평범한 집' 가격의 1/10 수준이라면 상대적으로 저렴하다고 느껴지지 않나요? 어찌 보면 세계일주라는 삶의 대규모 프로젝트가 가소로울 정도로 대한민국 젊은이들 모두 '아파트 마련 대도전'을 하고 있는 셈입니다만 3억짜리 집을 2억 8만천만 원 수준으로, 4억짜리 집을 3억 7천만 원으로 줄인다고 해도 여러분의 삶의 질은 결코 변치 않습니다. 대신 그 차액을 세계일주를 하는 데 투자해보세요. 집 크기 이상의 소중한 추억과 행복을 여러분께 가져다 줄 거라 확신합니다. 누구나 꿈꾸는 인생의 버킷리스트는 평범한 집값에 비해 굉장히 소소한 금액을 요구하고 있다는 사실을 잊지 마세요.

이번엔 20 30대의 절대 다수를 차지하는 1인 가구의 관점에서 세계여행을 알아볼까요? 요즘엔 "○○○에 한 달 살기"라는 라이프와 여행을 섞은 신개념 해외여행이 각광을 받고 있는데, 이게 상당히 매력적입니다. 여행은 여행대로 하면서 쓰는 돈은 한국에서 일상생활을 할 때랑 얼마 차이가 없기 때문이죠. 예를 들어 최근 급격히 떠오르고 있는 여행지인 조지아의 수도 트빌리시에서의 백수인생과, 서울에서의 그것을 비교해보도록 하죠.

트빌리시에서 혼자서 살기에 괜찮은 아파트 렌트비는 한 달에 400 라리, 한화로 약 18만 원 정도입니다. 1달 기준 생활비는 한국의 1/3 가격인 25~30만 원 정도면 기본적인 생활을 영위하는 데 불편이 없습니다. 집값을 포함해도 서울의 최소 생활비보다 비슷하거나 저렴한 편이죠. 비단 조지아뿐만 아니라 한국의 하루 생활비면 개발도상국 2~3일 숙식비와 비슷한 관광명소가 허다합니다.

"몇 개월의 여유시간이 있다."

"아무것도 안 하는 프로 백수가 되고 싶다."

이런 경우라면 한국보다 해외에서 생활해보세요. 최소한 외국 땅에서 숨을 쉬고 있다는 자체만으로도 큰 즐거움을 만들고 일상을 탈피해서 누리는 여유를 느낄 수 있을 것입니다.

한 가지 더 강조하고 싶은 점이 있습니다. 앞서 언급했던 한류와 연계되는 이야기입니다. 한국의 20, 30대들은 세계여행에서 서울대생과 같은 존재라고 할 수 있습니다. 평범한 사람이 "저 서울대 다닙니다."라는 말을 하면 "우와~" 하고 다들 우러러보지 않습니까? 마찬가지로 평범한 동양인으로 해외에 가서 '한국인'이라는 사실을 밝히는 순간 그곳에 있던 현지인들이 경외의 시각으로 바라본다는 겁니다. 전 세계 1억 명이 넘는 케이 팝 팬들이 한국여행자를 만나면 진짜 케이 팝 스타를 만나기라도 한 것처럼 열광해 주고, 게임을 즐기는 소년들은 진짜 한국 프로게이머를 만난 것처럼 바라보기 때문이죠.

이는 한국인이 드문 나라일수록 더 두드러집니다. 광범위하게 퍼진 한류 붐에 비해 대다수 국가에서는 한국인 여행자들이 매우 드문 수준이기 때문입니다. 과장이 아니냐고요? 절대로 아닙니다. 오히려 미디어에서 보여주는 케이 팝의 저력이 과소평가 되었다고 느낄 때가 많았습니다. 이름도 들어본 적 없는 동유럽 소국이나 중남미 국가에서조차 한국인이라는 이유 하나만으로 환대를 받고 특혜를 누렸습니다. 현지인들로부터 초대를 받고 음식을 대접받았던 것은 물론이고, 보잘 것 없는 평범한 외모를 가진 저에게 유럽, 남미 소녀팬들이 몰려들어 셀카 세례를 퍼부었으니까요. 때로는 이웃 나라인 일본, 홍콩 여행자들로부터 질투 섞인 부러움을 사기도 했죠. 여러분의 존재감을 돋보이게 하는 세상이 있다면 그곳은 한국이 아닌 외국일 가능성이 높다는 사실을 꼭 기억해 주세요.

세계일주는 우리 N포세대들에게 희망이 되어 줄 수도 있습니다. 어쩌면 N포세대, 이생망, 흙수저 세대라 놀림을 받는 현실을 탈피할 수 있는 기회이자 수단일 수도 있습니다. 그동안 우리들은 삶의 과정을 성공과 실패, 합격과 불합격의 저울에 매달려 살아 왔습니다. 수능부터, 취업까지 피 터지는 경쟁 분위기를 당연한 듯 받아들여야 했죠.

모두가 성공하면 좋겠지만 한국 사회는 여러분께 그리 관대하지 않았습니다. 한 사람의 성공자 뒤엔 9명의 탈락자가 좌절을 경험해야만 했죠. 취업 후에도 결혼, 출산, 내집 마련까지, 비엔나소시지처럼 줄줄이 우리를 옭아매는 과업에 점점 지쳐가고 있는 게 현실입니다.

하지만 세계일주의 목적은 다릅니다. 애초부터 즐기는 게 목적인 프로젝트입니다. 누구나 성공자가 될 수 있지만 고맙게도 패배자가 될 걱정은 할 필요가 없습니다. 바로 이 점이 제가 가장 강력하게 주장하는 바입니다. 윗세대들이 만들어 놓은 틀에 사로잡혀 경쟁과 좌절만 하지 말고 마음 놓고 세계를 향해 떠나는 건 어떨까요? 마음껏 행복해질 수 있는 기회를 놓치지 말고 한번쯤 과감히 투자해보세요. 행복이 오지 않으면 찾으러 가면 됩니다. 전 세계를 돌아다니면서 말이죠. 우리는 충분히 그럴 자격을 갖추고 있습니다.

한국의 N포세대가 '세계여행을 즐기기 위한' 완벽한 스펙을 갖춘 이유

1. , 출산, 내 집 마련을 포기하거나 연기함으로써 생기는 잉여에너지가 해외여행으로 전이되고 있는 상황이다.

2. 케이 팝 열풍 덕에 한국인을 환영하는 외국친구들이 굉장히 많다. 전 세계에서 한국인을 제외하고 "국적"만으로 그 국민을 환대해주는 나라는 거의 없다는 사실을 잊지 말자.

3. 주입교육 덕에 이론 하나는 풍부한 세대다. 이에 반해 우리에게 부족한 건 경험. 세계일주라는 실전이 더해진다면 최고의 지식인이 될 것이다.

4. 컴퓨터 게임을 즐기는 건 전세계 젊은 남성들의 공통된 취미다. 알다시피 한국인은 컴퓨터 게임에 특화된 최고의 민족이다. 게임을 잘한다는 이유 하나만으로 전 세계 플레이어들의 선망과 존경을 받을 수 있다. (리그오브레전드 오버워치와 같이 전 세계에서 히트친 게임들의 랭커 1위가 한국인인 경우가 굉장히 많다.)

5. 한국 애인을 사귀고 싶어 하고 한국 여자의 뷰티와 패션 스타일을 선망하는 한류 팬들이 전 세계에 산재해 있다. 동양인에 대한 섹스어필 이미지를 바꾸는 건 한류문화를 등에 업은 대한민국 N포세대라는 점을 잊지 말자.

6. 대한민국의 미래는 다민족, 다문화 사회이다. 젊은이들이 세계일주를 한다면 다른 문화, 인종에 대한 시각을 넓힐 수 있다.

7. 한국에서의 생활비와 해외여행 경비가 얼마 차이 나지 않는다. 그만큼 한국의 경제 수준과 생활물가는 세계 최고 수준이다.

8. 한국의 젊은이들은 대부분 종교에 대해 관대하다. 전 세계의 모든 종교를 객관적인 시각에서 바라볼 수 있다.

9. 여행자유화 이후 태어난 세대이기도 하고, 어학연수, 워킹홀리데이, 교환학생 등을 자유롭게 경험해본 첫 세대이기도 하다. 세계일주가 위의 것들의 응용 버전 혹은 업그레이드 버전이라 생각하면 누구나 도전할 수 있는 프로젝트이다. 2000~2010년대 어학연수 붐을 주도했던 기억을 되살려 2018년 이후엔 세계일주 붐을 우리가 만들어보자!

이 에세이는 1년 10개월 동안 55개국을 홀로 돌아다니며 경험한 에피소드에 초점을 맞췄습니다. 한 가지 특이한 점은 35개의 에피소드에 반드시 저 이외의 사람이 등장한다는 겁니다. 혼자 여행을 했지만 아이러니하게 혼자 겪은 에피소드는 하나도 없는 셈이죠. 사람과의 만남이 주제인 에세이인 만큼 여행지에 대한 소개나 감상은 최대한 지양하였습니다. 웅장한 산을 보고 멋지다고, 아름다운 해변을 보고 환상적이다, 라고 느끼는 감정은 누구나 다 비슷비슷하기 때문이죠.

한 가지 더, 책의 서두에는 세계일주를 결심하게 된 계기, 부모님께 어떻게 승낙을 받았는지에 대한 내용이 나와 있지 않습니다. 왜냐고요? 그만큼 세계일주는 더 이상 특별한 일이 아니기 때문이죠.

한 가지 예를 들어 설명해 볼게요. 우리 부모님 세대들 중에 대학을 휴학하고 1년간 캐나다나 호주로 유학을 다녀온 사람이 얼마나 될까요? 아마 당시 최고 상류층의 일부 선택받은 자녀들만 가능했던 일이었을 겁니다. 하지만 지금의 20, 30대에게 캐나다나 호주 유학은 속된

말로 개나 소나 다 가는 일이 되었죠. 지금 누군가가 워킹홀리데이를 떠나게 된 계기를 구구절절 책으로 써낸다면 사람들이 그 글을 읽어볼까요? 분명 "요즘 워킹홀리데이 한 번 안 가는 젊은이가 어디 있겠어."라며 대중들의 관심을 끌지 못할 것입니다. 해외에서 1년 동안 영어공부하며 일도 할 수 있는 획기적인 아이템이 지금은 흔해 빠진 평범한 소재가 돼버린 겁니다.

30년 전의 예시가 너무 오래되었다면 최근 사례를 살펴보도록 할게요. 10년 전만 해도 대학생들의 배낭여행 행선지는 유럽이나 인도 그리고 동남아 국가들에 한정되어 있었습니다. 그러나 지금 대학생들에게 가장 핫한 배낭여행지는 남미의 우유니 소금사막, 몽골의 고비사막, 오로라의 숨결을 간직한 아이슬란드 등입니다. 과거라면 일생에 한번 가볼까 말까 한 특별한 여행지라는 무게감이 많이 가벼워진 느낌이죠.

세계일주 역시 별반 다를 게 없습니다. 장벽이 점점 낮아지고 있고 평범한 사람들이 도전해볼 만큼 보편화 되어가는 수순을 밟고 있는 것이죠. 해외여행의 대중화가 20~30년 전에 진행되었고, 해외유학 및 워킹홀리데이가 대중화가 10년 전부터 진행되었다면, 세계일주는 바로 지금 대중화가 진행되고 있다는 점을 잊지 마세요.

그럼 이 책은 사람들과의 어떤 내용이 담겨져 있을까요? 바로 세계 사람들이 제게 보여준 호의와 베풂의 에피소드, 그리고 그들의 행동에 대한 저의 솔직한 심경이 담겨져 있습니다. 여러분은 이 책을 통해 세계인들의 관습, 문화, 종교가 어떤 식으로 사람을 대하는지, 어떻게 사랑을 주는지 생생히 들여다 볼 수 있을 것입니다.

이 주제를 선택한 이유는 여행을 통해 나 스스로가 편견과 혐오를 벗고 사랑을 배울 수 있었기 때문입니다. 나 역시 N포세대의 일원으로서 사회와 국가에 대한 분노가 극에 달했던 때가 있었습니다. 기나긴 취업준비 기간으로 인한 자신감 상실, 녹록치 않은 신입사원 시절, 평범하게 살아가는 것조차 버겁게 느껴지던 시절이 있었죠. 그리고 이는 자연스레 기성세대에 대한 분노, 특정 집단에 대한 비난으로 이어지곤 했습니다. 누군가를 비난하고 남 탓으로 몰아 붙이며 제 빈곤한 처지를 합리화 한 셈이죠.

세계일주는 제게 혐오와 분노를 어떻게 떨치게 되는지, 어떻게 사랑을 주는지 수학처럼 명확한 해답을 주진 않았습니다. 그저 사람들의 일상적인 생활을 보여주며 사례를 제시했을 뿐이죠. 하지만 저는 한 가지 확실하게 깨우친 점이 있습니다. 사랑과 호의를 꾸준히 받다 보면 자연스레 혐오하는 마음이 사라진다는 점입니다. 그리고 그 희미해진 공간은 사람들로부터 받은 긍정의 에너지들로 가득 차게 되더군요.

진실하고 친절한 타인의 행동은 사람의 모든 것을 변화시킬 만한 힘을 가지고 있습니다. 그런 면에서 세계일주는 수많은 얼굴의 친절함과 사랑을 경험할 수 있는 최적의 무대입니다. 그리고 그 무대의 주연은 바로 여러분이 될 것이라 확신합니다.

contents

남아시아
어리석음을 떨치다

서아시아
혐오를 넘어 평화로

동남아시아

교만을 버리다

태국

태국 인사법인 "와이"는 두 손을 합장한 후,
고개를 약간 숙이면서 "싸와디캅"이라고 말하면 된다.
현지인에게 먼저 인사를 건네 보자. 태국 여행이 한결 따뜻해질 것이다.

세계일주는 투자의 수단?

'드디어 도착했구나, 나의 첫 도시 푸켓!'

2016년 9월 1일, 나의 첫 번째 도시는 바로 아시아의 진주로 불리는 태국 푸켓이다. 코발트빛 바다가 펼쳐진 해변에서 유유자적 거닐고 싶었고, 9월부터 비수기 시즌이라 관광객들이 빠져 나가 조용히 쉴 수 있었기 때문이다. 여유를 만끽하며 해변을 산책하기도 하고, 느긋하게 그늘에 누워 쉬고 싶기도 했던 내게 푸켓은 최적의 스타트 포인트였다.

하지만 웬걸, 푸켓에 도착했을 때 나를 기다리고 있던 것은 혹독한 환영식이었다. 하루에도 두세 차례씩 세차게 휘몰아치는 소나기가 바로 그것이다. 비수기인 데는 다 이유가 있었던 것이다. 게다가 한 번 비가 올 때마다 나이아가라 폭포수 마냥 시원하게 쏟아져 금방 도로가 물에 잠기곤 했다. 도무지 게스트하우스에서 나가볼 엄두가 나지 않는다.

그래도 푸켓에 왔는데 어찌 숙소에만 짱 박혀 있으랴! 비가 그친 틈을 타 푸켓 시내를 돌아다니기로 했다. 출국하기 전에 새로 장만한 야자수 디자인의 티셔츠와 파란 미러의 선글라스를 꺼내 한껏 멋을 부려본다. 2주 전만 하더라도 검은 구두에 새하얀 와이셔츠를 차려입은 영업사원이었던지라 거울에 비친 여행패션이 한없이 어색하기만 하다. 아무렴 어떤가, 휴양지에

서 새 옷을 입는 설렘에 날아갈 것 만 같은 기분인걸.

막상 나가보니 나의 정성스런 세팅이 무안할 정도로 시내는 아주 조용하고 한적하다. 사진에서 보던 수많은 외국인 관광객은 온데간데없다. 빽빽한 간판이 무색할 정도로 사람은 어디로 갔는지 텅 비었고, 길거리 레스토랑의 간이 테이블과 의자들은 미륵사지 석탑처럼 한쪽 구석에 쌓여 있다. 그나마 사진이라도 찍으려고 해변을 향해 걸어가는 찰나, 다시 세찬 빗방울이 쏟아지기 시작한다.

'아, 이게 뭐람. 새 옷을 꺼내 입자마자 다 젖었잖아….'

혼자 투덜거리며 어쩔 수 없이 게스트하우스로 발걸음을 돌린다. 비바람은 더욱 거세지고 열려 있던 몇몇 레스토랑들마저 허둥지둥 마감준비를 한다. 헐레벌떡 숙소로 돌아와 침대에 누워 모바일만 만지작거리는 판인데, 설상가상 문제없이 잘 되던 와이파이마저 갑자기 뚝 끊긴다.

"비는 쏟아지고 와이파이는 먹통이고, 이게 뭐람."

구시렁구시렁, 슬리퍼를 질질 끌면서 1층에 있는 공용 와이파이를 사용하기 위해 내려간다. 때마침 보라색 유니폼을 입은 숙소 직원들이 분주하게 움직이며 테이블과 의자를 세팅하고 있는 중이다.

"방에서는 와이파이가 안 돼서 그러는데 여기서 와이파이 사용해도 되니?"

"응, 물론이지. 그런데 우린 여기서 곧 파티를 할 거야, 너도 같이 참석하는 게 어떻겠니?"

게스트하우스 직원이 생뚱맞게 파티에 초대한다.

"무슨 파티?"

"우리 숙소 매니저가 오늘 그만두거든. 그래서 직원들끼리 파티 하기로 했어."

"너희 매니저가 그만두는데 내가 왜?"

"왜라니? 같이 놀면 좋잖아. 어차피 비도 오고 할 것도 없을 텐데."

"내가 껴도 돼?"

"그야 물론이지!"

내 의도는 "나는 너네 게스트하우스 직원도 아닌데 파티에 참석하는 건 실례가 되는 일이 아닐까? 내가 끼면 불편하지 않겠어?"라는 뜻이었다.

그는 순수한 마음으로 내게 제안을 했겠지만, 한국의 회식문화를 떠올린 나는 바로 승낙하지 못했다. 내 경우를 보면, 주로 같은 부서나 친한 동료끼리 회식을 하곤 했다. 드물게 다른 부서 사람이나 거래처 사람들과의 회식도 있기는 했지만, 그건 어디까지나 비즈니스적인 목적을 염두에 두고 있거나 1년에 한두 번 있는 공식행사 때문이었다. 그래서 '손님인 나'를 회식자리에 초대하는 그의 제안이 낯설게만 느껴진 것이다.

허나 이들은 "지금 같이 있으니까 다 함께 즐겨야지!"라는 마인드로 자연스럽게 날 파티에 끌어들이고 있다. 이 얼마나 기분 좋은 초대인가! 심심했던 차에 고마운 마음으로 이들의 송별파티에 참석하기로 한다. 그리곤 그들 틈에 끼어 테이블을 세팅하고, 창고에서 와인이랑 맥주를 옮기는 걸 돕는다.

잠시 후 6명의 직원들과 조촐한 송별파티가 열렸다. 게스트하우스 사장은 데이비드라는 영국 친구인데, 한때 런던에서 잘 나가는 하이클래스의 비즈니스맨이었다고 한다. 50살의 중년이지만 아직 미혼일 만큼 매일 매일을 바쁘게 살아왔다고 하는데, 머리를 식힐 겸 잠시 푸켓에 놀러왔다가 이곳이 너무나도 마음에 들어 아예 정착했다고 한다. 파티의 주인공인 매니저는 '느엉'이라는 친구였는데, 곧 출산을 하게 되어 그만두게 되었다고.

우리는 와인과 맥주를 번갈아 마시며 왁자지껄 이야기꽃을 피운다. 덥고

습한 날씨인지라 냉장고에서 맥주병을 꺼내자마자 송골송골 이슬이 맺히기 시작한다. 업무의 연장선이라고 불리는 우리 회식문화와는 사뭇 다르다. 느엉이 데이비드와 자연스레 어깨동무를 하며 셀카를 찍고, 데이비드는 최근에 타이 마사지를 배웠다며 직원들을 상대로 무료 마사지 시범을 선보이는데, 직원들은 고개를 절레절레 흔든다.

"음… 영국 마사지는 영국 음식보다 최악이야."

순간 데이비드를 제외하고 다들 박장대소를 터뜨린다. 영국 음식에 대한 평가는 국적 불문하고 다들 똑같은가 보다. 거세지는 비바람에 맞춰 분위기도 점점 무르익어 간다. 비를 맞으며 노래를 부르는 친구도 있었고, 술이 거나하게 취한 직원은 로비 소파에 기대앉은 채로 꿈나라로 접속한다. 모두의 표정에는 웃음꽃이 만발하고 들떠 있다. 나 역시 손님과 직원의 사이에서 자연스레 그룹의 일원이 된 것처럼 모두와 행복 바이러스를 나누며 술을 들이킨다.

"데이비드, 여기 원래 분위기가 이래? 다들 정말 친절하고 항상 에너지가 넘쳐."

"지난주만 해도 성수기 막바지라 정말 바빴거든. 다들 여유가 생기니 기분이 좋아졌나봐."

"그런데 넌 어쩌다가 푸켓에 게스트하우스를 차리게 된 거야? 넌 태국인도 아닌 영국인이잖아."

나는 문득 그의 과거 스토리가 궁금해졌다.

"난 영국에 있을 때 투자회사에서 일했어. 돈이라면 먹고 살만큼 문제없이 벌었고, 주말에는 취미생활을 하면서 나름 만족하며 지내고 있었지. 하지만 푸켓을 여행한 이후로 내 인생은 송두리째 바뀌게 된 거야."

"어떻게?"

"난 이곳이 정말 마음에 들었어. 날씨가 따뜻하고 아름다운 바다가 있는

이곳에 점점 빠져들게 되었지. 이곳에 지내면서 서핑도 배우고 스쿠버 다이빙도 배우게 되었어. 저 벽에 걸려 있는 사진을 봐봐, 저게 나야. 저 오른쪽에 있는 사진은 작년에 내가 스쿠버다이빙을 하면서 찍은 사진이고…."

데이비드는 신이 나서 계속 말을 이어갔다.

"매번 휴가로만 오다가 매해 늘어나는 관광객을 보며 나는 이곳의 가능성을 눈여겨봤지. 결국 이곳에서 내 남은 인생과 대부분의 재산을 투자하기로 결심했어. 그래서 런던에서의 삶을 청산하고 푸켓에 새로 정착하게 된거야. 아, 그리고 이 게스트하우스는 내가 운영하는 건 맞지만 본업은 아냐. 내 진짜 직업은 부동산 투자업이야. 영국에서 하던 일을 경력 삼아서 하고 있지. 평일에는 새로운 투자자를 만나거나, 내가 계약할 부동산을 알아보고, 주말에는 잠깐 이곳에 와서 게스트하우스 일을 거들고 있어."

우리나라 직장인이면 슬슬 회사에서 보이지 않는 권력투쟁과 퇴직을 준비해야 할 나이인데, 이 친구는 자신이 살고 싶은 곳에서 제2의 인생을 살고 있는 것이다. 과연 과거 해가 지지 않는 나라라고 불리던 영국인의 DNA 때문일까. 나는 그의 도전정신이 정말 대단하게 느껴졌다. 나 역시 세계여행 후에 해외에서 제2의 인생을 계획하고 있던 터라 그에게 궁금한 점이 많았다.

"아, 그렇구나. 앞으로도 이곳에서 계속 부동산 일을 할 예정이야?"

"그건 또 모르지. 지금은 푸켓에 있지만, 푸켓보다 더 마음에 드는 곳이 있다면 난 언제든지 떠날 수 있는 걸. 화용, 넌 세계일주 중이라고 했지? 새로운 문화를 경험하고 새로운 사람들을 만나는 거 자체가 투자의 기본이라고 생각해. 전 세계를 돌아다니며 너의 인생을 투자할 곳을 찾아봐. 세상은 넓고 사람들이 필요로 하는 건 정말 끝도 없다고!"

세상만물을 투자의 눈으로 바라보는 그에게서 나는 여행의 또 다른 시각을 발견하였다. 문득 며칠 전, 세계일주를 떠나는 내게 농담조로 했던 친구의 말이 생각났다.

"그 친구 팔자 좋네, 세계일주 같은 사치를 부리다니…."

당시엔 그 말을 듣고 그냥 웃어넘겼지만 기분이 썩 유쾌하지는 않았다.

각자 자신의 주관이 있는 만큼 세계일주에 대한 생각도 제각각일 수 있다. 같은 세계일주를 두고도 내 친구처럼 사치라는 시각으로, 데이비드처럼 투자의 일환으로도 볼 수 있는 것이다. 나의 시각으로서 한마디 하자면 세계일주는 더 이상 금수저들만의 점유물은 아니라는 것이다. 해외여행에 대한 인식이 많이 가벼워졌다 하더라도 세계일주는 '딴 세상 얘기'라고 못 박아놓고 얘기하는 친구들을 너무 많이 보았기 때문이다.

여행은 언제나 돈의 문제가 아니라 용기의 문제라는 파울로 코엘류의 명언도 있지 않은가! 그게 동남아 3박 4일 여행이든 2년짜리 세계일주든 용기의 문제라는 본질은 다를 바가 없다고 굳게 믿고 있다.

술자리는 절정을 향해 내달리고 있었다. 뒤늦게 합류한 독일인 커플과 중국인 여행자 짜오양도 송별파티를 더욱 빛내주고 있다. 새로운 등장인물이 나타날 때마다 마치 내가 파티의 호스트인 양, 그들을 이 행복파티에 합류시킨다. 아까 전에 "내가 왜 너희 파티에 참가해?"라고 말했던 사람이 정녕 나였던가? 라고 반문할 정도의 LTE급 태세전환이다.

여행자라는 유대감 하나로 생판 모르는 외국인들과 함께하는 왁자지껄한 술자리. 내가 한국에서 기대하던 여행의 일면이다. 돌아가며 자국 언어로 '건배'를 외치고 단체 셀카를 찍으며 이 순간을 남긴다. 지난 2년 동안 기계처럼 반복되던 일상 덕에 정체돼 있던 인맥이 갑자기 폭발하는 느낌이다. 새삼 이런 행복한 송별회에 나를 초대해 준 친구들이 너무나도 고맙기만 하다.

세찬 빗줄기는 쉴 새 없이 쏟아지고 밤이 깊어갈수록 우리들의 혈중 알코올 농도는 더욱 진해진다. 푸켓의 코발트빛 바다를 즐기진 못했지만, 첫 출발이 굉장히 만족스럽다. 여행에서의 좋은 인연은 언제나 행복을 부르는 마법 같다. 이 때문일까? 목구멍으로 넘어가는 술이 더 달게만 느껴진다.

데이비드와 숙소 직원에게 보내는 한 줄 편지

세계일주 첫날 너희를 만난 건 큰 행운이었어. 너희는 새로운 친구를 어떻게 사귀어야 하는지 좋은 예시를 보여준 셈이거든. 고마워.

미얀마

미얀마를 여행하면서 다나까라는 전통 화장품을 바르고,
론지라는 긴 치마형태의 복장을 입어보자.
그리고 불탑 앞에 앉아 조용히 명상을 해보면 진정한 미얀마의 맛을 느낄 수 있다.

날아가 버린 900달러, 그리고 돌이킬 수 없는 사랑

"잔말 말고 일단 오라니까! 오는 거 맞지?"

고3학 시절 짝꿍인 철호는 미얀마에서 주재원으로 일하고 있었는데, 세계일주를 시작하면 미얀마 양곤에 꼭 들르라면서 출국 전부터 귀에 딱지가 앉도록 당부하곤 했었다.

미얀마는 관광객들의 때가 덜 탄 동남아의 마지막 보석이라 일컬어지는 곳이다. 수 천 수 만 개의 파고다가 장관처럼 펼쳐진 고대도시 바간은 내가 꼭 가보고 싶은 곳이기도 하였으므로 주저 없이 미얀마로 향했다. 하물며 '절친'이 부르고 있는데 가지 않을 도리가 있겠는가!

세계일주 첫 도시 방콕에서 약 2시간을 날아 미얀마 수도 양곤에 도착했다. 공항에는 친구가 마중을 나와 있다. 누군가가 나를 위해 마중을 나온다는 건 참 기분 좋은 일이다. 특히 그곳이 국제공항이라면 더더욱 말이지.

"오느라고 고생 많았지?"

"고생은 무슨, 원래 미얀마에는 올 계획이 없었는데 너 때문에 온 거야. 알고는 있지? 그나저나 네가 입고 있는 이 치마는 뭐야?"

"치마 아냐, 이거 론지라고 불리는 미얀마 전통복장이야."

그리고 보니 주변 현지인들은 남녀노소 할 것 없이 대부분 론지를 입고 있다. 발목까지 길게 내려오는 모습이 꼭 일본의 기모노를 연상시킨다. 태국만 해도 다들 편안한 캐주얼 차림이었는데, 알록달록한 전통복장을 보니 확실히 때 묻지 않은 미얀마에 왔다는 게 실감 난다.

우리는 공항을 떠나 철호가 미리 예약해 준 호텔로 갔다. 아침 일찍 일어나 비행기를 탔던 탓에 무척 피곤했지만 새로운 나라에 온 설렘으로 싱글벙글, 기쁨을 감출 수가 없다. 체크인을 하자마자 무거운 백팩을 내려놓고 짐을 푼다. 보조가방에 넣어둔 물품을 선반 위에 올려놓으며, 환전을 하기 위해 가방 깊숙이 숨겨두었던 달러 봉투를 꺼냈다.

그런데 뭔가 느낌이 이상하다. 두꺼웠던 돈 봉투가 왠지 가볍게 느껴진다. 얼른 손가락을 집어넣어 안에 있는 달러를 모두 꺼내 한 장 한 장 세어본다. 분명히 어제 아침까지만 해도 17장이던 100달러짜리 지폐가 고작 8장밖에 없다. 그럴 리가 없는데…. 떨리는 손가락으로 두 번 세 번… 열 번도 넘게 다시 세어본다. 여전히 8장만 있을 뿐이다. 얼굴이 점점 빨갛게 달아오르기 시작하고 심장박동수는 미친 듯이 올라간다.

혹시 가방 다른 부분으로 샌 건 아닌지 노트북 사이, 공책 사이 사이를 다 뒤져본다. 그래도 행방불명이다. 당황한 나는 보조가방을 뒤엎어 물건을 마구 쏟아내기 시작한다. 가능성이 있는 곳은 전부 찾아보지만 끝끝내 나오질 않는다. 눈앞이 노래지고, 눈에는 눈물이 조금씩 고이기 시작한다. 그때까지 장난을 치는 줄로만 알았던 철호도 심각해진 표정으로 내게 묻는다.

"야, 너 왜 그래? 뭐 잃어버린 거 있어?"

"철호야, 나 큰일 났어. 돈을 도난당한 거 같아."

"뭐라고? 얼마나?"

"900달러…."

그렇다. 난 세계일주를 시작하고 일주일 만에 900달러라는, 100만 원에 가까운 비상금을 털린 것이다. 여행경비의 1/20에 가까운 거금이다. 믿을 수 없는 현실에 아무 말도 나오지 않는다.

망연자실 침대에 기대 한숨만 푹푹 내쉬면서 시체마냥 꼼짝도 하지 않은 채 초점 없는 눈으로 멍하니 벽지만 보고 있다. "아, 내가 어떻게 번 돈인데, C발…." 입에선 쉴 새 없이 욕만 쏟아져 나온다.

그러다 문득 어제의 기억이 떠오른다. 맞다. 그래… 분명 그놈이야!

나는 어제 스페인 녀석과 2인실 룸에 묵었더랬다. 호스텔은 새로 지어진 신식 숙소였고, 보통 방 열쇠를 주는 호스텔과는 달리 스마트키를 주었을 만큼 보안도 철저한 편이었다. 하지만 그게 화근이었다. 스마트키만 믿고 중요한 물품이 들어 있는 보조가방을 라커에 넣지 않았던 것이다. 나랑 스페인 녀석 둘뿐이었기에, '설마 저 스페인 놈이 훔쳐가겠어?'라고 방심했다가 당한 것이다.

어제 그놈의 언행을 떠올려 보니 더 확실하다는 생각이 든다. 저녁 늦게 돌아온 내가 인사를 건네자 그놈의 반응은 무척 냉랭했었다. 자꾸 나와 눈이 마주치는 걸 피했고, 나를 관찰하는 것처럼 힐끔거렸던 게 떠오른다. 그때는 '원래 저런 애인가? 거, 희한한 녀석이네.' 하고 대수롭지 않게 넘겼었는데, 다 이유가 있었던 것이다. 비상금은 어제 아침에도 확인했었고, 비상금이 든 가방은 내 룸에서 나간 적이 없었다. 심증으로는 100퍼센트 그놈이었다.

하지만 어쩌랴. 문제는 난 이미 방콕을 떠나 미얀마 양곤에 있다는 것이다. 다시 방콕으로 돌아갈 예정이기는 하지만 그건 일주일 후의 일이고, 한 가지 더, 확실한 물증이 없다는 것이다. 방에서 당했기에 CCTV도 없고 목격자가 있는 것도 아니다. 하⋯ 진짜 답이 없다. 답이 없어!

뾰족한 해결책이 없기에 생각할수록 짜증만 더해질 뿐, 당장 호스텔에 긴급 메일을 보내보는 것 외에는 지금 할 수 있는 게 아무것도 없다.

몇 시간 후, 나의 멘탈을 제대로 녹 다운시킨 사건이 하나 더 발생한다. 바로 여자 친구에게 차인 것이다. 사실 여행을 떠나기 한 달 전부터 이별을 암시하는 낌새가 보이기는 했다. 다만 내가 애써 그런 분위기를 모른 척 해가며 방어했을 뿐. 여자 친구가 찔러보는 식으로 불길한 멘트를 날릴 때마다 좋게, 좋게 대답하고 화제를 다른 쪽으로 돌리곤 했었다.

하지만 안 좋은 예감은 항상 맞아 떨어지는 법이던가. 결국 여행 7일차에 여자 친구에게 차였다. 그것도 최소한의 여지도 남겨두지 않은 채 말이다. 수화기 너머에서 들려오는 잔인한 이별의 말들이 겨우 버티고 있던 멘탈마저 와르르 무너뜨렸다.

홧김에 여자 친구를 위해 여행을 하면서 찍었던 프로젝트 감동영상을 눈물을 머금고 바로 지워버리려 하다가 멈칫 했다. 막상 지우려다 보니 내 딴에는 4년간의 사랑에 미련이 남아 있었나 보다. 카메라 스크린 하단의 삭제 버튼을 누르는 게 여간 힘들지 않다. 애꿎은 엄지손가락만 허공에 오가기를 수십 번, 주인 잃은 동영상은 그렇게, 꽃을 피우기도 전에 SD 메모리카드에서 영원히 사라져 버렸다.

연타석 어퍼컷을 맞고 링 위에 자빠진 복서가 딱 지금의 내 꼴이다. 돈은 태국에서 날아가고, 이별을 통보한 여자 친구는 한국에 있고, 나는 미얀마에 있다. 하, 진짜 노답이다. 뭘 어찌 해결해보려 해도 답이 안 나온다. 여행을 시작한 지 불과 일주일도 안 돼 이게 뭔 꼴인가. 내가 생각했던 세계일주가 이런 거였나? 슬픔, 자괴감, 비참함, 분노, 짜증… 온갖 네거티브 감정이 봇물 터지듯 몰려온다.

"100만 원이면 3천 원짜리 현지 식사를 300번이나 하고 1만 원짜리 게스트하우스에서 100박이나 할 수 있는 돈인데…."

누가 구두쇠 여행자가 아니랄까봐, 100만 원으로 할 수 있는 모든 일들이 눈앞에 아른거린다. 에휴… 이런 철딱서니 없는 비교질만 하고 앉아 있는 내가 스스로도 참 못나게 보인다.

"으이구, 이런 병신 같은 생각만 하니 차였지. 사물함이 있는데, 사용하지 않은 네가 천하의 멍청이인 거야. 그리고 언제 돌아올지도 모르는 너를 여친이 기다려 줄 거 같았어? 완전 오버야, 오버! 요즘 같은 자유연애 시대에 누가 얌전히 기다려 주겠어. 여친이 나쁜 게 아니라, 여친을 남겨두고 혼자 세계일주를 떠난 네가 이상한 놈이지…."

초상집 분위기가 계속되자 철호가 팩트 폭격을 하며 나를 위로해 준다. 오랜 친구가 주는 이점의 하나는 그의 앞에서 바보가 되어도 괜찮다는 점이랄까. 어린아이처럼 징징대는 나를 평소처럼 허물없이 대하는 친구의 태도가 큰 힘이 되어주는 것만 같다.

"쉐다곤 파고다에나 가자. 나도 스트레스 받을 때마다 거기에 가서 힐링을 했어. 파고다에서 저녁 바람이라도 쐬면 기분이 나아질 거야. 기운 좀 내고 자식아!"

혼자 조용히 호텔에서 마음을 가다듬고 싶었지만, 철호가 다그치듯 내 등을 떠민다. 괴롭고 복잡한 마음을 어떻게든 지워버리고 싶었다. 가만히

있느니 차라리 철호 말대로 아무 생각 없이 기도라도 하면 마음이 좀 누그러질 것 같기도 했다.

주섬주섬 옷을 차려 입고 미얀마의 상징인 쉐다곤 파고다로 출발. 지금이라도 "이건 몰래 카메라야!"라면서 사라진 900달러와 헤어진 여친에게서 아무 일도 없다는 듯 전화가 왔으면 하는 심정이다.

무거운 마음을 억지로 이끌려 간 곳이긴 했지만, 쉐다곤 파고다의 아름다움은 기대 이상으로, 가히 압도적이다. 100미터 높이의 불탑은 온통 황금으로 도배돼 있고, 탑 꼭대기에는 무려 5천여 개가 넘는 다이아몬드와 루비가 찬란한 빛을 뿌리며 우아한 자태를 뽐낸다. 아이러니하게도 가장 슬프고 비참한 날에 가장 압도적인 불교 유적지를 만나게 된 것이다.

일몰 시간에 맞춰 탑 주변의 노란색 전등이 하나 둘 켜지기 시작하면서 온 천지가 황금빛으로 물들어 가고, 나는 황홀한 빛의 공간에서 얼이 빠진 채 입을 다물지 못하고 있다. 불교에서 말하는 극락세계가 있다면 바로 이곳이리라. 잠시나마 머릿속에 끼여 있던 마구니가 얼음처럼 녹아서 흘러내린다.

파고다 주변에 둥그렇게 모여 앉아 두 손을 모으고 간절한 불심으로 부처님께 기도하는 현지인들의 모습이 한없이 경건하다. 분위기에 휩쓸려 나 또한 조용히 그들 틈에서 두 눈을 감고 양손을 모은다.

'그래 잊자. 전부 다 본래부터 없던 것이라고 생각하자. 법정스님의 『무소유』에도 크게 버리면 크게 얻는다고 하지 않는가. 그깟 100만 원, 헤어진 여자 친구! 내 인생 전체에서 보면 아무것도 아니다. 나쁜 일이 있으면 곧 좋은 일도 생기는 법이겠지.'

부처님께 하소연이라도 하듯 기도를 마치니 조금은 기분이 풀린다. 바로 이런 게 기도의 힘인가? 잠시나마 따뜻한 온천물에 몸을 담근 것처럼 마음에 평안이 깃들고 스트레스로 숨 막히던 가슴도 뚫리기 시작한다.

파고다를 보고 출구로 나갈 때, 철호가 말없이 어깨를 툭툭 두드려준다. 오랜 절친이 아니랄까봐 조금은 진정된 내 기분을 금방 알아채는 것 같다. 혼자였다면 진짜 누구에게 하소연조차 못했을 텐데 이렇게 친구가 곁에 있어 주는 것만으로도 큰 위안이 되는 것 같다. 어둠 속에서 친구와 걷는 것이 밝은 빛 아래서 혼자 걷는 것보다 훨씬 낫다고 했던 헬렌 켈러의 명언이 지금 딱 내 심정이리라.

오늘 나를 만나기 위해 회사에 휴가를 신청하고 직접 4성급 호텔까지 예약해 준 멋진 놈이다. 헌데 나는 친구에게 제대로 된 감사인사도 전하지 못했다. 그저 내가 우울하다는 이유로 가까이 있는 소중한 우정에 대해 무신경했던 것은 아닐 런지. 미안함과 고마움이 물밀 듯 밀려든다.

엎질러진 물은 다시 담을 수 없고, 사라진 돈과 여친은 다시 돌아오지 않는다. 최대한 빨리 잊어버리고 훌훌 털어버리는 대인배의 자세가 필요한 시점이다.

여행을 하노라면 누구에게나, 어느 순간에나 위기는 찾아오기 마련이다. 내게는 그런 위기가 좀 더 빨리 찾아왔을 뿐이다. 다시 나아가자. 난 지금 그토록 꿈을 꿨던 세계일주 중이니까.

철호에게 보내는 한줄 편지

우리가 보낸 최고의 날이 언젠지 알아? 수능 다음 날 홀가분한 마음으로 생애에서 첫 번째로 PC방 6시간 야간이용권을 끊었을 때야. 그게 벌써 11년 전의 일이 되었구나. 미얀마에서의 그날, 문득 그때의 기억이 떠오르더라.

꾀죄죄한 소년의 향기

"와… 이게 전부 불탑이라니!"

세계 3대 불교유적지라 일컬어지는 미얀마 바간은 과연 이름값에 전혀 부족하지 않는 곳이다. 드넓은 초록빛 누리에 수천 개의 파고다(불탑)가 펼쳐진다. 왼쪽을 둘러봐도 오른쪽을 둘러봐도 오로지 파고다 세상이다. 끝도 없이 펼쳐진 빼어난 경관에 없던 불심마저 생겨날 지경이다. 형형색색의 파고다는 저마다의 미모를 뽐내며 소리 없는 유혹을 하고 있는 중이다.

비수기여서 사람이 없는 건 좋았지만, 대신 수많은 잡상인들과 호객꾼들이 나를 내버려두지 않는다. 이름값이 좀 있는 파고다에 가면 어김없이 달라붙는다. 오토바이를 세우기도 전에 졸졸 따라오며 엽서나 싸구려 장신구를 들이민다. 간만에 찾아온 손님을 절대 놓치지 않겠다는 강력한 의지로 옷깃을 잡고선 절대 놓아 주질 않는다.

"아이고, 나 거지 여행자야. 괜히 시간 낭비하지 마."

꽤나 끈질기게 달라붙다가도 내가 기어이 사질 않으면 대뜸 삐진다. 마음 같아선 팔아주고 싶지만 900달러나 털린 마당에 긴축재정을 유지할 수밖에 없다. 아직까지 여친과 잃어버린 돈 때문에 받은 내상이 회복되지 않은 터여서 조용한 파고다에서 혼자 쉬고 싶었다. 잠시 스쿠터를 세워놓고 아무도 없는 낡고 부서진 황갈색의 파고다를 보다가 입구로 들어서려고 하니 철문이 굳게 잠겨 있다.

"저 파고다에 올라가려고?"

낯선 목소리에 고개를 돌리자 열 살 정도 되는 허름한 옷을 입은 꼬마아이가 나를 올려다본다. 한눈에 미얀마 소년이다.

"응, 올라가고 싶은데, 문이 잠겨 있네?"

"잠깐만 기다려. 내가 열쇠를 가지고 있어."

잠시 후 꼬마아이는 정말 열쇠를 가져오더니 자기 주먹만큼이 커다란 자물쇠를 열어 준다. 꼬질꼬질한 옷만큼이나 자물쇠를 여는 소년의 손도 새까맣고 땟자국이 선명하다.

"자, 이제 올라가봐."

"아아, 고마워. 그런데 왜 네가 열쇠를 가지고 있어? 여기가 너희 집이야?"

"응, 난 이 동네에 살아. 여기 관리자가 오늘 출근을 안 하셔서 대신 내가 온 거야."

소년의 이름은 랑이, 12살이었다. 이곳에서 태어났고, 한 번도 바간을 벗어나 본 적이 없다고 한다.

"넌 왜 여기 혼자 있니? 부모님은? 학교는?"

나는 12살짜리 소년이 왜 이곳에 홀로 있는지 온통 궁금했다. 12살짜리 소년이라면 학교와 학원을 오가며 한창 배움의 시기를 보낼 때 아닌가. 방과 후에는 PC방에서 게임을 하거나 운동장에서 삼삼오오 모여 축구를 즐기는, 한국 아이들의 일상과는 비슷한 점이 하나도 없었다. 더욱 놀라운 점은 단순히 거지소년이라고 하기엔 이 친구의 영어가 굉장히 능숙했다는 점이다.

"엄마는 시장에서 일하셔. 그리고 난 원래 아빠가 없었어."

"아빠가 원래 없었다니?"

"누군지도 모르고 본적도 없거든. 요즘은 거의 이곳에서 혼자 생활해."

짐작컨대 소년의 어머니는 싱글맘이었음이 거의 확실하다. 옷차림은 꾀 죄죄하고 몸에선 살짝 악취가 풍겼지만 눈동자만큼은 생기발랄하고 초롱 초롱 빛난다. 말투엔 자신감이 넘쳤고, 어린 나이임에도 맑고 침착한 눈빛 에서는 상대를 압도하는 카리스마가 느껴진다. 점점 소년에게 흥미가 생기 기 시작한다.

"영어는 어떻게 배웠니?"

"여기에 오는 외국인 관광객이랑 얘기하면서 배웠지. 한국어랑 일본어도 할 줄 알아. 조금밖에 못하지만."

그러더니 갑자기 한국어 문장 몇 마디를 늘어놓는다. 발음도 완벽하고 단어의 뜻도 정확히 알고 있다. 한국어 교육을 한 번도 받아본 적이 없다는 게 도저히 믿기지 않을 실력이다. 게다가 이 친구 머릿속에는 바간의 완벽 한 지도가 들어 있다. 웬만한 파고다의 위치를 모조리 꿰뚫고 있었고, 일몰 은 어느 방향으로 지는지, 내 숙소는 어느 쪽인지 완벽히 알고 있다.

나는 대화를 나누면 나눌수록 랑이의 총명함에 감탄했다. 도저히 이곳에 서 자물쇠나 셔틀해 줄 그릇이 아니었다. 오지랖일지는 몰라도 재능에 비해 이 소년이 처해 있는 가난한 현실과 빈약한 미얀마의 교육시스템이 아쉽고 야속하다.

"넌 앞으로도 여기서 살고 싶어?"

"응, 물론이지."

"거짓말. 넌 신발 한 켤레도 없잖아."

"괜찮아. 난 이곳이 정말 즐겁고 재밌는 걸."

랑이는 이곳에서 지내는 생활에 아무런 불만도 없다고 자신 있게 말한 다. 이곳에서 노는 게 행복하고, 앞으로도 여기 바간에서 계속 살고 싶다고

한다. 나의 은근한 유도심문에도 현재의 삶에 대해 만족스러워 하는 대답은 끝까지 변함이 없다. 맨발로 드넓은 불교 유적지를 운동장 삼아 자유롭게 돌아다니는 모습이 정말로 행복해 보인다.

'하긴… 12살이라고 무조건 학교에서 공부만 하라는 법은 없지.'

어쩌면 나는 그를 똑똑한 영재의 시각으로만 봤는지 모른다. 그가 지금 느끼는 즐거움과 행복은 배제한 채, 재능에만 초점을 맞춰 안타까운 영재소년이라고 싸구려 동정을 날린 것은 아니었나 싶다. 교육의 목적이 행복한 삶이라면 랑이는 이미 우수한 성적을 거둔 모범생이 분명했다.

"이따가 일몰 보러 여기로 와. 여기가 제일 잘 보여."

소년이 난데없는 제안을 한다. 타이밍이 기가 막히다. 그렇잖아도 파고다를 돌아다니면서 일몰 포인트를 찾던 중이었기 때문이다. 유명한 곳은 사람들이 너무 몰려서 거부감이 들었고, 그렇다고 아무데나 무작위로 가는 건 도박이었다.

"나도 보통 여기서 선셋을 봐. 여기서 보는 하늘이 정말 예쁘거든. 선셋을 보러 오는 사람도 거의 없지."

소년의 말대로 이곳 파고다 위에서 보는 경치는 정말 숨 막히게 아름답다. 게다가 다른 파고다보다 높지도, 외관이 특별히 아름답지도 않아서 관광객들이 몰려들지도 않는다. 조용히 명상하듯 일몰을 보고 싶었던 내게 이곳은 안성맞춤이었다. 마음속으로 쾌재를 부르며 랑이에게 일몰 시간에 맞춰 꼭 오겠노라 약속한다.

"6시 반에 이곳에서 만나는 걸로 하자. 늦으면 안 돼!"

"난 여기에 계속 있을 거야, 걱정 마."

안전모를 쓰고 수건을 목에 두른 인부들이 뜨거운 태양 아래에서 보수 작업을 하고 있다. 벽돌을 잔뜩 쌓아올린 지게를 지고 사다리를 조심조심 올라간다. 반대쪽의 작업자는 아슬아슬 한쪽 발만 탑 계단에 걸친 채 무너져 내린 벽면에 살을 덧붙이고 있다. 부실한 안전장치 탓에 지켜보는 나까지도 조마조마하다.

지난 2016년 8월, 바로 이 찬란한 불교유적 바간에 규모 6.8의 지진이 밀어닥쳤다. 강한 진도만큼이나 수백 개의 파고다가 무너지거나 훼손되었다고 한다. 최근 바간의 이름값에 비해 관광객이 현저히 줄어든 것도 그 탓이었다.

그러나 이 세계적인 불교 문화유산을 복구하기 위한 미얀마인들의 불심은 결코 무너지지 않았다. 자발적으로 금을 기부해 쉐다곤 파고다를 황금빛 탑으로 물들였던 것처럼, 수 백 수 천 명의 미얀마인들은 국가의 자존심과도 같은 바간 유적지를 복구하기 위해 자발적으로 봉사에 나섰고, 밤낮으로 구슬땀을 흘리고 있다. 유네스코도 유물복원 전문가를 파견해 복구 작업을 지원하는 중이라고 한다. 역사와 인류문화에 관심이 많은 여행자로서, 인류가 남긴 위대한 유적지를 지키려는 이런 노력들은 정말 흐뭇하고 보기 좋다.

좀 더 가까이 다가가 구경해보기로 한다. 문화유산을 복구하는 하는 일은 내가 어렸을 적부터 관심이 많았던 직업이었기에 이런 현장이 더욱 흥미롭다. 「냉정과 열정 사이」라는 로맨스 영화를 볼 때도 주인공의 러브스토리보다 '미술품 복구가'라는 그들의 직업에 더 흥미를 느끼면서 보았을 정도였다.

복구 작업을 하는 데는 남녀노소가 없다. 사춘기 소녀부터 밤색 승복을 입은 스님들까지 모두 안전모를 쓰고 건축자재들을 쉼 없이 나르고 있고, 한쪽에선 하얀 와이셔츠에 인텔리 분위기를 풍기는 중년 남자가 작업을 총괄 지휘하고 있다. 가만히 서 있기조차 힘든 더운 날씨에도 저들은 바삐 움직이고 있다. 뭐라도 도와주고 싶었지만 해 줄 수 있는 게 없다. 그저 눈이 마주치면 활짝 웃어주고, "아이러브 바간!"이라고 응원해 주는 게 전부다.

피땀 흘려 일하는 작업자들이 이유 없이 고맙게 느껴진다. 문화유산을 사랑하는 내 마음을 알아보고 날 위해 일해 주는 것만 같았다. 현장을 떠나기 전에 그들을 향해 크게 손을 좌우로 흔들어 주자 무너진 벽에 시멘트 미장을 하던 아저씨도 내게 손을 흔든다. 고된 노동에도 그의 표정은 한없이 행복해 보인다. 인자한 미소에 깊게 패인 눈주름이 자글자글 더욱 도드라져 보인다.

'아저씨 쉬엄쉬엄 일하세요, 그리고 안전하게 작업하시구요.'

나는 들리지도 않을 마음속 외침을 아저씨에게 날려 준다.

바간 여행의 하이라이트는 환상적인 일몰과 일출이다. 어디서나 볼 수 있는 일몰과 일출이지만 수 천 개의 파고다를 배경으로 저무는 태양은 바로 이곳에서밖에 볼 수 없기 때문이다.

6시 반이 되어 나는 약속대로 소년 '랑이'와 만나기로 한 허름한 파고다에 도착했다. 랑이가 벌떡 일어나 나를 반겨준다.

그는 다짜고짜 내 팔목을 잡더니 급하게 불탑 꼭대기로 올라간다. 12살 소년의 저돌적인 지휘에 순식간에 몸과 마음이 끌려간다. 마치 연상의 오빠가 멋지게 데이트를 리드하는 것만 같아 절로 웃음이 나온다. 랑이는 날 꼭

대기 벽면으로 몰아넣고선 손가락으로 저 멀리 서 있는 파고다를 가리키며 말한다.

"일몰 전에 이 각도에서 저 파고다를 찍으면 액자처럼 나와. 지금이 제일 좋은 타이밍이야."

얼떨결에 랑이의 말대로 사진을 찍었더니 똑같은 파고다가 완전히 색다르게 보인다. 펭귄 가위로 검은 색종이를 오려붙인 배경이 눈앞에 펼쳐진다. 랑이는 작은 손으로 나를 끌어당기더니 반대쪽 구석으로 몰아넣는다.

"이번엔 이 통로에서 오른쪽 파고다를 바라보며 찍어야 해."

그는 계속해서 숨겨진 뷰 포인트를 알려준다. 그냥 저냥 생각 없이 지나쳤던 포인트들도 소년의 가이드를 따르니 한편의 엽서사진으로 변모한다. 오랜 경험에서 나오는 노하우였다. 쉴 새 없이 사진을 찍은 후 카메라 스크린에 담긴 바간의 풍경을 보니 너무나도 새롭고 신기해 보인다. 들뜬 마음에 내가 찍은 사진을 랑이에게 보여주니 별로 탐탁지 않은 표정이다.

"너는 키가 커서 이 통로에서 찍기엔 각도가 안 나오네. 내가 키가 작으니까 대신 찍어줄게, 카메라 줘봐."

말이 끝나기 무섭게 내 카메라를 가로채더니 자세를 낮추고 엉덩이를 죽 뺀 자세로 연신 셔터를 눌러댄다. 분명 나랑 같은 각도에서 사진을 찍었는데 카메라 스크린에는 역대급 인생 샷 하나가 그려져 있다.

'뭐 이런 꼬마가 다 있어….'

어안이 벙벙할 정도로 감탄만 나온다. 이 어린 친구의 재능은 도대체 얼마나 무궁무진하단 말인가! 무엇보다 난 이 친구에게 카메라 조작법도 알려주지 않았다.

어느새 해는 뉘엿뉘엿 지기 시작하였고, 우리는 탑 꼭대기에 나란히 걸터앉아 선셋을 보기 시작한다. 누가 뒤에서 우리의 모습을 보면 영락없는 형제라고 생각했을 것이다.

파고다 밭을 거쳐 저물어가는 바간의 선셋은 듣던 대로 무척이나 아름다웠다. 사진을 찍느라 떠들썩했던 우리 모습은 온데간데없이 사라지고, 신비로운 태양의 취침인사를 넋 놓고 바라보고 있다. 오렌지 빛깔로 물든 하늘을 배경으로 수 천 개의 불탑이 천하대장군처럼 우뚝 서 있다. 그 광경을 놓칠 새라 연신 셔터를 누른다. 소년의 말대로 과연 이곳은 바간 최고의 선셋 포인트라 칭할 만 했다.

우리는 자연스레 어깨동무를 했다. 우정을 만드는 데 17살이라는 나이 차이는 아무 문제가 되지 않는다. 옆에 앉아 있는 그를 보니 아직 2차 성징도 오지 않은 영락없는 꼬마다. 마음껏 투정을 부리고 사고를 쳐도 그러려니 용서를 받을 수 있는 그런 어린아이 말이다. 언제 감았는지도 모를 떡 진 머리와 땟물이 흐르는 셔츠는 아까보다 한층 더해졌다. 그런 모습이 짠하면서도, 한편으로는 기특하고 사랑스러워 보인다. 랑이의 명민한 면도 그랬지만, 열악한 현실에 불만을 품기보다 행복을 찾을 줄 아는 모습이 정말 대

견스러웠기 때문이다.

멋진 하루를 선물해 준 이 어린 친구가 정말 고맙다. 주머니에 손을 넣어 팁을 줄까 말까 고민하다가 결국 그만뒀다. 소년의 호의가 순수한 마음에 나온 것임을 알고 있기에 몇 푼의 돈으로 그의 마음을 더럽히고 싶지 않았기 때문이다. 애초부터 랑이가 팁을 바라고 내게 호의를 베푼 것이 아니라는 걸 나도 잘 알고 있었다.

난 이 친구가 정말 좋다. 그러나 저 태양이 저물고 나면 우린 다시 만날 수 없을 거라는 걸 안다. 스마트 폰도 이메일 주소도 없기에 연락처를 교환하는 것도 불가능하다. 그러하기에 점점 다가오는 이별의 순간이 야속하게만 느껴진다.

어둠의 세상이 닥쳐오자, 우리는 아쉬움을 뒤로한 채 마지막 작별의 인사를 나눴다.

"난 내일이면 바간을 떠나야 해, 앞으로도 행복하게 잘 지내."

랑이는 손을 흔들며 가로등 하나 없는 깜깜한 바간 유적지로 사라져 간다. 바람처럼 나타나더니 이제는 신선처럼 유유히 사라진다. 뒤에서 보이는 그의 왜소한 체구가 거인처럼 느껴지는 왜일까? 소년이 사라지고 나니 이

이름 없는 파고다의 풍채가 더욱 더 초라해 보이기만 한다.

'나는 이 친구에게 아무것도 해 준 게 없는데….'

그 짧은 시간 동안 어린친구에게 정이 들었다고 앞으로 보지 못한다는
생각을 하니 아쉬움이 뚝뚝 떨어진다. 그저 이름밖에 모르는 저 소년이 지
금처럼 행복하고 씩씩하게만 자라줬으면 하는 바람을 품었을 뿐. 그리고

반드시 그렇게 되리라 믿어 의심치 않는다.

꾀죄죄한 소년이 풍기던 향기가 소중한 추억으로 뇌리에 각인이라도 되었던 것일까? 지금도 어린 소년의 향기를 맡게 될 때면 자연스레 낡고 무너진 파고다의 기억이 떠오른다.

랑이에게 보내는 한줄 편지

우연히 너를 만나고 우린 금방 헤어졌지만 지금 내 머릿속에 남아 있는 너의 향기는 결코 우연이 아니라는 생각이 들어. 형이 나중에 다시 가게 된다면 멋진 신발을 한 켤레 사 줄게.

인도네시아

인도네시아는 엄청난 볼거리에 비해 너무나도 낮게 평가된 곳이다.
18,000여 개의 섬으로 이루어진 인도네시아는
에메랄드빛 바다, 수많은 활화산, 열대 동식물을 볼 수 있는
청정자연의 보고라고 할 수 있다.

100달러 대 4달러, 4달러 뇌물의 KO승

순조롭게 인도차이나 반도를 여행하고 마지막 동남아시아 국가인 인도네시아에 도착했다. 적도에 가까운 나라여서 그런지 비행기에서 내리자마자 숨이 막힐 듯한 열기가 느껴졌지만 이마저도 새로운 나라에 왔다는 설렘 때문인지 상쾌하다. 정말이지 공항은 언제나 나를 기분 좋게 만드는 공간이다. 새로운 세상을 마주하는 상상이 현실이 되는 곳이기 때문이다.

수마트라섬 메단공항에 도착해서 평소처럼 입국수속을 진행하는데, 여권을 넘겨받은 공항 직원이 고개를 갸우뚱하더니 대뜸 아웃티켓을 보여 달라고 요구한다. 나는 섬으로 들어오는 티켓만 끊었을 뿐 아웃티켓은 아직 끊지 않은 상태였다.

"난 아웃티켓이 없어. 메단에서 떠날지, 반다아체(수마트라섬의 다른 도시)에서 떠날지 아직 결정하지 않았거든."

내 말이 채 끝나기도 전에 공항직원은 대뜸 표정을 찡그리며 "노!"라고 소리친다. 그리곤 무전기를 꺼내더니 누군가에게 이러쿵저러쿵 떠들어대기 시작한다. 두꺼운 돋보기안경 너머로 짝퉁 명품백을 가려내기라도 하려는 듯 내 여권을 이리저리 살펴보기도 한다.

나는 어리둥절, 영문도 모른 채 당황한 얼굴로 그를 바라보고 있을 뿐이다.

"이봐, 뭐가 문제인데? 말을 해 줘야 할 거 아냐. 문제없으면 얼른 여권이 나 줘."

분위기가 이상해지는 걸 눈치 채고 나도 센 척하며 공항직원에게 소리 친다.

잠시 후 정복을 말끔하게 차려입은 직원이 나타난다. 얼핏 봐도 내 앞에 있는 직원의 상관처럼 보인다. 입에 담배를 문 채로, 한껏 거만한 표정을 지 으며 나를 위아래로 쓱 훑어보고는, 둘이 한동안 인도네시아 말로 주고받 는다. 그리고는 정복을 입은 직원이 나를 향해 쏘아붙인다.

"아웃티켓 없이 수마트라 섬에 왔다고? 그거 아주 큰 문제야. 나랑 사무 실로 같이 가야 겠어."

"아니 뭐가 문제인지 말을 해달라니까? 아웃티켓이 없으면 지금이라도 당장 끊을 수 있어. 와이파이만 연결되면 바로 아웃티켓을 살 수 있다고!"

그들의 강압적인 태도에 난 은근히 두려움을 느끼면서도 화딱지가 올라 온다. 자기들끼리 귓속말로 속닥거리는 모양새가 영 거슬리기도 했지만, 무 엇보다 나를 범죄자 취급하는 게 정말 참을 수 없다.

"일단 따라와 봐. 아웃티켓을 사든 말든 사무실로 가서 얘기하자고."

"좋아. 그런데 나도 네 신분을 확인해야겠어. ID를 보여줘."

"ID라니?"

"응, 네가 진짜 공항직원인지 아닌지 내가 어떻게 알아?"

정복 입은 직원은 어처구니가 없다는 듯 나를 쳐다보더니, 계속되는 내 요구에 지갑에서 ID를 꺼내 보여준다. 나는 ID를 확 가로채 평소에 잘 쓰 지도 않는 안경까지 쓰고는 꼼꼼히 살펴본다. '부르한'이라는 이름을 가진 공 항관리 직원이었다. 나는 보석감정사가 진품 다이아몬드를 검사하듯, 얼굴 과 신분증 사진을 번갈아가며 확인한다. 내 나름대로의 소심한 복수다. 애초에 정복을 입은 직원이 가짜일 거라고는 생각조차 하지 않았다. 도살장에 끌려가듯 얌전히 사무실로 끌려가느니 '초딩 같은 떼깡'이라도 부려보고 싶었던 것이다.

신분증을 직원에게 돌려준 나는 일단 그 직원을 따라가기로 한다. 무거운 배낭을 멘 채로 입국수속 창구 앞에서 떠들기도 좀 뭐했기 때문이다. 밀입국자도 아니고 인터폴에 수배된 범죄자도 아닌데 후달릴 게 뭐 있겠나.

당당한 걸음으로 직원을 따라 사무실로 들어가니 5평쯤 되는 조잡스런 사무실에는 책상과 의자가 덩그러니 놓여 있고 담뱃진 냄새가 스멀스멀 올라온다. 공항직원은 의자에 앉자마자 손님이 앞에 있든 말든 우선 담배부터 피워 문다. 그리곤 아무 말 없이 폐기처분 직전의 의자를 가리키며 손가락을 까딱거린다. 저기에 앉으라는 거다. 꼭 경찰에게 취조 받는 용의자와 형사 같은 그림이다. 인도네시아에 입국하자마자 이런 꼴을 당하다니…. 짜증이 솟구치고 참아왔던 '분노의 에네르기파'가 한꺼번에 폭발한다.

"이봐, 난 엄연히 이곳으로 여행을 온 손님이고 넌 직원이야. 넌 내 앞에서 그렇게 담배를 계속 피워야겠어? 인도네시아 사람은 기본적인 예의라는 것도 없어?"

진짜 가방을 내던지고 책상을 뒤엎을 각오로 그에게 큰소리를 쳤다. 직원은 당황한 듯 어쩔 줄을 몰라 하더니 이내 담배를 끄고 얘기를 시작한다.

"원래 인도네시아는 왕복티켓이 규정이야. 넌 편도티켓으로 왔으니 원칙적으로 우리는 널 입국시켜 줄 수 없어. 하지만 네가 내게 돈을 준다면 그냥 보내 줄 수도 있지."

"돈이라고? 난 지금이라도 아웃티켓을 살 수 있는데?"

"이미 입국한 상태라 늦었어. 그건 인도네시아에 오기 전에 끊었어야지."

아주 태연하게 대놓고 돈을 요구한다. 애초부터 이들의 목적은 돈이었던

것이다. 분위기를 보아하니, 이놈은 내가 아웃티켓을 끊어도 다른 핑계를 내세워 돈을 요구할 것만 같았다. 어차피 인도네시아에 입국한 이상 다시 되돌아갈 수는 없는 지경. 돈을 찔러주고 입국하는 것 외에는 다른 방법이 없어 보인다. 문제는 얼마를 줘야 할지 도통 감이 안 잡힌다는 점이었다. 이런 경우는 겪어보지도 않았고, 그놈도 정확한 액수를 요청한 게 아니다 보니 뇌물의 액수를 두고 내심 고민에 빠지기 시작한다.

일단 내 보조가방엔 비상금 700달러가 있는 상태다. 대략 100달러짜리 지폐 한 장이면 충분할 것 같다. 아니다. 생각해보니 항공권이 70달러였는데, 100달러는 너무 막대한 뇌물인 것 같다. 한 30달러만 줘도 괜찮을 듯싶은데…. 이런 젠장! 그런데 지금 나는 100달러짜리 지폐밖에 없는 상태가 아닌가!

머리를 굴려 봐도 뾰족한 돌파구가 나오질 않는다. 작전을 바꿔 밝은 표정과 비굴한 표정을 반반 섞어 얘기를 꺼낸다.

"나 돈 하나도 없는데, 그냥 한 번만 봐 주면 안 돼? 나 어차피 2주 후에 여기를 떠날 거야."

"안 돼. 원래 넌 아웃티켓 없이 입국이 안 된다니까. 내가 특별히 봐 주는 거야. 적당한 선에서 돈 주고 끝내자고."

좋게 끝나기에는 턱도 없다. 이놈은 이미 이 짓을 많이 해봐서인지 돈을 가지고 있다는 걸 뻔히 알고 있다. 어쨌든 칼자루는 계속 이놈이 쥐고 있기에 나는 끌려갈 수밖에 없는 상황이었다.

차마 100달러를 전부 상납할 수 없다. 차라리 30달러를 줄 테니 70달러를 거슬러 달라고 할까? 그런데 이것도 좀 뭔가 없어 보인다. 이왕 뇌물을 줄 거면 깔끔하게 100달러 주고 말 일이지 거슬러달라는 게 통하겠나. 웨이터한테 팁을 줄 때도 10달러 주고 나서 "3달러만 줄 거니까 7달러는 거슬러 주세요." 하면 모양이 빠지지 않는가? 언제나 날 미소 짓게 만들던 고액권 지폐가 지금은 어찌나 얄밉게만 느껴지는지….

다시 한 번 찔러본다.

"얼마면 돼?"

"그건 너에게 달려 있지. 어쨌든 지금 난 네게 기회를 주는 셈이니까."

하, 이거 참. 이놈도 고단수다. 대놓고 액수를 얘기하지 않는다. 일단 내가 주는 돈을 보고 상황을 판단할 생각인가 보다.

"돈 대신 다른 걸로 주면 안 될까? 한국에서 사온 기념품이 있는데…."

놈의 미간이 일그러진다. 본전도 못 찾고 이놈의 심기만 건드렸다.

놈에게 보여줄 기념품을 찾으며 보조가방을 뒤적거리다가 천만다행으로 잊고 있었던 사실 하나가 떠올랐다. 여행을 떠나기 전에 만났던 친구가 쓰라면서 주었던 인도네시아 돈이었다. 일전에 여행을 갔다가 남은 건데, 쓸 일이 없다면서 내게 적선해 준 쌈짓돈. 비상금 봉투에 넣어두고선 빳빳한 미화 100달러의 카리스마에 눌려 까마득히 잊고 있었던 필살 아이템이다.

다만 그 액수가 굉장히 적다는 게 문제였다. 친구가 준 돈은 5만 루피아.

우리나라 돈으로 환전하자면 약 4,000원, 4달러도 채 안 되는 돈. 내가 생각한 '적정 뇌물 액수'인 30달러에 한참 모자란 액수다. 동네 레스토랑에서 팁을 주는 것도 아니고, 나름 스케일이 큰 국제공항에서 4달러라니… 뇌물치곤 굉장히 초라하다는 생각을 지울 수가 없다.

일단 되든 말든 이놈에게 제시해 보기로 한다. 100달러를 냅다 주느니, 놈이 거절하더라도 먼저 4달러를 제안하는 게 훨씬 나은 선택이기 때문이다.

참… 돈을 꺼내는 게 이렇게 긴장되는 일인지 처음 알았다. 다행히 비상금 봉투 속에는 친구가 준 사랑스런 루피아가 꼬깃꼬깃 그대로 담겨 있다. 혹시나 100달러 지폐가 보일까봐 한 손으로 최대한 감싸며 지폐를 꺼낸다. 그리고는 조심스럽게 5만 루피아를 테이블 위에 올려놓는다.

"난 진짜 가난한 여행자야. 돈이 이것밖에 없어."

그는 테이블에 놓인 돈을 멀뚱멀뚱 바라보기만 한다. 처음부터 끝까지 표정 변화가 없는 놈이라 도무지 무슨 생각을 하는지 알 수가 없다. 거부하면 플랜 2번, 100달러를 3:7로 나누자고 할 수밖에 없다. 쿵쾅쿵쾅 목구멍에서부터 심박수가 느껴진다. 그놈의 눈치를 최대한 살피긴 했지만 당당한 자세만큼은 유지했다. '후달리는 모습'을 보였다간 포커페이스인 이놈의 의도대로 질질 끌려갈 것만 같았기 때문이다.

"담배 한 값 정도는 살 수 있겠네."

놈이 혼잣말로 중얼거린다. 뇌물 액수가 적다고 화내는 표정은 결코 아니다. 짐짓 마음속으로 화색이 돌았지만 티를 내진 않았다. 이놈이 확실히 날 보내줄 때까진 긴장을 놓을 수가 없다.

"그렇지… 담배 한 갑… 나도 한때 담배를 열심히 피웠지."

"출구는 저쪽으로 가면 돼."

놈은 갑자기 자리에서 일어서더니 내게 출구 위치를 설명해 준다. 그리고 여권에 스탬프를 쾅 하고 박력 있게 찍어준다.

이건 분명 뇌물범의 오케이 사인이었다. 놀랍게도 단돈 5만 루피아, 4달러의 뇌물이 통했던 것이다. 무사히 입국할 수 있다는 사실에 긴장감이 사르르 풀린다. 동시에 기쁨의 출싹거림이 꿈틀거린다.

"하하… 네가 애연가라는 걸 알았더라면 면세점에서 담배라도 사왔을 텐데 아쉽네. 드넓은 활주로를 보며 피는 담배가 제일 달콤하지, 하하…."

이놈, 아니 이 친구의 어깨를 톡톡 치며 내가 농담조로 얘기하자, 내 멘트가 싫진 않았는지 이 친구도 말없이 미소를 띤다. 그리곤 바로 잽싸게 퇴근준비를 한다.

생각해보면 이 친구는 뇌물을 요구하면서도 시종일관 차분하고 젠틀한 태도를 유지하고 있었다. 오히려 내가 이 친구의 ID를 요구하고 사무실에서 성깔을 부리는 둥 함부로 대했던 게 생각나 겸연쩍은 기분이 들었다. 실제로 아웃티켓 소지가 원칙이라면 이 친구는 뇌물범이 아니라 오히려 편법으로 날 도와준 셈이 아닌가.

만약 100달러를 주고 "70달러 거슬러줘."라고 말했으면 어찌 되었을까? 뇌물을 거슬러 달라는 말도 우스꽝스럽지만, 견물생심이라고·절대 안 거슬러줬을 게 분명하다. 세상 참… 뭐든지 마음먹기에 달렸다고, 돈을 주고도 참으로 만족스러운 지경이라니. 96달러의 공돈이 생긴 것만 같아서 괜히 기분이 좋아지고, 공항 게이트를 나오며 생수 한 잔을 마시는데도 미지근한 물이 유난히 시원하게만 느껴진다.

메단공항 직원에게 보내는 한줄 편지

아저씨 이름이랑 얼굴 기억하고 있어요. 다음에 메단공항에 가게 되면 꼭 담배 한 갑 선물로 줄게요.

천상의 토바호수 : 기브 앤 테이크 불문율의 예외

우연히 「트립 어드바이저(전 세계에서 가장 유명한 여행 웹사이트)」에서 몽환적인 풍경의 호수 사진을 보았다. 파랗고 거대한 호수 뒤로 그림 같은 산이 병풍처럼 휘감겨 있고, 호숫가에 동화 같은 집들이 가지런히 줄지어 있는 사진이었다. 이곳의 이름은 토바호수. 인도네시아 수마트라섬에 있는 세계 최대의 칼데라호수라는 설명이 짤막하게 적혀 있었다. 그 밑에는 '문명세계와 동떨어진'이라는 인상적인 구절도 적혀 있었는데, 나는 이 환상적인 한 장의 스냅사진에 꽂혀 지체 없이 이곳으로 떠났다.

숨겨진 명소에 걸맞게 가는 길도 복잡했다. 메단공항에서 8시간 동안 로컬 버스를 탄 후 다시 보트를 타고 섬으로 들어가야만 한다. 버스에 타고 있는 사람들이 어찌나 담배를 피워대는지 창밖에서 들어오는 매캐한 매연 냄새가 전혀 느껴지지 않을 정도다. 아기들 앞에서도 뻐끔뻐끔 담배 연기를 내뿜어대는데 그 얼굴에 소화기를 뿌리고 싶은 마음이었다. 황당한 건 담배를 피우는 사람이 영락없는 10대 청소년이라는 점이다. 가히 인도네시아는 흡연자들의 천국임에 분명하다. 더구나 창문은 닫혀 지지도 않아서 소나기가 오면 양손으로 겉옷을 들어 비를 막아야만 하는 버스다.

6시간 정도를 달리고 나니 이제 대부분의 승객들이 다 빠져나가서 이제는 비교적 한산해진다. 오직 내 뒤쪽에 앉아 있는 7명의 소녀들만이 깔깔거리며 쉬지 않고 수다를 떨고 있을 뿐이었다. 이 거지 같은 버스에 앉아 있는 게 덥지도 짜증나지도 않는 건가? 딱 봐도 고등학생이나 대학생 정도로 보이는 그 소녀들은 단체로 토바호수로 여행을 온 모양새다.

어째 귀가 계속 간질간질 한 느낌이 든다. 인도네시아 말을 알아들을 수는 없었지만 꼭 나를 두고 수다를 떠는 느낌이다. 살짝 뒤를 돌아보았다가 소녀들과 눈이 마주쳤다. 그러자 나를 보며 까르륵 웃어댄다. 몇몇 여자애들은 나를 손가락으로 가리키면서 입을 가리고는 무슨 말인지 수군거린다. 자기들끼리 깔깔거리며 웃고 떠드는 거야 상관없지만 마치 나를 소재로 삼아 희롱하는 것처럼 느껴져 기분이 썩 유쾌하지는 않다. 아니나 다를까? 그들 중 하나가 벌떡 일어서더니 나를 향해 돌진하듯 다가온다.

"안녕! 나는 푸뜨리라고 해. 너 한국인이니, 일본인이니?"

"코리안."

내 딴에는 그녀들이 나를 흉보고 있었던 거라고 확신했던 터여서, 언짢은 기분에 짤막하게 대꾸했다.

내 대답에 그녀는 친구들을 향해 고개를 돌리고는 크게 소리친다.

"얘들아! 이 오빠(혹은 아저씨) 한국 사람이래. 히 이즈 어 코리안!"

난 무슨 영문인지도 모른 채 "꺄악~"하고 환호성을 질러대는 그녀들을 멍한 얼굴로 바라보았고, 소녀 대표는 들뜬 표정과 제스처로 계속해서 말을 이어간다.

"아, 우리는 이곳에 살고 있어. 네가 혼자 앉아 있는 걸 보고 한국 사람인지, 일본 사람인지 우리끼리 계속 이야기하고 있었거든."

"아, 그러셔?"

"네가 한국 사람이라서 정말 다행이야. 혹시 일본이나 중국 사람이면 어찌나 하고 조마조마 했거든. 나랑 내 친구들은 모두 한국 가수랑 한국 드라마를 정말 좋아해. 이민호 알지? 내가 가장 좋아하는 배우야. 슈퍼주니어도 정말 좋아해!"

한국 사람이라는 내 말에 정말로 신이 난 듯 그녀들의 모습에는 반가움과 호의가 듬뿍 묻어 있다. 순간 얼떨떨한 느낌이었다가 이내 고맙다. 여자에게 고백은커녕 관심조차 받아본 적 없는 나를 이렇게 사랑해 주다니, 감격의 눈물이 주르륵 흐를 지경이다. 특히나 "일본이나 중국 사람이 아니라 다행이다."라는 멘트가 사뭇 마음에 깊은 울림을 주었다

"지금 토바호수에 가는 중이지? 저기 있는 친구 중 하나가 뚝뚝 마을(토바호수에 있는 섬)에 살아. 같이 갈래? 우리가 안내해 줄게."

"아, 정말? 고마워!"

방금 전까지, 퉁명스러웠던 나의 태도는 온데간데없이 사라졌다. 시끄럽고 개념 없는 여학생들이라는 색안경을 끼고 그녀들을 바라보았던 내 모습이 부끄럽게 느껴진다. 나는 자연스레 그녀들 무리에 합세해 남은 시간 동안 폭풍 수다를 떨었고, 그녀들은 물 만난 고기마냥 자신들이 좋아하는 한국 배우와 드라마에 대해 쉴 새 없이 설명을 늘어놓는다. 나로서는 드라마를 즐겨보지 않는 탓에 그저 아는 척 고개를 끄덕이며 동조를 해 주는 게 전부지만, 그래도 우리 문화에 아낌없이 사랑을 베풀어 주는 이 친구들이 그저 예쁘게만 느껴지는 것도 어쩔 수 없다.

푸뜨리와 그녀들의 영원한 이상형은 배우 이민호와 김수현이었다. 모바일 배경화면부터 이들 사진으로 도배돼 있었다. 한 번이라도 볼 수만 있다면 죽어도 여한이 없단다. 문득 번뜩 하고 한 생각이 떠올랐다. 때마침 내 스마트 폰에 김수현이 주연을 맡았던 드라마 「해를 품은 달」에서 엑스트라로 출연해 내시 연기를 할 때 찍었던 사진이 들어 있다는 걸 떠올린 것이다. 나는 새삼 호들갑을 떨면서 얼른 그 사진을 찾아내 그녀들

에게 보여주었다.

"내가 한국에 있을 때 드라마 엑스트라로 잠깐 일했었거든. 그때 김수현이랑 같이 촬영한 적도 있어. 자, 사진 봐봐. 여기가 촬영장이고, 내시 분장을 하고 있는 모습이 나야."

"우와! 이 거짓말 같은 사진, 진짜 맞아?"

반응은 가히 상상 이상이다. 소녀 친구들은 한동안 입을 다물지 못하며 호들갑을 떨어댔고, 그런 반응에 신이 난 나는 한술 더 떠서 덤덤한 표정을 지으며 약간의 과장을 보탰다.

"응 물론이지. 김수현이랑 같이 얘기도 해봤는걸?"

내 멘트에는 약간의 과장이 섞였지만, 소녀들은 일말의 의심도 없이 "거의 쓰러져 죽기 일보 직전"의 반응이다. 후광효과란 게 이런 것일까? 난 이민호와 김수현과는 거리가 멀지만 어느새 나를 바라보는 그녀들의 눈동자는 밤하늘의 카시오페이아처럼 반짝반짝 빛나고 있다. 지금 이 순간만큼은 홍대 앞에 나타난 레오나르도 디카프리오 못지않은 선망이다. 이미 충분히 친절하고 상냥하던 소녀들의 태도에는 경외감마저 묻었다.

이 보잘 것 없는 서른 살 아저씨를 이렇게 좋아하고 환대해 주다니, 마법과도 같은 한류의 힘에 나조차도 혀를 내두를 지경이다. 도대체 한류의 저력은 어디까지란 말인가!

"토바호수에 가면 호스텔이든 레스토랑이든 한국인이라고 꼭 말해."

"왜?"

"거기 사람들도 다 한국 드라마 보고 한국 노래 좋아하거든. 한국인 손님이라면 똑같은 음식을 주문해도 더 많이 줄 거야."

아이고, 내가 그렇게도 욕했던 '헬조선' 클래스가 이 정도였나요?

한류의 독보적인 존재감은 이 소녀들의 말 한마디로 정리가 가능한 거 같다. 전기도 제대로 들어오지도 않는 인도네시아 오지의 섬마을에도 한류 열풍이 불어서 한국인이라면 특별 대접을 해 준단다. 내 어찌 한국인이라는 게 자랑스럽지 않으리. 이거 토바호수에선 이마에 태극기 도장이라도 찍고 여행해야 할 것 같다.

실제로 마주한 토바호수의 절경은 상상 이상이었다. 고도가 높아서 새파란 하늘은 호수와 입을 맞출 것만 같았고, 호숫가에는 돛단배를 연상시키는 현지 바탁족의 전통가옥들이 나란히 늘어서 있다. 화산 자국이 선명한 산의 풍경도 손을 뻗으면 금방이라도 닿을 듯하고, 그 위로 반짝이는 투명한 무지개가 나를 반긴다.

하지만 이토록 아름다운 토바호수에는 무시무시한 과거사가 숨겨져 있다. 75,000년 전 그러니까 이 토바화산이 폭발하면서 인류가 거의 멸망 직전까지 가는 위기에 빠졌기 때문이다. 화산 폭발로 인한 화산재가 햇빛을 가로막아 6년 동안 겨울이 계속됐고, 지구의 기온이 무려 15도까지 내려가 세계 인구가 1만 명 정도 줄었다고 한다. 규모 30×100㎞에 달하는 이 거대한 호수 전체가 슈퍼 화산의 분화구였다는 걸 생각하면 정말 입이 다물어지지 않는다.

게스트하우스에 체크인을 하자마자 가방을 집어 던지고 무작정 밖으로 나간다. 숙소 앞쪽으로 펼쳐진 연둣빛 마당과 푸르른 물보라가 나를 부른다. 넓은 숙소에는 나와 직원들을 빼고는 아무도 없다. 눈치 보지 않고 마음껏 소리도 질러보고, 바람에 맞춰 살랑살랑 엉덩이를 흔들고 있는 해먹에 누워 레몬주스도 마신다.

'아… 정말 여기는 천국이구나!'

적도에 위치한 호수지만 고도가 높아 선선한 가을 냄새가 느껴진다. 지금까지 더운 곳에서만 돌아다녔던 터라 피부에 느껴지는 시원하고 촉촉한 보습감이 그저 황홀하기만 하다.

　오후에는 오토바이를 빌려 섬 전체를 한 바퀴 둘러보기로 한다. '문명과 동떨어진 섬'이라는 타이틀과 달리 도로는 잘 포장되어 있다. 10분 정도 내달리니 호숫가에 위치한 낡은 집 네다섯 채가 보인다. 한쪽에 오토바이를 세워놓고 다가가니 닭과 염소 따위의 가축들이 우왕좌왕하며 나를 맞아주고, 길을 따라 안쪽으로 들어가니 방망이를 들고 빨래를 하는 아낙네들이 보인다. 꼭 50~60년대 한강에서 빨래를 하던 우리의 옛날 어머니들을 떠올리게 하는 풍경이다.

　낯선 이방인이 등장하자 사람들의 시선이 순식간에 내게로 고정된다. 남의 집 앞마당에 무단으로 들어왔던 터여서 얼른 고개를 숙이며 죄송하

다는 제스처를 날리자, 웃으며 반겨준다.
다행히 오케이 사인을 보내는 신호 같다.
　이왕 들어온 김에 그들의 생활상을 조
금 더 자세히 들여다보기로 한다. 남자 아
이들은 끝도 없이 펼쳐진 호숫가에서 맨
발로 뛰어다니며 공을 차거나 알몸으로
수영을 하고 있고, 아저씨와 여자 아이들
은 중형차 사이즈의 소들을 진두지휘하며
풀을 먹이고 있고, 호숫가 곳곳에는 낡은
목재로 만든 덫과 그물들이 뒤엉켜 있고,
중고시장에 내놔도 팔리지 않을, 폐기처
분하기 직전의 배가 호수를 둥둥 떠다닌
다.
　이제 시선을 돌려 뒤를 돌아보니 커다
란 물통을 실은 수레를 끌고 가는 7살 정
도의 소녀가 보인다. 겨우겨우 조금씩 수
레를 옮겨보지만 여간 벅차 보이는 게 아니다. 소녀를 도와주러 가다가 이
내 발걸음을 멈춰 되돌아간다. 그네들의 평범한 일상에 끼어들고 싶지 않았
기 때문이다. 조용히 한쪽에 물러서서 카메라 셔터를 누르는 나를 의식했는
지 소녀가 살짝 미소를 짓는다.
　"안녕?"
　수레를 끌면서 미소로 대답해 주는 소녀의 모습은 영락없는 천사다.
　집과 집의 경계는 희미하다. 널찍한 집들은 서로 앞마당과 가축사육장을
공유하는 듯 했고, 마당 곳곳에는 화려한 문양의 미니어처 사이즈의 집들이
눈에 띈다. 십자가가 꽂혀 있고, 그 위에 이름과 4자리 연도가 적혀져 있는

걸로 볼 때 무덤임을 알 수 있다. 죽은 자의 무덤이 가정집 옆에 있다는 게 약간 섬뜩했지만, 그만큼 죽어서도 함께 있고 싶은 마음의 표현은 아닐까? 화려하고 컬러풀한 무덤 장식이 수호신처럼 든든하게 느껴지기도 하는데, 새삼 삶과 죽음이 가깝게 느껴진다.

다시 호숫가를 천천히 걷는다. 잔잔한 물결이 엄마가 아기 머리를 '쓰담 쓰담' 해 주는 모양새다. 화려한 볼거리도, 이름 있는 포인트도 없지만 그저 이들의 평범한 일상을 들여다보는 게 한없이 감동스럽게 느껴진다. 진정한 여행이란 새롭고 멋진 풍경을 바라보는 것이 아니라 새로운 눈을 가지는 데 있는 것이라는 마르셀의 말이 떠오른다. 아름다운 자연 이상으로 이곳을 더 빛나게 만들어 주는 건 지극히 단조로운 이들의 삶이 아닐 런지.

따뜻한 에스프레소 같은 하루를 보내고, 게스트하우스 레스토랑에 앉아 차 한 잔의 여유를 즐기고 있는데, 갑자기 얼굴 피부에 따끔거리는 통증이 느껴진다. 선크림을 바르지 않고 돌아다닌 탓에 피부가 익어버린 것이다. 옷깃에 살짝만 스쳐도 꽤 심한 통증이 밀려온다. 오이 마사지를 하면 좀 나

아진다는 인터넷 글을 보고 게스트하우스 직원인 '닉선'에게 공손한 태도로 도움을 청했다.

"닉선, 주방에 지금 오이 있어?"

"응, 물론이지."

"아, 그럼 오이를 사진처럼 잘라서 줄 수 있을까?"

"해 줄 순 있는데 뭐에 쓰려고?"

"일단 줘봐."

닉선이 얇고 예쁘게 잘라준 오이를 얼굴에 덕지덕지 붙이자 그런 내 모습이 우스꽝스러웠는지 닉선이랑 주방 아줌마가 폭소를 터뜨린다.

"저거 한국드라마에서 본 적 있어, 오이를 얼굴에 붙이면 피부가 좋아진다면서? 그런데 정말 그렇게 하면 피부가 좋아지긴 하는 건가?"

"오이가 수분이 많은 채소라서 피부 보습에 좋대. 비타민도 풍부해서 피부를 뽀송뽀송하게 만들어 주거든."

방금 인터넷에서 찾아본 정보지만 이미 오래 전부터 알고 있었던 것 마냥 설명해 준다. 확실히 화끈거리는 얼굴 피부가 가라앉긴 했지만, 한번 익은 피부는 되돌릴 수가 없다. 선크림 안 바르고 해수욕장에 가면 목이나 등 껍질이 벗겨지는 것처럼, 내 얼굴 피부가 흐물흐물 벗겨지기 시작한다. 거울을 보니 꼭 비단그물 뱀이 허물을 벗는 모양새다. 평소에도 거울에 비친 내 얼굴을 보고 섬뜩섬뜩 놀라긴 했지만 지금은 완전 경악할 지경이다.

숙소 근처에서 소란스레 사람들의 목소리가 들리기 시작하더니 이내 10명 정도의 중국인 단체관광객이 레스토랑으로 들어온다. 비수기 시즌에 갑자기 단체손님이 들이닥치니 닉선과 주방 아주머니는 화들짝 놀라서 당황한다. 이 두 명의 직원들은 분주해지기 시작한다. 나랑 잡담할 때의 모습은 온데간데없고 정신없이 주문을 받고 요리를 시작하지만 아무래도 10명 규모의 단체손님들을 둘이서 담당하기엔 턱없이 부족한 것 같다.

기다리다 지친 중국 손님들의 표정은 점점 굳어 가고 몇몇 성질 급한 손님은 짜증을 부리기도 한다. 그런 광경을 지켜보던 나는 얼굴에 붙이고 있던 오이 조각들을 얼른 떼어내고 주방으로 달려갔다.

"닉선, 너는 여기서 아줌마랑 같이 음식을 만들어. 내가 서빙을 볼게."

이대로 두면 손님들의 불만이 폭발할 것만 같아서 내가 오지랖을 부린 것이다.

"아, 그럼 선반 위에 있는 과일주스부터 가져다 줘."

워낙 다급했던지 닉선은 내게 고맙다는 말도 없이 곧장 일거리를 준다. 서빙을 하고 나선, 바로 그 자리를 뜨는 대신 조금 알고 있는 중국어로 손님들과 간단히 얘기를 나누었더니 그들의 주의를 내 쪽으로 돌리는 데 큰 도움이 된다. 음식이 하나하나 서빙될 때마다 천천히 시간을 끌면서 손님들과 대화를 유도했다. 서툰 중국어로 인사말을 건네고 6년 전 중국 쓰촨과 윈난을 여행했던 경험담을 꺼내기도 하였다.

실은 3일 동안 나를 제외하고는 투숙객이 없어서 굉장히 무료하던 참이었다. 레스토랑 일도 도와주고 싶었지만 그보다 새로운 손님들과 얘기하는 즐거움이 더욱더 커다란 동기부여가 되었다. 쉴 새 없이 내가 재잘거리면 중국 손님들은 또 센스 있게 맞장구를 쳐 준다. 그들 중 하나는 한국에서 근무한 적이 있었다면서 이번엔 역으로 한국어로 얘기를 꺼낸다.

서로 얘기에 집중하다 보니 어느새 주방에서 만들어진 음식이 서빙 되지 않고 계속 쌓여가는 상황까지 발생해서 "음식 가지고 올게."라고 얘기하면 손을 내저으며 얘기를 마저 끝내고 가라는 웃지 못 할 상황이 연출되기도 한다. 얼른 서빙을 하라는 닉선과 일단 얘기부터 끝내라는 손님들 중에 어느 쪽 손을 들어줘야 할지 난감할 지경이다. 어쨌든 차근차근 모든 음식이 문제없이 식탁에 올려졌고, 손님들은 만족스럽게 저녁식사를 마쳤다.

주방에서는 설거지하느라 바빠서 손님들을 배웅하는 것도 내 몫이 되었다. 오버를 떨면서 "여기에서 안 자고 가?"라고 하니 숙소는 단체로 예약해 둔 곳이 있다고 한다. 그 사이에 조금이나마 친해졌다고 내 가게에 놀러온 친구들을 돌려보내는 것만 같다.

손님들이 떠난 후에도 이왕 시작한 거 마무리까지 같이 하자는 마음에 테이블 정리랑 설거지까지 도와준다. 일이 전부 끝나고 나니 닉선이랑 주방 아줌마가 토바호수가 떠나갈 듯 엄청나게 감사함을 표한다.

"화용, 너 아니었으면 진짜 큰일 날 뻔 했다. 정말 고마워."

"이 정도 가지고 뭘, 빨리 보내고 나야 우리끼리 또 떠들 수 있잖아. 그리고 너희 덕분에 오이마사지도 했는걸."

나 스스로 원해서 도와준 일이었기에 어떤 보답도 기대하지 않았건만 닉선은 내가 전혀 생각지도 못한 유니크 아이템을 선사해 준다. 주방 뒤편에 있는 창고에서 오토바이를 꺼내더니 꽂혀 있던 키를 내 손에 쥐어준 것이다. 어둠을 뚫고 서서히 드러나는 올 블랙 오토바이의 외형은 꽤나 고급스러워 보였다. 한눈에 봐도 산 지 얼마 안 된 새 오토바이다.

"나는 출퇴근할 때를 빼고는 오토바이 쓸 일 없거든. 렌탈 샵에서 돈 주

고 빌리지 말고 내꺼 이용해."

　내가 서빙을 조금 도와줬다고, 이 친구는 자기 오토바이를 무상으로 대여해 준다.

　"야, 이거 너무 좋아 보이는데… 운전하기 부담돼. 그냥 렌탈 샵에서 빌릴게."

　"이거 사놓고 너무 안 써서 한두 번씩은 운전해 줘야 해. 나는 일하느라 자주 사용하지 못하니까 너라도 대신 운전해 줘."

　괜찮다고 손사래를 치는 내게 닉선은 오토바이를 사용하는 게 자기를 도와주는 일이라고 한다. 예의상 두세 번 완곡히 거절했지만 결국 나는 닉선의 따뜻한 제안을 받아들였다. 단체손님 방문이 어느새 오토바이 무료 대여라는 선물로 이어진 것이다. 막상 닉선이 건네준 오이 조각에서부터 시작된 인연이었는데, 마지막은 닉선의 보답으로 마무리가 되었다.

　여행에서 만나는 사람들은 늘 이런 식이다. 한 번씩 주고받는 기브 앤 테이크의 불문율이 깨진다. 다음날 닉선의 오토바이를 몰아보면서 이번엔 내가 어떤 보답을 해 줘야 하나 골똘히 궁리해본다. 마지막 보답은 반드시 내

가 해 주고 싶다. 아니, 반드시 내가 해야만 한다.

　여행이 길어질수록 온 세상 사람들이 참 사랑스럽게만 느껴지고, 새로 인연을 맺은 사람들과 함께하는 매일 매일이 너무나 행복하다. 이런 게 바로 여행의 마력이라는 건가?

　나는 아무도 없는 비포장도로를 질주하며 기쁨의 외침을 질러댔다.

닉선에게 보내는 한 줄 편지

닉선, 오토바이 한번 몰아보니까 확실히 출퇴근용으로 쓰기엔 너무 아깝더라. 대한민국에 7번국도라고 세상에서 가장 아름다운 해안도로가 있어. 너의 프리미엄 올 블랙 오토바이와 제일 잘 어울리는 마경의 도로일 거야. 이곳에서 한번 오토바이를 운전해보는 건 어때?

공포의 바다

"이곳에는 신원을 알 수 없는 5만 구의 시신이 묻혀 있어. 쓰나미로 인해 죽은 사람들이지."

인도네시아 친구 리아가 공동묘지를 가리키며 말한다.

2004년 12월 26일, 21세기 인류 최대의 대재난이 발생한다. 인도네시아 수마트라섬 서북단에서 일어난 쓰나미 지진이 바로 그것이다. 당시 지진의 규모는 무려 9.3으로, 그 위력은 무려 히로시마 원자폭탄의 250만 배와 맞먹었다고 한다. 이 쓰나미로 인해 인도양 연안 12개국에서 23만 명의 소중한 생명이 희생되었다니 정말 비참한 재난이 아닐 수가 없다.

나는 토바호수에서 반다아체라는 인도네시아 도시로 왔다. 이곳은 12년 전 일어났던 쓰나미로 수많은 사람들이 희생되고 파괴된 도시였다. 특히 진원지에 가장 가까이 있던 도시인지라 강력한 쓰나미의 파괴력 앞에 어느 곳보다도 처참한 피해를 입은 곳이기도 했다.

반다아체는 관광도시가 아니다. 그렇다고 방콕이나 자카르타 등 다른 동남아시아 대도시처럼 이름이 널리 알려진 도시도 아니다. 이런 이유로 쓰나미 피해를 보도하던 전 세계 미디어들도 가장 극심한 피해를 입은 반다아체보다 푸켓, 몰디브와 같은 휴양지에 스포트라이트를 맞추거나, 크리스마스 다음날 박싱데이에 일어난 대참사라는 등 시기별 특수성에만 주목했다. 나 역시 이곳에 오기 전까지는 지구 어느 곳에 붙어 있는 도시인지도 알지 못 했었다.

반다아체 공항에 도착해 게이트를 나가니 수많은 택시기사들이 나를 향해 마치 원숭이를 구경하는 것처럼 멀뚱멀뚱한 시선을 보낸다. 호객을 하느라 시끄러운 다른 동남아 관광도시들과는 사뭇 다른 분위기다. 택시를 타고 가는 동안 차창 밖으로 허술하고도 어설프게 복구해 놓은 건물들이 곳곳에 눈에 띈다. 건물이 완전히 무너진 게 아니라면 대충 복구해 사용하고 있는 듯했는데, 그나마 폐허로 방치된 몇몇 건물들은 당시의 참상을 그대로 품고 있다.

드디어 쓰나미 박물관에 도착했다. 쓰나미로 처참하게 파괴된 참상을 담은 사진들은 물론이고 시뮬레이션 파도 등 대재앙 당시의 모습들이 생생하게 기록돼 있는 박물관이다. 외형부터가 압도적이다. 마치 거대한 범선을 형상화 한 것처럼 보이는 거꾸로 된 사다리꼴 외관의 짙은 회색빛 본관은 수 천 개의 잿빛 비석들로 가득 찬 공동묘지에 둘러싸여 있다. 더욱이 시내 한복판에 위치한 박물관 주변의 초라한 건물, 군데군데 파손된 채로 방치된 도로와 대비돼 "이 도시의 상징은 바로 나, 쓰나미 박물관입니다."라고 자신을 소개하는 듯하다.

무거운 백팩을 리셉션에 맡겨 놓고 SNS를 통해 가까워진 인도네시아 친구 리아를 만났다.

"안녕! 페이스북에서 만난 화용 맞지?"

무더운 날씨에도 긴 옷을 입고 잿빛 히잡을 쓴 리아가 반겨준다. 이곳을 방문한 한국인이 내가 처음이라면서 오늘은 자기가 가이드를 해 주겠단다. 밝고 활기찬 성격을 가진 리아는 이곳에서 태어나서 자란 토박이였고, 여타

인도네시아 소녀들처럼 한국 드라마와 한국 노래를 즐겨 듣는 코리안 러버
였다.

박물관 입구로 들어서니 한 갈래 폭이 좁은 통로가 나오고 양쪽으로 거
대한 인공 폭포가 떨어진다. 조명도 없는 깜깜한 통로에는 천장으로부터
들려오는 "우우~~" 하는 중저음의 음악소리로 가득 차 있다. 음산한 분위
기를 넘어 공포가 느껴진다. 어두컴컴한 통로를 지나는 동안 차가운 물방
울이 피부에 닿았다가 튕겨져 나간다. 머리카락이 쭈뼛쭈뼛 서고 피부에는
닭살이 돋기 시작한다.

"이곳은 쓰나미 당시의 상황을 형상화한 장소야. 실제 생존자들이 거대
한 파도에 휩쓸렸을 때 겪었던 기억을 최대한 반영해 만든 곳이지."

뒤를 따라오던 리아가 설명을 해 준다. 거대한 파도에 휩쓸려 죽음을 맞
이한 희생자들을 생각하니 절로 마음이 숙연해지고 저려온다. 금방이라도

인공폭포가 당시의 성난 파도처럼 나를 덮칠 것만 같은 기분이다. 실제로 쓰나미를 겪었던 생존자들이 이 파도 전시관을 방문했다가 혼절하거나 뛰쳐나갔다고 했다.

좁은 통로를 지나자 15인치쯤 되는 수 십 개의 스크린에서 당시에 벌어졌던 실제 참상이 비쳐진다. 폭탄이라도 맞은 것만 같은 집들, 절망에 빠져 울부짖는 사람들, 뿌리 채 뽑힌 나무가 파도에 휩쓸려 건물에 부딪치는 모습…. 12년 전 찍힌 사진이지만 지금 내 앞에 일어나고 있는 것처럼 절망적인 비명이 가슴을 후빈다.

"리아, 너는 저 당시 기억나?"

"응, 어렸을 적이라 많이는 아니지만….."

"사진처럼 이렇게 참혹한 모습을 봤어?"

"기억나는 장면이 하나 있는데 길거리에 사람들 시신이 집 높이만큼 쌓여 있었어. 살아 있는 사람들은 울부짖으며 애타게 자기 가족들을 찾아 헤매지…."

흐릿하게 남아 있는 기억을 더듬어 쏟아내는 리아의 말들이 나를 더욱 충격에 빠뜨렸다.

"당시 가족들을 모두 잃어서 그 충격으로 죽은 사람도 있었어. 정말 슬픈 일이지. 반다아체 주민들 중 친구와 가족을 잃지 않은 사람은 아무도 없어. 우리 삼촌과 이모도 그때…."

그녀의 계속되는 설명이 당시의 참상을 느끼게 해 주는 데 도움은 되었지만 더 이상 듣고 싶지 않았다. 차마 형언할 수 없는 비극적인 장면들이 자꾸 떠올랐기 때문이다. 침묵 속에 영상 하나를 보게 되었는데, 한 소년이 무너진 집 더미에서 누군가를 애타게 찾고 있는 모습이었다. 필시 부모님을 찾고 있는 소년이리라. 순간 파노라마처럼 한국전쟁 때 부모님을 찾으며 울고 있는 한국 어린아이 사진과 겹쳐진다.

"이 아이는 부모님을 찾았을까?"

리아도 알 리가 없는 질문을 해본다.

"그랬으면 정말 다행이지. 운 좋게 가족을 찾은 경우도 있지만, 그런 경우는 드물었어. 슬프게도 아직까지 반다아체에서 몇 명이 죽었는지, 몇 명이 실종되었는지 아무도 몰라. 집계를 할 수도 없고 당시 너무나도 많은 사람이 죽은 탓에 대략적으로 몇 만 명이 죽었다고 예측할 뿐이지 정확한 사상자를 세어보는 건 불가능 해. 시신을 찾지 못한 희생자만 수 천 명이니까."

그녀의 설명을 듣고 위로의 말을 건네고 싶었지만 북받친 감정 때문에 쉽게 입술이 떨어지지 않는다.

2층으로 올라가니 쓰나미가 어떻게 일어나게 되는지에 대한 과학적 설명, 참사 이후 현장을 재현한 모형, 해외 언론보도 자료들이 잘 정리돼 전시

되어 있다. 1층보다는 한층 밝은 분위기여서 조금은 마음이 가벼워진다.

여러 전시물 중 유독 눈에 띄는 게 하나 보인다. 모스크가 하나 있고 그 주변은 완전히 폐허가 된 모습의 모형 전시물이다. 부연 설명된 안내판을 보니 당시 모든 건물이 휩쓸려 나갔지만 모스크만은 신기할 정도로 멀쩡했다고 한다. 기도를 하는 신성한 장소라 다른 건물보다 튼튼하게 지었을지는 몰라도, 완전히 박살난 주변 건물과는 너무나도 대조를 이룬다. "신의 가호가 있어서 그런거 아닐까?"라고 말하는 리아의 말에 나도 모르게 고개를 끄덕인다.

천장에는 각국 언어로 "평화"라고 적힌 팻말이 대롱대롱 매달려 있다. 한국어로 된 팻말도 보인다. 참혹한 쓰나미 사진과 영상을 보다가 '평화'라고 적힌 글귀를 보니 차갑게 얼어붙었던 마음이 조금은 따뜻해진다. 몇몇 외국인 관광객들은 저마다 자기나라 말로 된 언어를 찾으며 인증샷을 찍기도 한다.

실제로 쓰나미가 발생하기 전 반다아체 주는 분리 독립을 요구하던 반군과 중앙정부의 내전으로 30년 동안 수 만 명이 목숨을 잃었다고 한다. 하지만 아이러니하게도 쓰나미로 인해 도시가 폐허가 되자 중앙정부와 반군은 평화를 모색하게 되었고 그때 이후로 내전은 종결되었다고 한다.

"화용, 얘기해 주고 싶은 게 있어."

"뭔데?"

"반다아체 사람들에게는 먼저 쓰나미 얘기를 꺼내지 마. 우리들은 모두 사랑하는 사람을 잃은 슬픔을 안은 채 살아가고 있어. 주민들에게 쓰나미 얘기를 하면 그때의 기억이 떠올라 슬퍼할 거야. 그리고… 아체 주민들의 바다에 대한 원망과 공포는 영원히 가시지 않을 거라는 점을 기억해 줘."

그녀의 부탁에 차마 난 대답을 할 수 없었다. 그저 조용히 고개를 끄덕이며 동감한다는 표현을 내비쳤을 뿐. 리아의 눈은 어느새 붉은 눈시울로 글썽거린다.

　박물관을 떠나 리아와 마지막 인사를 하고 뿔라우웨섬으로 가는 페리를 탔다. 고작 3시간 둘러본 박물관이지만, 자연재해의 무서움과 그걸 극복하는 전 세계 사람들의 하나 된 모습은 벅찬 감동을 느끼게 해 주었다.

　페리에서 바라본 인도양의 바다는 한없이 고요하고 잔잔하다. 12년 전 이곳에서 쓰나미가 발생했다는 게 도저히 믿기지 않을 정도다. 그래서 당시의 재앙이 더욱 야속하기만 하다. 쓰나미가 일어나기 전 날에도 이렇게 고요했을 것 아닌가.

　마지막 리아의 말이 유독 기억에 남는다.

　"반다아체 주민들 중 친구와 가족을 잃지 않은 사람은 아무도 없어…."

　오늘 아침 만난 무뚝뚝한 택시 기사님부터 오가며 살갑게 손을 흔들어 준 주민들의 부모 형제가 그런 아픔을 겪었다고 생각하니 가슴이 저릿해진다. 지나고 나서야 느끼는 거지만, 주민들에게 더 따뜻한 행동 하나, 말 한 마디를 건네지 않았던 내가 무정한 놈이라는 생각까지 든다.

　자기가 저지른 잘못을 아는지 모르는지 발 아래로 펼쳐진 드넓은 바다는 아무 말이 없다. 그저 떨어지는 일몰을 멍하니 바라보며 반다아체 주민들의 평화와 안녕을 간절히 기원해본다.

리아에게 보내는 한 줄 편지

리아! 너는 정말 씩씩하고 활력 넘치는 친구야. 너의 폭발할 듯한 긍정 에너지를 마주할 때면 쓰나미 박물관의 충격과 슬픔도 금세 누그러지더라고. 지금은 한국어를 열심히 공부하고 있다고 하지? 나중에 한국에 오면 내가 완벽히 서울 가이드를 해 줄게.

뿔라우웨섬의 날개 없는 천사

저 멀리서 구급차 하나가 다가오더니 내 앞에 멈춰 선다. 운전석에 앉아 있는 잘생긴 청년이 대뜸 나를 보고 소리친다.

"네가 카우치 게스트인 화용이니?"

"응, 맞아. 그럼 네가 날 초대해 준 호스트 모하?"

전 세계 배낭여행자들 사이에서 유명한 카우치서핑이라는 비영리 커뮤니티가 있다. 카우치와 서핑의 합성어로 생전 처음 보는 여행객을 집으로 초대해서 숙식을 제공해 주는 프로그램이다. "어떻게 공짜로 모르는 사람을 먹여주고 재워줘?"라고 의문을 제기하는 사람이 많을 것이다. 나 역시 그랬으니까.

카우치서핑을 통해 자신의 보금자리에 이방인을 초대하는 사람을 '호스트'라 부르고 초대받는 사람을 게스트나 서퍼라고 일컫는다. 카우치 호스트는 대부분 여행을 좋아하고 새로운 사람들을 만나는 걸 즐기는 사람들이다. 그들은 게스트를 통해 세상 밖 스토리를 들을 수 있고 외국 친구를 사귈수 있다는 장점이 있다. 물론 게스트 역시 현지 친구를 사귀고 숙박비도 줄일 수 있는 게 큰 장점이다.

피차 장점이 있지만 이 카우치서핑을 빛나게 해 주는 주역은 역시 '호스

트'들이다. 돈 받고 손님을 받을까 말까 할 판에 호스트들은 단지 믿음과 신뢰만으로 자신의 문을 활짝 열어주는 것이다. 말이야 쉽지, 생전 일면식도 없는 외국인 여행객을 위해 잠자리나 식사를 제공해 주는 건 웬만한 용기 없이는 할 수 없는 일이다.

나는 인도네시아 최서단 뿔라우웨섬에서 처음으로 카우치서핑을 신청했다. 저렴한 호스텔은 물론 변변찮은 중저가 호텔도 없었기에 카우치서핑 외에는 다른 선택사항이 없었다. 천만다행으로 이 작은 섬에도 단 한 명의 카우치 호스트가 존재했고, 그가 바로 모하였다. 나는 호스트 모하의 승낙으로 세계일주를 하면서 첫 카우치서핑을 경험할 수 있게 되었던 것이다.

모하는 직접 앰뷸런스 조수석 문을 활짝 열어준다. 누가 먼저라고 할 것도 없이 반갑게 악수를 나눈다.

"모하, 만나서 반가워. 왜 앰뷸런스를 운전하고 있니?"

"내 직업은 의사야. 이 섬에 있는 병원에서 일하고 있어."

"아, 그래? 그런데 지금 앰뷸런스 사용해도 괜찮아? 난 환자도 아닌데."

"괜찮아. 그래서 지금 사이렌도 켜지 않았잖아."

아무렴 차가 뭔 상관일까나. 날 픽업하기 위해 직접 차를 몰고 항구까지

나와 준 이 친구가 정말 고맙다. 인상도 좋고 행동 하나하나에 배려심이 묻어나는 친구다.

"화용, 어쩌다 이 섬에 여행을 오게 된 거야?"

"인도네시아 사람들이 너도나도 극찬을 하더라고. 서쪽 끝에 발리보다 아름다운 섬이 있다고. 그렇지만 너 아니었으면 여기에 오지 못했을 거야. 호텔을 찾지 못해서 포기할까 생각 했었거든."

"아주 잘 왔어. 요즘엔 일이 바쁘지 않으니 내가 직접 섬을 소개시켜 줄게. 어차피 이곳은 대중교통도 없는 곳이라 차가 없으면 돌아보기도 힘드니까."

모하는 만나자마자 가이드는 물론 기사 역할까지도 자처한다. 그리고 내게 이 섬의 모든 것을 보여주겠다는 의지를 불태운다. 서로 알기도 전에 대뜸 호의부터 베풀어 주는 모습에 어떻게 감사표현을 해야 할지 모를 지경이다.

간단한 인사말을 나눈 뒤 우리는 바로 뿔라우웨섬을 본격적으로 구경하러 갔다. 꼬불꼬불 S자 비포장도로엔 우리 말고는 아무도 없다. 대신 1미터는 거뜬히 넘을 것 같은 도마뱀 한 쌍이 야릇한 로맨스 영화를 찍는가 하면, 수십 마리의 소 떼들이 도로를 불법 점거하기도 한다. 원체 차가 안 다니는 섬이라 동물들이 자기들의 터전으로 오해할 만도 했다.

20분 정도를 달려 정상 근처에 다다르니 가파른 절벽에 커다란 벙커와 녹슨 대포가 보인다.

"모하, 이 조용한 섬에 왜 대포가 있어?"

"저 대포는 2차 세계대전 당시 일본군이 만든 요새야. 뱅골만의 주도권을 두고 영국 군대와 싸웠지."

일본군의 잔재가 이 조용하고 외딴 섬에도 남아 있다는 사실이 놀랍다. 대동아공영권을 내세워 동남아시아 전역을 침공한 일본군의 야욕이 이곳에도 남아 있었던 것이다.

벙커 쪽으로 가까이 가보기로 했는데, 올라가는 길이 제대로 정비되어 있지 않고 화산암으로 이루어진 아찔한 절벽이 많아 매우 위험해 보인다. 한 걸음 한 걸음 길을 만들다시피 요새가 있는 꼭대기까지 올라간다.

"와… 이렇게 아름다운 풍경이라니!"

다 부서져가는 벙커에 도착하니 눈앞엔 세상에서 가장 고요하고 잔잔한 인도양의 바다가 펼쳐진다. 그 흔한 갈매기 울음소리조차 들리지 않는다. 스산한 바람만이 머리칼을 스쳐 지나갈 뿐이다. 이토록 장엄하면서 고요한 바다는 처음이다. 사방팔방 탁 트여 있어, 왜 일본군이 이곳에 벙커를 지었는지 납득이 된다.

'이렇게 아름다운 순간을 보낼 수 있는 시간이 내 생애 몇 번이나 올까?'

아무 생각 없이 그저 무언가를 바라보는 것만으로도 벅차오른다.

이 낡은 요새는 시작에 불과했다. 우리는 다시 앰뷸런스에 탑승해 섬 최정상을 향해 달렸는데, 꼭대기에 도착하니 그나마 한두 채 있던 가옥들도 더 이상 눈에 띄지 않는다. 대신 달걀 썩는 듯한 유황냄새가 코끝을 자극하기 시작하고, 군데군데 바위틈으로는 뜨거운 수증기와 연기가 뿜어져 나온다. 마치 일본 큐슈의 온천 도시에 온 듯한 기분이다. 산 중턱의 녹색 잎으로 풍성한 나무들과는 달리 이곳에는 잎사귀 하나 달려 있지 않은 새까만 고사목들뿐이다. 분위기도 싸한 게 꼭 지옥 입구에 온 것만 같다.

"이 섬은 화산활동이 여전히 진행 중이야."

이미 봐온 풍경들로 보아 모하의 말은 틀림없이 사실이었다.

"정말? 그러다 나중에 화산이 폭발하게 되면 어떻게 해? 여기에는 수많은 주민들이 살고 있잖아."

"응, 그래서 지방정부에서 매일 섬의 상태를 체크하고 있어. 화산활동 조짐이 보이면 이 섬의 주민들은 전부 수마트라섬으로 이동하게 될 거야. 다행히 아직까지 큰 화산폭발은 없었지."

화산폭발의 위험에 노출된 곳에서 살다니, 평범한 한국의 대도시에서 사는 나로서는 놀라울 뿐이었다. 언제든지 화산이 폭발할 수 있는 북한산 아래의 서울에 사는 거랑 똑 같은 거 아닌가. 같은 지구에 살면서도 삶의 환경

이 이토록 다르다는 점이 신기하다.

바위틈으로 보글보글 무언가 끓는 소리가 들린다. 가까이 가보니 회색
빛 액체가 기포를 형성하며 끓고 있다.

"화용 미쳤어? 절대 건드리지 마!"

손가락을 살짝 넣어보려고 하는 나를 보고 모하가 놀라서 제지한다. 그
리곤 옆에 있는 앙상한 고사목을 가리킨다.

"이렇게 되고 싶지 않으면 조심해야 해."

얼른 손을 뒤로 빼고는 옆에 있는 조그마한 나뭇가지를 기포 속으로 넣
으니 순식간에 연기를 내뿜으며 녹아버린다.

"오 마이 갓!"

이 섬의 진정한 하이라이트는 따로 있다. 모하가 저만치 앞선 채 얼른 내
려오라고 나를 재촉한다. 최정상에서 30분 정도 내려가 보니 U자 모양의
환상적인 스노클링 포인트가 나온다. 깎아지른 듯한 절벽 뒤로 숨겨져 있
는 낙원이다. 맑고 투명한 바닷물 때문에 보트가 마치 하늘을 날고 있는 것
만 같다. SNS나 여행 잡지에서만 소개되는 에메랄드빛 바다의 모습 그대로
다. 몰디브랑 남태평양의 섬들을 가보진 않았지만 전혀 꿀리지 않는 천혜의

풍경이라 단언할 수 있을 정도다.

이곳만의 독보적인 매력 포인트는 주변을 둘러봐도 작은 상점이나 레스토랑이 하나도 보이질 않는다는 점이다. 나아가 사람의 흔적이나 어떤 인공적인 요소도 없다. 태고의 모습 그대로를 유지하고 있는 것 같다.

나만 알고 있는 숨겨진 명소를 찾은 것만 같아서 모하에게 이곳의 이름을 물어보니 모하의 답변은 의외다.

"이곳은 따로 이름이 없어."

이렇게 아름다운 해변에 이름이 없다니… 이 투명한 에메랄드빛 바다에 대한 큰 실례다. 입을 다물지 못하는 나를 보며 이 섬엔 이곳보다도 더 아름다운 해변이 수십 군데는 된다고 덧붙인다. 무슨 독과점도 이런 독과점이 없다. 하나만 떼어서 한국으로 가져가면 국내 휴양지 역사를 바꿀 수 있는 존재일 텐데… 이걸 그냥 두고 가야 한다는 게 아쉬울 따름이다.

5시간 정도 돌아본 섬이지만 마치 작은 낙원을 통째로 본 듯하다. 서울 절반 정도에 불과한 섬에 투명한 바다, 정글, 화산, 역사유적지까지 그야말로 종합선물세트가 따로 없다. 정말 이 지구엔 숨겨진 비경이 얼마나 많단 말인가! 설령 파괴의 신이 지구의 모든 것을 다 부수려고 하다가도 이 섬만은 아까워서라도 건드리지 않을 것만 같다.

해가 지기 시작했다. 우리는 집으로 돌아가기로 했다. 가로등도 거의 없는 섬이라 밤에는 할 것도 없어 보인다. 모하는 차를 운전하는 동안 길을 따라 걷는 주민들이 보이면 차를 세우고 사람들을 태운다. 대중교통이 없다시피 한 이 섬에서 그의 앰뷸런스가 버스 역할을 도맡아 하고 있는 셈이다. 둘이서 오붓하게 앉아 있던 앰뷸런스가 어느새 만원버스처럼 섬 주민들로 가득 찼다. 모하는 사람들을 일일이 집 앞에까지 데려다주고 나서야 집으로 돌아왔다. 물론 단 한 푼의 교통비도 받지 않았다. 친구의 따뜻한 마음에 조수석에 앉아 있는 나까지 덩달아 기분이 좋아진다.

모하는 집 앞에 앰뷸런스를 주차시켜 놓고는 내게 한마디 건넨다.

"화용, 우리 집에 온 걸 진심으로 환영해. 그리고 사람들을 데려다 주느라 늦어서 미안해."

아이고, 이런 황송한 사과를 하시다니…. 만난 지 하루도 채 되지 않았지만 이 친구의 따뜻한 마음과 사람됨에 저절로 경의를 표하게 된다.

모하의 집은 남자 혼자 사는 집이라고 하기에는 굉장히 넓었다. 방이 3개에 화장실이 두 개 있고, 커다란 차고까지 있었다. 집 내부는 더없이 깨끗했고 무슬림답게 이슬람풍의 카펫과 아랍어 액자로 인해 우아한 분위기를 풍긴다.

텔레비전 탁자에 놓여 있는 그의 졸업사진이 눈에 띄어 살펴보니 배경의 중세 유럽풍 건물이 눈에 들어온다. 얼핏 봐서도 인도네시아 대학교 분위기는 절대 아니다.

"모하, 이거 어디서 찍은 거야?"

"아, 옥스포드 대학교야. 영국에 있는 대학교. 너도 들어봤지?"

"옥스포드라고?"

"응, 거기서 면역학 박사과정을 수료했거든."

　이미 이 친구가 범상치 않다는 건 알고 있었지만, 세계 최고 수준의 명문대에서 의학박사 과정을 마쳤다고 한다. 살다 살다 여행을 하다가 장난감 말고 진짜 옥스포드 출신 친구를 만날 줄이야. 그뿐이 아니다. 저녁에 함께 「내셔널 지오그래픽」 채널을 보고 있을 때, 인터뷰를 하는 학생을 가리키면서 옥스퍼드에 다닐 때 가깝게 지낸 친구라고 소개한다. 못 믿는 척 내가 의심의 눈초리를 보내자 이번엔 지도교수와 함께 찍은 사진을 보여준다. 그것도 노벨의학상을 받은. 어디에 붙어 있는지도 몰랐던 외딴 섬에서 세계

최고 수준의 앨리트를 만나다니…. 우리나라로 치자면 울릉도 병원에 근무하는 하버드대 출신 의사 선생님이라고나 할까? 이거 갑자기 '베프'가 되고 싶은 욕구를 주체할 수 없다.

그의 생활은 엘리트 학벌만큼이나 굉장히 건실하다. 모하는 독실한 이슬람교도로, 하루에 5번씩 정확히 정해진 시간에 신을 향해 기도하는 청년이었다. 술과 담배는 전혀 하지 않았고, 취미도 테니스와 요리다.

"태어나서 정말 한 번도 술 마셔본 적 없어?"

"응 한 번도 안 마셨어."

"그래도 맛이 궁금하지 않아? 유학생활 할 땐 어떻게 했어? 영국 애들 술 엄청 마시잖아."

"아, 말도 마. 그때 유혹을 참느라 정말 힘들었다고."

순간 짓궂은 질문이 떠오른다. 모하는 나보다 세 살 많았지만 아직 결혼하지 않은 노총각이었다.

"모하, 넌 섹스해본 적 있어?"

모하는 얼굴이 빨개지면서 굉장히 당황해 한다.

"… 아니."

결혼 전까진 하고 싶지도 할 생각도 없다고 한다. 하, 이거 큰일이다 큰일이야. 나라도 당장 도와주고 싶은 마음이다. 국내 결혼정보회사에 가입하면 VVIP 회원 대접을 받으실 귀한 몸이 분명할 텐데. 여동생이 없는 게 안타까울 지경이다.

나와 모하는 대화코드가 잘 맞았다. 어떤 주제를 선택하고 이야기를 시작하면 3~4시간은 금방 쑤욱 지나가 버렸다. 이미 영국에서 6년 동안 지낸 경험이 있는 터라 자신만의 세계관이 뚜렷한 친구였다. 당시 이슈였던 미국 대통령선거에서는 모두가 힐러리가 이길 거라고 예측할 때 홀로 트럼프의 당선을 예측하기도 했다. 그러면서 트럼프로 인해 벌어지게 될 미국식 독선

주의와 반 무슬림 성향을 신랄하게 비판하기도 했다.

통합면역학을 전문으로 연구하는 의사답게 우리는 건강에 대한 얘기도 많이 나누었다. 한국인 사망원인 부동의 1위가 암이라는 말을 해 주니 매우 놀란다.

"암에 걸리지 않으려면 어떻게 해야 할까?"

"복합적인 요인이 있어. 식습관이 제일 중요하고, 스트레스를 받지 않는 생활이 중요해. 그리고 술, 담배 같이 몸에 해로운 것은 멀리 해야 하지."

"담배를 피우지 않아도 폐암에 걸릴 수 있을까?"

9년 전 외할머니께서는 담배를 한 번도 피우신 적이 없는데 폐암으로 돌아가셨다. 그때의 기억이 떠올랐다.

"암의 발생은 흡연과 같이 후천적인 경우도 있지만, 유전적 요소도 있어. 그리고 꼭 담배가 아니더라도 폐에 안 좋은 유해물질은 어느 곳에나 산재해 있지."

무얼 질문하든 이 친구는 항상 명쾌하게 답변해 준다.

모하는 자신의 직업 전문성을 활용해 가난한 사람들을 위해 무료로 건강 검진을 해 주기도 하였다. 말 그대로 날개 없는 천사였다. 의사라는 직업 이외에도 마을 사람들을 위한 봉사자, 그리고 앰뷸런스를 이용한 간이버스 운전기사, 카우치 호스트까지 총 4개의 직업을 가지고 있는 셈이었다. 그의 덕행을 한껏 띄워주니 모두가 알라의 뜻이라며 겸손하다. 정말 신이 실제로 존재한다면 모하는 그 신마저 감탄시켰을 것이다.

3일 예정이던 섬에서의 일정은 7일로 길게 늘어났다. 모하가 일하는 시간엔 혼자 오토바이를 타고 섬의 숨겨진 스노클링 포인트를 찾아다녔다. 바다에 들어갈 땐 실오라기 하나 걸치지 않은 천연의 모습으로 들어간다. 주변의 시선도, 몰카도 신경 쓸 필요 따윈 없다. 바다거북처럼 유유자적 해변에서 뒹굴거나 이름 모를 물고기나 벌레들을 좇아 다녀보기도 한다.

아무도 없는 바다 위에 몸을 맡길 때면 인도양의 전 바다가 내 세상인 것만 같다.

오후에는 모하와 합류해 섬에 살고 있는 야생동물을 찾아다니기도 하고, 일본군 요새를 밟고 올라가 열대과일 파티를 즐기기도 한다. 그러다 저녁시간이 되면 수산시장에서 갓 잡아 올린 생선을 사들고 와서 인도네시아식 생선 커리 요리를 만들기도 한다.

모하도 사진 촬영이 취미라서 때때로 함께 출사를 나가기도 했다. 세계여행을 다니는 나도 손바닥 만한 카메라를 들고 다니는데, 이 친구는 렌즈 크기만 해도 500ml 물통만큼 크다. 이거 원 사진을 찍기도 전에 기부터 죽어버린다. 사진도 기가 막히게 잘 찍는다. 프로페셔널 사진작가라 해도 믿을 만한 솜씨다. 공부면 공부, 요리면 요리, 이제는 사진촬영까지! 정말 이 친구는 못 하는 게 있기는 한지 궁금할 정도다. 마치 문무를 겸비한 위대한 군주이자 '사기 캐'라는 별칭을 가진 중국 청나라의 강희제가 재림한 것만 같다.

행복에 겨웠던 7일간의 일정을 마무리하고 뿔라우웨섬을 떠나기 전 날, 모하는 방명록을 써달라며 노트와 펜을 내밀었다. 노트를 펼쳐보니 앞서 모하 집을 다녀간 게스트들의 인사말이 나열되어 있다. 개중에는 미국인도 있었는데 모하에 대한 극찬이 한 가득이다.

"모하, 너 미국 싫어한다면서? 이 미국인에겐 엄청 잘해 준 거 같은데?"

"난 트럼프의 독단주의를 싫어하는 거지 미국인을 싫어하는 게 아냐. 우리집에 초대된 이상 나는 누구에게나 잘 해 줄 의무가 있거든."

아이고, 우문현답이다. 그의 지혜로운 답변에 다시금 탄복한다.

가끔씩 스쳐 지나가는 말이 누군가에는 엄청난 영향을 끼칠 때가 있다. 모하의 답변이 그러했다. 집단의 이미지를 개개인의 인격과 엄격히 구분하는 그의 말 한마디가 집단의 이미지를 깔아놓고 그 바탕에서 사람을 대하던 내 태도를 변화시키는 계기가 되었다고나 할까?

대부분 5줄 분량의 방명록과 달리 나는 장장 2페이지의 방명록을 꽉꽉 채워 적었다. 모하로부터 느낀 우정, 사랑, 추억 하나도 빠짐없이 적고 싶었기 때문이다. 모하에게 가장 특별한 게스트가 되고 싶다는 욕심도 있었다. 어째 방명록을 받아볼 사람보다 글을 쓰는 내가 더 설레는 기분이다. 누군가에게 고마움의 글을 적는 게 이렇게 기분 좋은 일이었던가! 노트에 옮겨진 내 진실한 마음이 그에게 닿기를 기도한다.

글을 천천히 읽어 보는 모하의 표정이 더 없이 행복해 보인다. 그리고 뜨거운 사나이의 포옹으로 내 글에 대한 코멘트를 대신한다.

마지막 날, 모하는 항구에서 나를 픽업하러 왔던 것처럼, 나를 항구까지 바라다 주었다.

"너는 지금 네 인생에서 가장 행복한 시기를 보내고 있는 중이야. 남은 일정도 지금처럼 행복하게 보내야 해."

"네가 내 첫 카우치 호스트이자 친구가 될 수 있었다는 게 난 최고의 행운이라고 생각해."

이내 배는 반다아체를 향해 떠나고 우리는 약속이나 한 듯 서로 힘차게 손을 흔들었다.

모하의 삶은 하루 종일 다른 사람을 위해 살아가는 것만 같았다. 이웃부터 카우치서핑을 통해 처음 만난 외국인까지. 그의 베풂엔 어떤 경계선조차 존재하지 않았고 상대에게 작은 것조차 바라는 마음이 없었다. 아무런 대가 없이 순수한 사랑 하나만으로 사람들에게 봉사하는 삶을 살아가는 것이었다.

그를 보며 치열한 경쟁사회에서 그동안 내가 견지해왔던 "나만 아니면 돼."라는 차가운 삶의 태도가 희미하게 엷어지는 느낌이다. 내 입으로 이런 말을 하긴 쑥스럽지만, 나는 원래 이런 기특한 생각을 할 만한 사람이 아니었다. 작은 손해라도 볼 것 같으면 입에 거품 물고 따지기나 할 줄 알지, 먹고 살기 바쁜 전쟁터 같은 한국 사회에서 남을 돕는다는 건 딴 세상 이야기라고 생각했었다.

나도 과연 모하처럼 처음 본 누군가에게 마음을 열고 베풀 수 있을까?

문득 이런 생각이 든다. 최소한 사랑을 주는 요령은 얼핏 알 것도 같다고. 그간 여행을 하면서 많은 호의를 받아왔고 그들로부터 사랑을 주는 방식을 목격해왔기 때문이다. 나아가 내가 받아온 사랑을 되돌려 줄 만한 여유가 생기는 느낌도 든다. 드라마틱한 가르침은 없을지라도 여행은 내게 더 나은 사람이 될 수 있는 길을 안내해 주고 있다.

모하에게 보내는 한 줄 편지

'마음의 문이란 건, 한 사람에게 열리고 나면 다른 사람도 들락날락 할 수 있게 된다.'
「어바웃 어 보이」라는 영화의 명대사야. 널 보고 느낀 나의 감정을 완벽히 표현하고 있는 말이지. 정말 고마워, 영원한 나의 형제 모하.

TIP : 동남아시아 여행을 위한 알짜 정보

1. 동남아시아의 교통은 굉장히 번잡하다.
신호등을 무시하는 차들이 많으므로 좌우로 시야를 확보한 상태에서 횡단보도를
건너도록 하자. 외국에서 사고라도 나면 여간 까다로운 게 아니다. 알아서 미리 예
방하는 게 최선의 해결책!
2. 팁 문화가 있는 지역은 아니다.
특별한 서비스를 받았을 때는 팁을 주는 것도 좋지만 남발할 필요는 없다. 적당히
완급조절을 하자. 자칫하면 한국여행객을 봉으로 보게 하는 상황이 연출되기도 하
기 때문이다.
3. 동남아시아는 먹거리 천국이다.
한국만큼이나 레스토랑이 많은 곳이기도 하다. 하지만 길거리음식을 먹을 땐 언제
나 위생상태에 신경 쓰도록 하자. 위생관념이 부족한 경우가 많아서 자칫 배탈이
나는 경우가 많기 때문이다.
4. 긴 옷이나 얇은 점퍼를 한두 개 챙겨가도록 하자.
쇼핑몰의 에어컨의 바람이 굉장히 차다. 반팔만 입고 가면 감기에 걸리기 십상이다.
5. 동남아시아 현지인들 대부분 순박하고 착한 사람들이다.
특히 한류의 영향으로 인해 한국인이라면 경외의 눈빛으로 바라보는 경우가 많다.
그러나 순박한 만큼 한번 수틀리면 무섭게 변하는 게 동남아인들이다. 이들의 자존
심에 상처를 주거나 매너 없는 행동은 절대로 금하도록 하자.

태국
**1. 국민 대부분이 친한파라고 할 정도로 한국인에 대해 좋은 감정을 가지
고 있다.**
우리가 약간의 호의만 보여줄지라도 그들은 다른 나라 사람들보다 더 격하게 환영
해 줄 것이다.
2. 오후 1시~4시 사이에는 정말 덥다.
현지인들도 이 시간대에는 외출을 삼가는 편이니. 이 시간대는 실내관광이나 쇼핑
몰을 둘러보는 것도 좋은 방법이다. 태국의 쇼핑몰은 우리나라에 비해 절대 뒤지지
않을 만큼 훌륭하다.
3. 국민 대다수가 독실한 불교도들이고, 국왕에 대한 사랑이 엄청나다.
특히 전 국왕 푸미폰은 모든 태국인들이 마음 깊이 존경하는 국가적 위인이다. 이
들의 종교와 국왕 제도에 대해 나쁘게 말하면 불상사가 생길 것이고, 한껏 띄워주

면 복이 굴러올 것이다.

4. 태국의 치안은 전체적으로 양호한 편이지만 전 세계 관광객들의 성지이자 놀이터, 방콕 카오산로드는 범죄가 빈번이 일어나는 지역이기도 하다.
소지품 관리를 철저히 하도록 하자. 유럽 관광객들이 간혹 마리화나를 피우는 경우가 있는데, 권하더라도 절대 유혹에 넘어가지 말자.

미얀마
1. 한때 동남아에서 가장 패쇄적인 나라였던 만큼 여행 인프라가 다소 열약하다.
 바꿔 말하면 아직까지 때 묻지 않은 삶의 모습을 볼 수 있는 곳이기도 하다. 여행지 곳곳에 있는 비포장도로, 열악한 교통수단. 숙소일지라도 미얀마의 볼거리는 이 모든 걸 감내할 만한 가치가 있다.
2. 아직까지 수많은 현지인들은 론지라는 전통복장을 입고, 다나까라는 천연화장품을 바르기도 한다.
한번쯤 시도해보는 것을 추천한다.
3. 역시나 낮 시간대에는 햇볕이 엄청나게 강하다.
더구나 미얀마 관광지에서는 그늘진 곳을 찾기가 여간 어려운 게 아니다. 선크림을 바르고, 선글라스를 꼭 착용하도록 하자.
4. 마스크와 물티슈를 준비하도록 하자.
미얀마의 길은 비포장도로가 많아 차가 한번 지나가면 흙먼지가 그대로 입속으로 들어간다. 물티슈는 맨발로 들어가야 하는 불교사원을 방문할 때 요긴하게 쓰일 것이다.

인도네시아
1. 인도네시아는 세계 최대의 무슬림국가다.
일부 대도시나 휴양지에선 술을 팔지만 다른 동남아 국가에 비해 술과 돼지고기를 구하는 게 힘들다는 것을 알아두자.
2. 적도 근처에 위치해 있지만 수많은 화산섬으로 이루어진 지형 탓에 고도가 높은 지역은 꽤 쌀쌀하다.
그리고 자연재해가 잦은 나라인 만큼 출국 전에 현지 상황을 꼭 체크하도록 하자.
3. 인도네시아의 교통문화와 흡연문화는 굉장히 열악하다.
특히 실내에서도 담배를 피우는 사람들이 많다는 걸 염두에 두자.

4. 인도네시아에선 한류스타 이민호의 인지도가 굉장하다.

이민호가 주연으로 출연하 드라마 한두 개를 보았다면 현지 친구들과 어울리는 데 큰 도움이 될 것이다.

우리는 왜 세계일주를 가야 할까?

10대에 가야 하는 이유

1. 새싹 10대들은 어느 것을 배워도 쉽게 흡수하고 잘 응용한다. 신체도 뇌도 한창 성장기에 있는 시기다. 따라서 10대에 여행을 하면 남들보다 훨씬 빠르게 배우고 더 많은 것을 얻게 될 것이다. 외국어 학습 속도만 봐도 어리면 어릴수록 금방 습득할 수 있다.

2. 10대는 대부분 학생할인이 된다. 저렴하게 여행할 수 있는 시기이다.

3. 어릴 때부터 세계에 대한 시야를 확장해 놓으면 고정관념에 사로잡히지 않게 된다. (문화나 인종 종교 등등.)

4. 혹시라도 동행을 구하게 된다면 대부분 형 , 누나들이다. 금전적인 면에서 유리하다.

20대가 가야 하는 이유

1. 20대의 대부분도 학생이다. 학생할인의 혜택을 받을 수 있다.

2. 20대는 성인이다. 술과 담배 등에 자유롭다. 10대라서 못했던 것을 다 해볼 수 있다.

3. 신체적으로 제일 건강한 나이이다. 고난이도 트레킹, 액티비티 여행을 하는 데 건강한 신체는 유리한 조건이다.

4. 세계일주를 하면서 어학연수, 워킹홀리데이, 교환학생 등의 다양한 옵션을 덧붙일 수 있다.

5. 자신의 전공과 직업에 대해 진지하게 고민할 시기에, 세계일주는 직업에 대한 시야를 넓혀 줄 것이다.

6. 10대만큼 새로운 것에 대한 습득과 흡수력이 뛰어나다.

7. 세계일주를 갔다 온 후, 제로의 상황이 되더라도 새로 출발할 수 있는 시기다.

30대가 가야 하는 이유

1. 세계일주의 가장 큰 이슈인 자금 면에서 유리해진다. 돈 때문에 무언가를 포기해야 하는 가능성이 낮아진다.

2. 20대와 더불어 신체적으로 제일 건강한 나이이다. 고난이도 트레킹을 하는 데 전

혀 문제가 없다.

3. 10대, 20대 이후로 정체되어 있던 인맥을 넓힐 수 있다.

4. 결혼을 안 했다면 세계일주를 통해 짝을 찾을 수 있다.

5. 새롭게 시작하기에 늦지 않은 나이다. 자금만 있다면 세계 어느 곳에서든 새롭게 정착할 수 있다.

6. 학업을 마치고, 직장생활도 경험한 터라 세상을 보는 시야가 기본적으로 넓어진 상태다. 세계일주를 통해 사회 초년생으로서의 가치관 확립을 융통성 있게 할 수 있다.

40대가 가야 하는 이유

1. 자금 면에서 역시 자유롭다.

2. 특별히 지병을 앓고 있지 않는 이상 40대도 거의 모든 트레킹을 할 수 있는 나이다. 더 늦기 전에 대자연의 트레킹을 시도하자.

3. 어느 한 분야에서 이미 10년 이상을 경험했기 때문에, 자신의 전문 분야에 대한 시각을 넓힐 수 있다.

4. 40년 가까이 굳어진 고정관념을 탈피할 수 있는 기회를 얻게 된다. 역으로 40년 동안 삶의 노하우가 축적됨에 따라 10대 ~ 30대보다 지혜롭고 안전하게 여행할 수 있다.

5. 미혼이면 세계일주를 통해 짝을 찾을 수도 있다.

6. 젊은 세대들이 어떻게 노는지 알 수 있다.

50대 이상이 세계일주를 가야 하는 이유

1. 적절한 나이에 결혼을 했다면 자식이 고등학생이나 대학생 정도다. 혼자 둬도 알아서 잘 하는 나이다. 혼자 또는 동반자와 자유롭게 세계일주를 해도 된다.

2. 더 늦으면 가고 싶어도 건강 때문에 못 간다. 마지막 기회이다.

3. 자금 면에서 제일 자유로운 나이다. 돈 걱정 없이 여행할 수 있다.

4. 몇몇 트레킹은 힘들 수도 있다. 하지만 트레킹을 통해 젊은이 못지않은 건강한 신체를 유지할 수 있을 것이다.

5. 세계일주를 가면 새로운 것을 받아들이는 데 유연한 태도를 가지게 된다. 고정관념을 탈피할 수 있다.

6. 노년시기에 대해 탄력적으로 준비할 수 있게 된다. (해외의 실버타운 등)

7. 100세 시대인 지금 50대는 이제 절반의 인생을 살아온 거다. 늦었다고 생각하지 말고 지금 출발하자.

어리석음을 떨치다

스리랑카

스리랑카에서 고개를 좌우로 살랑살랑 흔드는 것은 긍정의 표시다.
부정의 경우에는 고개를 흔들지 않거나
머리를 좌우로 세게 흔들면서 의사표현을 한다.
헷갈리지 말자.

뚝뚝 아저씨! 나의 영웅이 되어주세요

두 달에 걸쳐 동남아시아 여행을 마치고 인도양의 진주라 불리는 스리랑카에 도착했다. 원래는 인도네시아에서 곧바로 인도로 들어갈 계획이었지만, 비자가 없어서 스리랑카 여행을 겸해 이곳에서 비자를 발급받을 생각이었다.

스리랑카는 불자의 나라다. 국민 대다수가 불교도다. 오랜 세월 동안 불교문화를 꽃 피웠던 만큼 세계적인 불교유산이 많은 나라이기도 하다. 특히 스리랑카는 불교의 한 갈래인 소승불교가 동남아 전역으로 퍼지는 데 교두보 역할을 한 곳이어서 역사를 좋아하는 나로서는 매력이 넘치는 나라임에 분명했다.

수도 콜롬보에 도착하자마자 곧장 기차를 타고 아누라다푸라로 떠난다. 받침이 하나도 없어 발음하기 까다로운 이 도시는 스리랑카에서도 가장 오래된 도시이자 세계적으로 유명한 불교 성지이기도 하다.

스리랑카는 영국 식민지시절 만들어진 기차를 아직도 사용하고 있다. 시트는 군데군데 뜯겨 성한 곳이 없고, 손잡이 철봉은 녹이 잔뜩 슬어 피부에 스치기만 해도 파상풍에 걸릴 것만 같다. 굴러가는 게 신기할 정도로 폐차 직전의 기차다. 굳이 철도박물관에 갈 필요가 없을 정도의 고상한 클래식함이 유일한 장점이랄까?

하지만 밖으로 보이는 풍경은 사뭇 다르다. 풀어서 키우는 가축들이 천방지축 자유롭게 뛰노는 초록빛 가득한 드넓은 대지와 사람 몸보다 훨씬 커다란 이파리를 매달고 있는 나무들… 이 신선한 초록 색감이 너무나도 향긋하게 느껴져서 창 밖 풍경으로부터 눈을 뗄 수가 없다.

약 4시간을 달려 아누라다푸라 역에 도착해 출구로 나가니 기차역 직원부터 손님을 기다리는 뚝뚝 기사에 이르기까지 나를 향해 달려드는 시선들이 느껴진다. 특히 뚝뚝 기사들은 언제나 그렇듯 귀찮은 파리 떼처럼 달라붙어 "내가 아는 호텔이 싸고 좋다." "불교 성지가 잘 보이는 숙소를 안내해주겠다." 등 삼엽충 전성시대의 고전적인 수법으로 나를 꼬드긴다.

"아휴 귀찮은 것들."

나는 거만한 손가락질로 가장 낮은 금액을 부른 뚝뚝 기사를 선택했고, 나로부터 간택을 받지 못한 다른 뚝뚝 기사들은 금세 180도 달라진 태도로 냉기를 풍기며 몸을 돌린다.

겨우 피곤한 몸을 이끌고 협상이 완료된 뚝뚝 뒷좌석에 내 가방을 실으려는 찰나, 갑자기 가슴팍으로 뭔가 허전한 느낌이 싸하게 밀려든다. 아, 늘 앞쪽에 메고 다니던 보조가방이 보이질 않는다.

'보조가방이 어디 있지?'

고개를 좌우로 돌려가며 주변을 샅샅이 둘러보지만 당연히 없다. 보조가방을 땅바닥에 내려놓은 기억도 없으니 말이다. 그리고 나는 그제야 보조가방을 기차 선반에 두고 내리는 대 참극을 저질렀다는 사실을 인지하게 되었다.

"내 가방!"

나는 아누라다푸라 시내가 무너져 내릴 정도로 괴성을 질러댔다. 엄청난 괴성에 사람들이 주변에 있던 사람들의 시선이 일제히 나에게 꽂힌다. 나는 황급히 기차가 역에 머물고 있는지 확인해보았지만 역시나 플랫폼은 텅 비어 있다.

망연자실도 이런 망연자실이 없다. 나는 땅바닥에 그대로 주저앉았다. 그도 그럴 것이 보조가방에는 노트북, 외장하드, 태국에서 털리고 남은 비상금 800달러, 일기장, 액션카메라 등 스마트 폰과 카메라를 제외한 모든 귀중품이 들어 있었기 때문이다. 공황 상태로 정신이 혼미해지고 현기증으로 어질어질했다.

그때 하얀 근무복을 말끔하게 차려 입은 역무원이 내게로 다가왔다.

"왜 그래 친구, 무슨 문제 있어?"

"내 가방… 가방을 기차에 두고 내렸어."

"뭐… 뭐라고? 가방 지금 네 옆에 있잖아."

"이거 말고 작은 가방! 엄청 중요한 가방이란 말이야."

역무원은 우선 패닉에 빠진 나를 진정부터 시킨다. 하지만 진정이 될 리가 있겠나? 격앙된 목소리와 울음을 터트리기 직전의 표정은 점점 더 심해진다. 5주 전 태국에서 털린 900달러는 비교도 안 될 정도로 심각한 문제다. 그 가방을 잃어버리면 난 그야말로 세계일주를 포기해야 할지도 모른다. 진짜 쇼크사 한다는 기분이 이런 걸까? 순간 턱, 하고 숨이 막히더니 진짜 죽을 것만 같은 기분이 든다. 주변에 있는 사람들의 목소리도 들리지 않는다. 이 모든 일이 그냥 꿈만 같다. 아니, 이건 반드시 꿈이어야만 한다.

그래도 사람이 그냥 죽으라는 법은 없나 보다. 측은하게 날 바라보고 있던 세 역무원들이 일사불란하게 행동개시에 나서기 시작한 것이다. 그들은 주머니에서 핸드폰을 꺼내 급히 이곳저곳 전화를 걸더니 내게 말한다.

"다음 역에 급히 전화해서 기차를 멈추도록 할 거야. 그리고 네 가방이 있는지 얼른 확인해보도록 할게."

　가능성은 적더라도 지금은 이들을 믿을 수밖에 없다. 최대한 불쌍한 표정으로 역무원의 팔뚝을 붙잡은 채로 연신 "플리즈, 플리즈!"를 외친다.

　"다행스럽게도 다음 역은 이곳으로부터 4km밖에 떨어지지 않았어. 기차는 우리가 책임지고 세워놓을 테니까, 여기 뚝뚝을 타고 얼른 다음 기차역으로 가봐."

　"4km밖에 떨어지지 않았다고? 지금 당장 가볼게."

　"너무 걱정하지 마. 네 큰 백팩은 우리 역 사무실에 안전하게 보관하고 있을게. 꼭 찾을 수 있을 거야."

　역무원들의 힘찬 파이팅과 격려 덕분에 실낱같은 희망이 보이기 시작한다. 가방을 놓고 기차에서 내린 시간은 약 10분 전, 4km 거리를 뚝뚝을 타고 간다면 약 10분, 총 20분의 시간 동안 누구도 가방을 건드리지 않는다면, 되찾을 수 있는 희망이 있다.

　나를 호스텔로 데려다 주겠다던 뚝뚝 기사가 내 등을 툭툭 치며 소리친다.

　"헤이, 렛츠 고!"

　지금 보조가방을 찾느냐 못 찾느냐는 이 뚝뚝 기사에게 달려 있다. 기차역까지 요금을 흥정할 형편이 아니다. 무조건 빨리 가자고 소리친다. 기사는 나의 급박한 상황을 잘 헤아리고 있다는 듯 정말 미친 속도로 달려간다. 속도위반은 물론이고 역주행에 차도와 인도를 가리지 않고 달린다. 좌우로 심하게 덜컹거리는 바람에 엉덩이는 춤을 추고, 천장 쇳덩이에 머리통은 뽀뽀를 멈추지 않는다. 평소라면 기사 아저씨에게 운전 똑바로 하라고 삿대질에 온갖 불평불만을 늘어놓았을 게 200프로 확실했다. 참, 사람 마음이란 게 이렇게 간사하다. 지금은 미친 듯이 달려주는 기사 아저씨가 얼마나 고마운지 모른다.

'제발 가방만 되찾게 해 주세요…. 제발, 제발요.'

뚝뚝 뒷좌석에 앉은 나는 그 어느 때보다 간절하게 기도하는 중이다. 그리고 기적을 바라고 있는 중이다. 이성회로가 마비된 탓인지, 머릿속엔 '제발'이라는 단어 이외에는 어떤 말도 떠오르지 않는다.

기사 아저씨가 뚝뚝을 멈추고 창문을 힘차게 두드린다. 다음 역에 도착했다는 뜻이다. 나는 허겁지겁 내려서 도둑놈처럼 무작정 담을 넘어 기차역으로 달린다. 다행히 플랫폼에는 내가 타고 왔던 그 기차가 그대로 멈춰 서 있다. 좌우를 살피며 내가 탔던 칸을 찾은 후, 객차 안으로 들어간다. 그리고 독기 어린 눈으로 의자 위에 있는 선반을 훑는다.

"아…, 있다."

하느님이 보우하사! 정말 천만다행으로 가방이 선반 위에 얌전히 놓여 있다. 그 와중에 혹시 누군가 내용물을 빼가기라도 했을까봐 지퍼를 열고 전부 확인해본다. 노트북이며 비상금이며 모든 것들이 이상 없이 그대로 들어 있다.

"아아, 신이시여! 감사합니다."

긴 한숨이 터져 나왔고, 그와 함께 삽시간에 모든 긴장이 풀려버린다.

'정말 다행이다. 아, 진짜 나 같은 병신이 있다니….'

가방을 찾았다는 기쁨도 잠시, 하마터면 대참사를 안길 뻔했던 나 스스

로가 너무나도 못나 보여서 주먹을 쥐고 내 머리통에 수차례 징계성 꿀밤을 가격한다.

보조가방을 메고 이번에는 당당하게 기차역 정문으로 나온다. 그리고 나를 이곳까지 데려왔던 뚝뚝 기사랑 눈이 마주쳤고, 그는 보조가방을 메고 있는 나의 모습을 보더니, '씨익' 하고 미소를 지어준다. 아, 그것은 세상에서 가장 아름다운 미소가 분명하리라! 나는 천천히 그에게로 다가가 덥석 포옹을 했다. 이 순간만큼은 부처님 이상으로 보배로운 존재이자 나의 유일한 영웅이셨다.

　나는 세상에서 가장 평화로운 마음으로 다시 아누라다푸라 역으로 돌아
갔다. 나를 도와준 역무원들과 현지인들이 환한 웃음으로 반겨준다. 무전
을 통해 내가 가방을 되찾았다는 걸 미리 알았나 보다. 개선장군처럼 당당
한 걸음으로 걸어가 모두에게 감격의 하이 파이브를 날렸다.

　"다들 고마워요, 정말 진심으로 고마워요."

　그들은 모두 내 가방을 되찾기 위한 비상대책위원회의 멤버들이었다. 패
닉에 빠진 나를 잘 다독여 주고, 119 구급대원처럼 일사불란하고 차분하게
도와준 천사들, 그들 모두에게 고개 숙여 수십 번씩 감사의 인사를 남긴다.

　특히 내 가방을 찾는 데 결정적으로 공헌을 해 준 뚝뚝 기사님은 나를 보

며 여전히 흐뭇한 미소를 지어주셨는데, 난 당장이라도 쥐구멍에 숨고 싶은
심정이다. 뜨거운 포옹을 나누었을지언정, 처음에 그에게 보였던 내 거만한
태도가 너무나도 부끄러웠다. 마치 양반이 상놈을 대하듯 거만을 떨다가
막상 위급한 상황이 닥치니 LTE급으로 태세를 전환하고 사정사정했던 나
의 모습이란… 정말 스스로 생각해도 한심하고 한없이 죄스러울 뿐이다.

그럼에도 기사 아저씨는 바보처럼 처음부터 지금까지 그저 밝게 웃고만
계신다. 나의 철면피 같은 행동을 보고도 일말의 반성하고 사과할 분위기
조차 만들 기미를 주지 않는다. 차라리 대놓고 "예의를 밥 말아먹은 싸가지
없는 놈아!"라고 욕이라도 했다면 내 마음이 더 편했을지도 모르겠다.

"아저씨, 이거 수고비에요."

거리상으론 300루피쯤 하는 금액이었지만, 주머니에 있던 전 재산
3,500루피를 모두 꺼내드렸다. 마음 같아선 더 주고 싶었다. 정말 동전 하
나도 남기지 않고, 남아 있던 현찰 전부를 아저씨께 싹싹 긁어 다 드렸다.
한국 돈으로 따지자면 5,000원 정도인 요금이 6만 원이 된 셈이다.

"땡큐 베리 머치! 땡큐, 땡큐….″

아저씨는 어린아이처럼 굉장히 좋아하신다. 내 손을 잡으며 고맙다는 말
만 수십 번씩 되풀이하신다. 하긴, 아저씨 입장에선 30분 만에 이틀 치 일
당을 벌은 셈이니 운수가 대통인 날일 수밖에….

"내가 더 고마워요, 아저씨 때문에 세계일주를 포기하지 않게 되었는걸요."

누이 좋고 매부 좋은 일이 바로 오늘의 에피소드 아닐까? 기사 아저씨가 굉장히 흡족해 하는 모습을 보니 조금이나마 은혜를 갚은 것 같아 마음이 편해진다.

이후로 나는 모든 뚝뚝 기사, 나아가 내가 은연 중 하대하던 모든 외국인들에 대한 태도를 고쳐먹었다. 때론 나를 귀찮게 하고 바가지를 좀 씌우면 어떠랴. 그들이 내 물건을 훔치는 것도 아니고 모욕적인 언행을 하는 것도 아닌데 말이다. 무시하는 태도 대신 항상 밝고 친절하게 대답해 주고, 뚝뚝에서 내릴 때는 나를 데려다 준 기사님께 감사의 표현을 잊지 않았다.

좋은 말과 표정은 전염성 바이러스와도 같다. 내게 돌아오는 뚝뚝 기사의 언행은 두 배, 세 배 나를 기분 좋게 해줬으니. 때로는 짧게나마 여행에 대한 정보를 알려주거나, 자신의 종교 의식으로 내 여행에 축복을 내려주기도 했다. 짧은 만남 속에 서로에 대한 신뢰와 사랑이 깃들게 된 셈이다.

다른 사람에게 사소한 호의를 베풀다보니 이제는 이를 바라보는 스스로의 모습 역시 참 좋아 보인다. 더욱이 이들을 향한 긍정적인 언행을 반복하면서 '어차피 한 번 보고 말 사이인데.'라는 냉소적인 태도 또한 자연스레 사라진다. 대신 '지금 이 순간만이라도 최대한 잘 대해 주자.'라는 신뢰와 인간미로 비어 있던 곳을 채워주고 있음이 느껴진다.

뚝뚝 아저씨에게 보내는 한 줄 편지

노트북, 액션 캠, 외장하드, 일기장. 이 모든 것들이 지금 내 방에 고이 모셔져 있어요. 전부 아저씨 덕택이죠. '평생 잊을 수 없는 은혜'라는 말을 실감했어요. 정말… 고개 숙여 진심으로 감사드립니다.

나는 한국이 정말 좋아요

"혹시 한국인이세요?"

분명 슈퍼마켓에 한국인이라곤 나뿐인데, 한국말이 들려온다. 누가 한 말인지 두리번거리는 내게 카운터에 있던 스리랑카 아저씨가 나를 보며 다시 묻는다.

"한국인 맞죠?"

"우와, 아저씨 한국말 할 줄 알아요?"

유창한 한국어의 주인공은 바로 스리랑카 아저씨다. 개그맨 김준현처럼 굉장히 듬직한 풍채에 푸근해 보이는 인상이었다. 그의 이름은 아불, 한국에서 2년 동안 외국인 노동자로 일하셨다고 한다. 거의 두 달 만에 한국말을 듣고 보니 너무나도 반갑다. 물건을 사는 것도 잊어버리고 카운터 옆에 앉아 이런저런 수다를 떨기 시작했다.

아불은 한국에서 건설 관련 일을 했다고 한다. 나 역시 건설 관련업종에서 일을 했던 터라 아불과는 얘기가 잘 통했다.

"한국에서 일할 때 월급은 제때 받았어요?"

뉴스에서 매번 외국인노동자 임금을 떼먹는 소식을 많이 들었기에 대뜸 물었던 건데 외노자에 대한 일종의 고정관념인 때문이었을 것이다.

"가끔씩 밀린 적은 있어도 못 받은 적은 한 번도 없었어."

하지만 한국어를 못하는 스리랑카 친구들은 몇 번 떼어먹히기도 했는데, 그때마다 아불에게 도움을 요청해서 친구들 대신 밀린 임금을 받아줬다고 한다. 대부분의 경우는 기본 월급만 주고 식비나 다른 월급(추가수당 같은 걸 말하는 듯)을 안 주는 경우였다고.

"그래도 항의하면 나중에는 제대로 줬어."

내 표정이 어두워지자 아불이 급히 쉴드를 친다.

"그건 알면서도 처음엔 제대로 안 줬다는 말이잖아. 항의하지 않으면 안 주고, 항의하면 신고할까봐 제대로 준 거네."

나는 몇몇 비양심적인 한국 사장님들의 태도를 비난했지만, 아불은 오히려 그들을 두둔하고 나선다. 월급과는 별개로 사장님이 도와준 일이 많았다는 것이다. 그는 한국의 '정'이란 말을 좋아한다면서 그런 '정'을 많이 느꼈다고 했다.

"대부분의 한국 사람들은 우리에게 친절했어. 월급도 여기보다 훨씬 많아서 좋았고. 그래서 요즘 스리랑카 사람들 전부 한국에서 일하고 싶어 해."

"내가 한국인이라서 너무 좋게 얘기해 주는 거 아냐?"

그는 일이 정말 힘들긴 했지만 한국에서 좋은 기억이 훨씬 많았다면서 한국에 대한 경외감을 진솔하게 끊임없이 내비친다. 그 이외에도 독실한 불자인 아불은 한국에 멋진 사찰이 많아서 정말 좋았다고 했다. 주말이면 같은 스리랑카 외노자들끼리 삼삼오오 모여 사찰로 놀러가서 기도를 했다고 한다. 특히 사찰에 가면 아줌마 아저씨들이 엄청난 관심을 보여줘 마치 스타가 된 기분이었다고. 유창한 한국어 실력도 아줌마, 아저씨들과의 수다 덕에 금방 늘었다는 아불의 한마디에 왠지 모르게 나도 고개를 끄덕이게 된다. 아불의 스마트 폰 배경화면은 어느 절인지는 몰라도 분명 한국식 사찰이었다.

"친구, 다음에는 어디로 갈 거야?"

"폴론나루와에 갈 거야."

아불은 내 대답을 듣자마자 반색한다. 마치 정답을 기다렸다는 듯한 뉘앙스다.

"폴론나루와에는 한국에서 같이 일했던 친구가 있어. 그 친구는 지금 게스트하우스를 운영 중이야. 혹시 내 친구 게스트하우스에 갈래? 내가 잘 얘기해놓을게."

"아, 정말? 물론이지!"

다행히 아직 폴론나루와에서 숙소를 예약하지 않은 터, 아불의 제안을 흔쾌히 받아들인다. 아불은 곧바로 친구에게 전화한 후 이것저것 다그치듯 얘기를 한다. 한마디도 알아들을 순 없지만, 곧 한국 손님이 갈 테니 잘 챙겨주라는 의미일 것으로 짐작된다.

"내 친구가 폴론나루와 픽업 장소까지 직접 나와 주겠대. 게스트하우스에서 가장 좋은 방을 줄 거야."

"이런. 내가 너무 부담을 주는 거 아냐?"

"아니야, 전혀. 그 친구도 자기 게스트하우스에 한국인이 안 온다며 계속 기다렸거든. 네가 가 주면 정말 좋아할 거야."

이런, 왜 자꾸 생각지도 못한 곳에서 열렬하게 나를 환대해 줄까. 정말이지, 부처님의 자비가 나에게 행운을 가져다주는 것만 같다. 그에게 감사의 인사를 수십 번 전해 주고는 지금 당장 그의 호의에 보답해 줄 아이디어가 떠오르지 않아서 궁여지책으로 후일을 기약한다.

"아불, 한국에 오면 우리 집에서 자, 내가 초대할게."

아불은 내 제안에 기뻐하면서도, 술을 한 잔도 못한다는 말부터 한다. 분명 사장님이나 건설현장 반장님 댁에서 술자리 경험을 해본 모양이었다. 듬직한 몸에 얼굴의 1/3을 덮고 있는 수염과는 달리 샌님이었다.

우리는 곧 버스시간이 다가와 아쉬움의 인사를 나눴는데, 아불은 카운터 안쪽에서 작은 박스를 꺼내 묵주 팔찌를 나에게 건넸다.

"이거 하나 가져가. 아누라다푸라에 오는 한국인을 만나면 꼭 주고 싶었어."

한눈에도 꽤나 고급스러운 팔찌였다. 오리지널 스리랑카 제품이라며 진짜 좋은 거라고 너스레를 떤다. 만난 지 20분밖에 안 되었는데 선물이라니….

"우와, 이거 정말 날 주는 거야?"

한두 번 겸양하며 거절을 해도 괜찮을 텐데, 청록색 묵주가 너무나 예뻐서 덥석 받아들였다. 연신 고맙다고 인사하는 내게 아누라다푸라와 같은 작은 도시에 와줘서 더 고맙다고 말한다. 아불은 내게 스리랑카의 정이 무엇인지 작정하고 보여주는 것만 같았다. 그가 지금 내게 보여주는 진솔한 행동을 보면 예전 한국인들에게 어떤 대접을 받았는지 충분히 짐작할 수 있으리라.

지금 당장이라도 다시 한국에 가고 싶지만 편찮으신 어머니를 옆에서 돌봐줘야 한다는 아불. 한국을 빼고 다른 나라에 가본 적이 없는 그는 한국이 제2의 조국이나 다름없다고 말한다.

아불은 가게를 잠깐 비우고 버스터미널까지 배웅을 나왔다. 굳이 괜찮다고 말해도 가게 문을 잠그고는 대군을 이끄는 선봉장처럼 터미널까지 나를 이끌고 가더니, 버스가 도착하자 어려운 싱할라어(스리랑카 언어의 한 종류)로 버스 기사님과 짧은 대화를 나눈다. 한마디도 알아듣지는 못하지만, 분명 내가 내릴 역을 미리 찔러주는 것 같았다.

"스리랑카를 여행하다가 어려운 일이 생기면 페이스북 메신저로 꼭 연락해."

"아불, 너무 고마워! 어머니가 건강을 회복하시게 되면 꼭 한국에 놀러와."

우리는 마지막 포옹을 끝으로 기약 없는 만남을 기약했고, 허름한 버스의 차창 너머로 그의 모습이 점점 사라져가는 모습을 나는 오래도록 바라본다.

내겐 너무나도 사랑스런 도시 아누라다푸라. 하지만 난 그보다 더 아름다운 사람을 마음에 담았다. 오늘도 세상 사람들의 사랑을 배 터지게 먹은 탓인지 저녁을 걸렀음에도 든든하게 포만감이 느껴진다.

아불에게 보내는 한 줄 편지

아불! 페이스북 사진을 보니 아직까지 그 가게에서 일하고 있군요. 한국은 곧 있으면 단풍의 계절이 찾아온답니다. 바야흐로 절집에 가기에는 가장 좋은 계절이 다가온 셈이죠. 얼른 한국 오지 않고 뭐하고 계세요?

도시 이름은 캔디, 너의 마음씨도 캔디

스리랑카 제2의 도시 캔디에서 고산도시 엘라로 이어지는 구간은 스리랑카, 아니 전 세계에서 가장 아름다운 기찻길 중 하나다. 높은 고산지대에 끝도 없는 녹색 차밭이 이어지는 풍경은 스리랑카 여행 중 하이라이트라고 할 수 있다.

우리에게 익숙한 실론티나 립톤티 역시 스리랑카에서 유래되었을 만큼 스리랑카의 '차'에 대한 자부심은 전 세계에서 내로라 할 수준이다. 차 재배는 1000미터 정도 되는 스리랑카 중남부지방의 고산지대에서 집중적으로 이루어지는데, 그 고산지대를 관통하는 기찻길이 캔디에서 엘라로 가는 구간이다.(캔디랑 엘라 모두 도시 이름이다.)

내일은 드디어 그 길이 진짜로 아름다운지 아니면 과장된 것인지 직접 확인하러 가는 날이다. 평소라면 미리 예약하는 대신 당일 역에 가서 티켓을 구매했지만, 이 구간은 반드시 창가 자리에 앉고 싶어서 하루 전에 티켓을 예매하기 위해 저녁 8시쯤 캔디 기차역으로 갔다.

"내일 오전 11시에 엘라 가는 기차 티켓을 사고 싶은데, 창가 자리로 표 하나만 줄 수 있어?"

"아, 그 구간? 진즉에 매진되었어. 입석 티켓밖에 없어."

아뿔싸! 가장 아름다운 기찻길 구간에 대한 인기를 내가 너무 쉽게 생각했었다. 전날은 물론 다음날도 티켓이 이미 다 매진된 상태였다. 그나마 남아 있는 이틀 뒤 티켓도 창가자리는 이미 매진되었다고 한다. 게다가 티켓 오피스는 오후 8시면 문을 닫아서, 창구 직원들은 주섬주섬 퇴근 준비를 하고 있다.

'아, 이렇게 인기 있는 구간이었다면 미리 끊어 놨을걸. 바보같이.'

후회한들 어찌하리. 이미 늦었다. 가능성은 없지만 막 퇴근하려는 직원을 붙잡고 한 번 더 간청해본다.

"나는 내일 엘라가는 기차를 꼭 타야 하거든. 이미 예약이 다 찼다고 하는데, 혹시 취소되는 티켓이라도 있으면 받을 수 있을까? 나 혼자라 티켓 하나만 있으면 되거든."

내 질문에 역시나 그의 대답은 NO! 나는 이 절망적인 상황에 머리를 감싸 쥐고 최대한 슬픈 표정을 지었고, 마음이 약해 보이는 직원은 그런 나를 보며 멋쩍은 미소만 짓는다. 뭔가, 가능성이 생길 것도 같다. 그를 향해 더욱 절절한 표정을 지으며 슬픈 연기를 펼친다. 꽈배기처럼 온몸을 배배 꼬기도 하고 가짜로 우는 시늉도 해본다. 외국인 손님이라면 어떻게든 도와주고 싶어 하는 스리랑카 사람들의 따뜻한 호의를 노린 얄팍한 노림수다.

"난 3일 후면 한국으로 돌아가야 해. 내일이 아니면 도저히 엘라로 가는 기차를 탈 수 없어."

"음… 내일 10시 반까지 이곳 캔디 역으로 와봐. 내가 어떻게든 창가 자리를 마련해볼게."

착하디착한 직원은 거절 한 번 못해보고 어찌됐든 내 부탁을 들어주겠다고 약속한다. 100퍼센트 오케이는 아니지만 희망적인 대답은 얻었다. 거의 포기하고 있던 터여서 큰 기대는 되지 않았지만, 일단 이 친구가 해놓은 말이 있으니 어쨌든 내일 약속 시간에 만나기로 결정한다.

약속한 대로 10시 반에 기차역에 도착했다. 과연 어제 만났던 직원이 먼저 나와서 나를 기다리고 있다. 반갑게 인사를 하고 통성명을 한다. 그의 이름은 다니쉬. 어제 입고 있던 멋들어진 근무복과는 달리 티셔츠에 청바지 차림이다.

"오늘은 그렇게 편하게 입고 일해도 돼?"

"아, 오늘은 원래 쉬는 날이야."

"정말? 오 마이 갓. 그럼 쉬는 날인데도 날 도와주려고 온 거야?"

"뭐, 그런 셈이지."

황금 같은 그의 휴일을 내가 방해한 셈이다. 연신 고마움과 미안함을 표했지만 다니쉬는 대수롭지 않다는 투다. 잘 알지도 못하는 외국인 여행자를 도와주려고 휴일까지 반납하다니, 진짜 나는 하루치 수당을 준다고 해도 못할 짓이다.

"기차는 곧 11시에 올 거야. 플랫폼에서 기다리자."

그는 무거운 내 백팩을 대신 들어주며 엘라행 플랫폼으로 나를 안내했고, 우리는 벤치에 나란히 앉아서 기차를 기다린다. 다른 플랫폼은 휑하니 비었는데 우리가 앉아 있는 플랫폼은 수많은 사람들로 바글바글하다. 괜히 조바심이 나기 시작한다. 과연 내가 창가자리에 앉아서 갈 수 있을까? 다니쉬가 자기만 믿으라고는 했지만 막상 그는 내게 티켓을 보여주지도 않았다. 약간의 의심이 갔던 건 사실이지만 이 친구의 인상이 너무 좋고 자신감이 넘쳐서 한껏 기대를 걸어본다.

11시가 되니 굉음을 내며 기차가 도착한다. 앉아 있던 사람들이 동시에 일어나서 기차에 탈 준비를 한다.

바닥에 놓인 백팩을 어깨에 메고 열차를 향해 걸음을 옮기려 할 때였다. 다니쉬가 내 보조가방(노트북, 비상금이 들어 있는 그 가방)을 낚아채더니 미친 듯이 달려가는 게 아닌가. 워낙 짧은 순간에 일어난 일이라 난 아무런 대응조차 하지 못하고 잠시 멍하니 서 있었다.

"뭐… 뭐, 뭐야! 내 가방을 왜?"

그렇다. 난 이놈에게 속은 거였다. 도와준다고 해놓고는, 기차가 도착하는 혼잡한 틈을 타서 내 보조가방을 들고 튄 것이다. 그동안 그놈이 보여준 친절은 전부 나를 속이기 위한 헐리우드 연기였던 것이다.

"야, 이 개XX!"

입에서 쉴 새 없이 쌍욕이 쏟아져 나온다. 엊그제 아누라 역에서 가방을 기차에 두고 내린 전과가 있는지라 보조가방에 굉장히 예민해져 있는 상태였다. 그때는 온전히 나의 실수였지만 지금은 눈 뜨고 도둑을 맞은 꼴이 아니겠는가. 방금 전까지 천사 같은 직원이라고 생각했던 도둑놈을 잡으러 나 역시 미친 듯이 달린다. 인파를 헤치며 사람들과 어깨를 부딪치는 것에도 신경 쓸 틈이 없다. 여행을 하는 동안 옷깃만 스쳐도 영국신사로 빙의해서 "아임 쏴리!"라고 혀를 굴리며 말하곤 했던 내 모습은 지금 이 시점엔 온데간데없다.

도둑놈은 인파를 헤집고 밀쳐대면서 객차 안으로 들어가고 있다. 나도 바로 그놈의 뒤를 쫓는다. 무려 15킬로그램이나 되는 백팩을 메고 있지만 지금 내 달리기 스피드는 개인 레코드를 새로 갈아치울 기세다. 백팩을 멘 채로 기차에 올라타는 사람들을 밀쳐내고 새치기를 하자 여기저기에서 비난인지 욕설인지 알 수 없는 소리들이 쏟아진다. 나는 그냥 무시한다. 몇몇은 내 의도와는 상관 없이 백팩 후려치기에 옆 통수가 가격 되는 불상사가 일어나기도 한다. 정말 죄송스러웠지만 나는 그들에게 사과할 여유가 없다. 일단은 귀중품이 들어 있는 가방을 되찾는 게 우선이었기 때문이다.

사람들을 헤치며 뒤를 쫓다보니 이제 저 앞에 다니쉬가 보인다. 이미 도망가는 걸 포기했는지 그는 나를 보고 달아나지도 않는다. 나는 대뜸 놈의 멱살을 잡으며 욕설을 퍼 붙는다.

"야, 이 XXX야!"

다니쉬는 눈을 동그랗게 뜨며 손을 휘젓는다. 당황해서 어쩔 줄을 모르는 표정이다.

"어… 어, 왜 그래? 네 자리가 여기야. 다음 역부터."

"뭐, 뭐라고? 내 가방은 어디 있어? 당장 내놔, 이 자슥아!"

"이, 이봐. 진정하라고. 여기 있는 노부부가 바로 다음 정거장에서 내린다고 해. 내가 이분들에게 말해놨어. 다음 역에서 내리면 이 자리를 네게 주라고."

아뿔싸! 알고 보니, 다니쉬는 내 보조가방을 이용해 자리를 찜해 놓은 거였다. 자유석 객차 칸으로 들어간 뒤에, 바로 다음 역에서 내릴 사람을 찾아내 가방을 맡겨놓았던 것이다. 이를 증명이나 하듯 다니쉬가 훔쳐갔던 내 가방은 노부부의 품에 얌전히 안겨 있다.

"아… 이 친구야. 미리 설명을 해 줬어야지. 가방을 훔쳐가는 줄만 알았잖아!"

내가 멱살을 놓아준 후에도 씩씩거리며 원망의 소리를 내뱉자, 다니쉬는 다른 현지인들이 먼저 노부부 자리를 찜할까봐 서두를 수밖에 없었다며 해명한다. 그리곤 플랫폼에서 우리끼리 잡담을 하느라 미처 설명을 못했다면서 내 흥분을 가라앉힌다. 그러고 보니 기차가 플랫폼에 도착하자 현지 사람들은 창문 안으로 가방이며 보따리며 던져 넣곤 했었다. 그제야 나는 그의 행동이 자리를 맡아 놓기 위한 현지인들의 전략이었음을 깨달았다. 물론 나와 같은 외국인 관광객으로서는 이런 필살기(?)에 대해 알 리가 없다.

"화용, 이제 이 기차는 곧 출발해. 나는 이제 내릴게."

다니쉬에게 감사 인사도 제대로 못했는데, 벌써 헤어질 순간이 다가왔다. 감사한 마음을 전하기는커녕 토라진 감정에 푸념만 줄줄이 퍼부었던 터라 너무나 미안한 마음이었다.

"노부부 좌석 앞에서 절대로 떠나지 마. 단 한 정거장만 서서가면 돼."

"이봐, 도와주자마자 바로 떠나면 어떻게 해. 고맙다는 말도 제대로 못했는데."

다니쉬는 엄지를 세워 '따봉'을 그리고는 씨익 웃는다. 그리고 마지막 악수를 끝으로 그는 객차에서 내려간다. 고맙다는 말 이외에 그 어떤 보답조차 못한지라 마음이 싱숭생숭하다.

'아니… 그냥 그렇게 가버리면 어떻게 하냐고!'

처음 만난 낯선 여행자를 위해 휴일까지 포기해가며 나를 도와준 다니쉬, 그의 진정한 친절에 머리가 조아려진다.

그의 말대로 노부부는 바로 다음 정거장에서 내렸다. 노부부께서는 나를 향해 좋은 여행이 되길 바란다며 (현지어로) 덕담을 나눠주셨고, 나는 깊이 고개를 숙여 감사한 마음을 표하고 창가의 로얄석에 앉았다. 딱딱하고 낡은 플라스틱 의자에 불과하지만 이 순간만큼은 퍼스트클래스 못지않은 특별함이 느껴진다. 나를 제외한 모든 외국 여행객들이 서서 가는 걸 보면, 다니쉬의 도움이 얼마나 치명적이었는지 새삼 깨닫게 된다.

　도심을 떠난 기차는 바로 고산지대로 올라간다. 창밖으로는 순도 100퍼센트의 초록빛 세상이 펼쳐지고 있다. 문자 그대로 그린란드다. 달콤한 산소가 콧속으로 빨려든다. 나마저 광합성을 하는 것 같다. 환상적인 차밭의 존재감은 폐차 직전인 이 기차마저도 엽서의 한 장면처럼 만든다. 이 순간만큼은 느릿느릿 달려가는 고물기차가 세상의 어떤 고급 열차보다도 만족스럽다. 남녀노소 할 것 없이 모두가 고개를 빼꼼 내밀어 차창 밖으로 펼쳐진 그린 알코올에 취해 있다. 넋이 나간 표정으로 창밖을 바라보고 있는 이들을 바라보노라니 다들 판타지 영화 속으로 들어온 듯하다.

　객실 복도에 서서 고개를 숙여 창밖을 바라보던 외국인 여행객들과 눈이 마주친다. 나를 바라보는 눈빛에는 부러움이 흘러넘친다. 나는 미소를 지으며 그들에게 카메라를 달라고 제안한다. 요가자세로 풍경을 감상하고 있는 불쌍한 영혼들을 대신해서 차창 밖으로 펼쳐진 판타지한 세상을 찍어주겠다는 의미다. 곧 그들의 카메라 액정에도 끝없이 펼쳐진 차밭이 이어진다. 외국인 관광객들이 연신 땡큐라고 내뱉을 때마다 이 모든 것을 가능케 해 준 은인 다니쉬가 떠오른다. 바람처럼 나타나서 나를 도와주고 이슬처럼

사라진 그가 말이다.

가끔씩 여행 도중에 만난 사람들을 보면 그들이 얼마나 값지고 칭송받을 만한 일을 했는지 모르는 경우가 많다. 다니쉬도 바로 그런 경우였다. 그는 무려 황금 같은 휴일을 반납하면서까지 일면식도 없는 나를 도와주었다. 나로서는 도저히 상상조차 할 수 없는 호의를 아무 거리낌 없이 베푼 것이다.

터무니없는 그의 선행을 보면서 나는 '어쩌면 그들의 친절과 호의에 대한 기본 베이스가 우리와는 아예 다른 게 아닐까?' 하는 생각이 들었다. 다니쉬는 나를 도와준 일이 마치 길거리에 있는 쓰레기를 주어 휴지통에 넣는 것처럼 전혀 특별한 일이 아니라고 생각했을지도 모른다. 일말의 고민도 없이 나를 도와주겠다고 호언장담을 하였고, "내게 고마워해야 하는 거 아냐?"라고 수십 번 자랑을 해도 모자랄 판에 생색 한번 내지 않았기 때문이다.

　대가 없이 타인에게 호의를 베풀 수 있다곤 하지만 정말 세상에는 상식의 정도를 넘어서는 일들이 마구마구 일어난다. 아무 이유 없이 나를 도와주는 사람들, 그렇게 나와 여행의 추억을 공유하는 사람들을 만나면서, 여행이 진정 나를 행복하게 만든다는 걸 진하게 느낀다. 하지만 이런 행운들도 다 이유가 있어서 받게 되었을 것이다. 그것은 바로 나 역시 언젠가는 그들로부터 받았던 선물들을 되돌려 주어야 할 날이 분명히 다가올 것이리라는 확신이 든다.

다니쉬에게 보내는 한 줄 편지
다니쉬, 네가 보여준 행동으로 인해 난 친절의 패러다임이 완전히 바뀌게 되었어. 나도 너처럼 패러다임을 바꿀 수 있는 사람이 될 수 있을까? 대체 너의 친절 유전자는 어떻게 생겼을지 너무나도 궁금해.

인도 남서부

대기 질이 안 좋은 인도에서는 함부로 코를 파면 안 된다.
안 좋은 공기가 그대로 폐로 들어가기 때문이다.
인도의 릭샤 기사는 외국인 손님을 보면 무조건 타라고 한다.
하지만 타기 전에 반드시 가격 협상을 먼저 하자.
가격 협상 없이 무턱대고 탔다간 엄청난 바가지를 당할 수 있기 때문이다.
선협상-후탑승, 인도 릭샤 탑승의 기본이다.

배낭여행의 성지, 인도의 평점은요?

　나는 스리랑카를 떠나 배낭여행의 성지라 불리는 인도로 걸음을 옮겼다. 인도라고 하면 무엇이 떠오르는가? 나는 힌두교, 볼리우드, 악명 높은 카스트, 요가 등이 떠오른다. 거기에 덧붙여 역사시간에 배웠던 쿠샨왕조, 무굴제국 등의 인도 역사 정도가 개인적으로는 관심이 가는 분야. 최근에는 비인간적인 강간사건이 대대적으로 보도되는 바람에 강간의 왕국이라는 이미지도 머릿속에 있었다.

　배낭여행자들의 관점에서 인도는 극과 극이다. 참선을 할 수 있었던 최고의 여행지로 꼽는 사람도 있고, 더럽고 사기꾼이 득실거리는 최악의 나라라는 평까지 온갖 생각들이 난무하는 곳이 바로 인도다.

　하지만 정말 좋은지 나쁜지 알 수 있는 방법은 직접 경험해보는 수밖에는 없는 법. '백문이 불여일견'이라고 배낭여행자들 사이에서 가장 핫한 나라로 손꼽히는 인도를 직접 맛볼 때가 온 거다.

　내가 가장 먼저 찾았던 도시 마두라이는 인도라는 나라를 극명하게 볼 수 있는 도시다. 제일 먼저 눈에 띄는 건 소였다. 힌두교에서 가장 신성시하는 동물답게 거리는 이판사판도 개판도 아닌 소판이었다. 소들이 육중한 몸뚱이를 자랑하듯 온 동네를 활보하고, 혹시라도 좁은 골목길에서 소를 만나기라도 하면 항상 유턴해서 돌아가야 한다. 거대한 몸뚱이에 깔리기라도 하면 여행이고 뭐고 간에 관 뚜껑에 덮인 채로 한국에 돌아가기 십상이니까.

길거리를 가로막고 다니는 소는 사람뿐만 아니라 자동차들에게도 눈엣가시다. 갑작스럽게 대로에 소가 나타나면 차종에 상관없이 일단 멈춰야 한다. 소를 신성하게 여기는 걸 떠나 서로 박치기라도 하게 되면 오히려 차가 무사할 것 같지 않다. 폐차 직전으로 보이는 길거리의 인도 차들이 도저히 소를 이겨먹을 것처럼 보이지 않는다.

소는 인도인(특히 젊은 남자)들의 애완동물이기도 하다. 몇몇 짓궂은 인도인들은 오토바이에 앉은 채로 소 엉덩이에 하이킥을 날리거나 쓰레기를 구겨 소 눈탱이를 향해 던지기도 한다. 특히나 소를 보고 질색하는 사람들은 채소가게 사장님들이다. 그들은 소가 가게 근처로 다가오기만 해도 눈알이 반쯤 돌아가 막대기를 휘둘러댄다.

'아이고… 소들에게 얼마나 당했으면.'

인도에서 소는 굉장히 신성시 되는 동물인 줄만 알았는데 꼭 그렇지도 않다. 숭배하는 동물인 동시에 천덕꾸러기인 셈이다.

배가 고파 허름한 로컬 식당으로 들어갔다.

"어서 와!"

사장부터 손님들까지 일제히 환영식이라도 열어줄 기세다. 다들 벌떡 일어나 인사를 청하는 바람에 누가 점원이고 손님인지 구분이 되지 않을

정도다.

주인장의 알아듣기 힘든 인도식 영어를 겨우 이해하고 스페셜 커리를 주문했는데, 우리나라로 치자면 삼겹살, 목살, 항정살이 들어간 돼지고기 스페셜 모듬구이와 같은 메뉴다.

점원은 A4 용지 크기의 연두색 나뭇잎을 테이블에 펼쳐놓더니 커리를 가져다 올려 준다. 접시 대용 나뭇잎이다. 나쁠 것 없지. 점원에게 포크랑 수저를 달라고 하니 웃으면서 손으로 먹어보란다. 주위를 둘러보니 다들 오른손으로 음식을 집어먹고 있다. 하긴 인도에 왔으면 인도 스타일에 따라야지.

엄지와 검지로 커리를 한 움큼 집어 입에 넣는다. 호불호가 갈리는 인도 음식이지만 내 입맛엔 더없이 환상적이다. 커리를 퍼먹다가 고개를 쳐드니 어느새 손님부터 식당 주방장까지 전부 나를 쳐다보고 있다. 내 반응을 기다리고 있는 게 분명하다. 이거 도저히 맛이 없어도 맛있다고 말 할 분위기가 아니구만.

"원더풀! 슈퍼 베리 굿!"

여하튼 간에 흡족한 표정을 지으며 엄지를 추켜세우니 그제야 다들 환호성. 그 덕인지 사장님도 내 나뭇잎 접시에서 커리가 사라져갈 때마다 듬뿍 리필을 해 준다.

종교의 나라답게 이 세상 모든 종교를 다 볼 수 있는 곳이 인도이기도 하다. 이곳 마두라이는 인도에서도 손꼽히는 힌두교사원 스리미낙시가 있는 곳이기도 했다. 바로 몇 블럭 옆에는 포르투갈 양식의 가톨릭 성당이 있고, 길거리에는 히잡을 쓴 무슬림 여성들도 곳곳에 눈에 띈다.

재밌는 사실은 종교에 따라 인도인들의 패션 스타일이 상당히 다르다는 점이다. 힌두교사원으로 가면 화려한 인도 전통복장인 사리나 사파리를 입

은 사람들이 많고, 성당을
가면 으레 깔끔한 와이셔
츠 차림의 사람들이 유독
눈에 띈다.

컬러풀한 도사 복장에
흰 수염을 길게 기른 도인

들도 많이 보인다. 얼굴엔 알록달록한 온갖 형상의 물감을 바르고, 수염은
삼국지 관우가 저리가라 할 정도로 아주 길었으며, 꽃으로 장식한 액세서리
를 목에 두르고 있다. 대번에 참선과 요가를 통해 정신수양을 하는 분들이
라는 걸 알 수 있다. 특히 이분들을 바라볼 때면 서로를 신기하게 여겨 탐색
이라도 하는 것처럼 눈싸움을 하듯이 몇 초간은 서로를 바라볼 때가 많다.
평소 촐싹대고 웃음이 헤픈 평범한 인도 사람들이지만 이분들이 웃는 모습
은 단 한 번도 본적이 없다. 찡그린 표정을 본적도 없고, 목소리를 들어본
적도 없다. 웃는 표정을 지어도 그저 표정 없는 얼굴로 나를 바라본다. 참선
과 수양을 하면 표정과 목소리가 사라지는 건지, 아니면 감정 표현이 없어
야 참선이 잘 되는 건지 모르겠다. 참고로 몇몇 족보위조 도인들도 있다. 분
명히 풍기는 외형은 성자의 모습인데 돈을 구걸하는 것이다. 구걸할 때도
말 한마디 없이 오른쪽 손만 넌지시 내민다.

골목으로 들어가니 다섯에서 일곱 살 정도 되어 보이는 꼬마들이 내 뒤
를 쫓아다닌다. 옷은 언제 빨았는지도 모를 만큼 더럽고, 헤졌고, 갈라진 얼
굴 피부에는 하얀 곰팡이가 피어 있다. 맨발로 소똥과 쓰레기들이 넘쳐나는
길거리를 거리낌 없이 돌아다니면서도 딱히 내게 돈을 달라고 구걸하는 것
도 아니다. 나도 웃으면서 받아주고 손도 흔들어 준다. 간단한 영어로 몇 마
디 대화를 나누기도 한다.

아이들을 바라보는 상점에 있는 인도인들의 눈빛에는 경멸과 저주가 담겨 있다. 처음부터 아이들을 향한 현지인들의 시선이 곱지 않다는 건 나도 느끼고 있었지만 나는 오히려 그들의 시선을 무시하고 아이들을 더욱 살갑게 대하고 어깨동무를 하며 셀카도 찍는다.

아이들과 헤어지고 난 후에 현지인들이 내게 충고한다.

"저 아이들은 좋은 아이들이 아니야. 가까이 가지도 말고 만지지도 마."

비록 행색은 남루하더라도 순수하고 호기심 많은 아이들이었다. 나는 그들의 말에 반론을 편다.

"저 애들은 내게 돈을 달라고도 하지 않았고, 내 물건을 훔치려고 하지도 않았어."

하지만 돌아오는 대답에 나는 더욱 씁쓸해졌다.

"저 애들은 '나쁜 출신'이야."

불가촉천민이니 상대하지 말라는 말이다. 더러우니 만지지 말라고 하면 차라리 이해라도 할 텐데, 천민이라는 이유로 만지지 말란다. 말로만 듣던 인도의 카스트를 직접 목격한 것만 같아서 기분이 매우 씁쓸하고 더러웠다. 예전처럼 칼 같이 신분을 구별하진 않더라도 카스트제도는 아직까지

인도사회에 뿌리 깊게 남아 있다는 걸 알려주는 경험이었다.

"나도 똑같아."

"뭐가?"

"나도 불가촉천민이라고. 너희 제도에 따르면 외국인은 불가촉천민이잖아."

"너는 인도를 방문한 손님이지 불가촉천민이 아니야."

"그럼 저 애들도 어린아이일 뿐이지 불가촉천민이 아니겠네?"

아이들이 불가촉천민이니 만지지도 말고 가까이 가지도 말라고 일러준 현지 상인들은 실상 내게 굉장히 친절했고 인상도 좋은 분들이다. 도저히 "저 아이들은 좋은 아이들이 아니야."라는 저급한 발언을 할 사람들처럼 보이지 않았다. 그래서 아이들에게 저주를 퍼붓는 상인들과 티격태격하면서까지 논쟁을 하긴 싫었다. 그래서 이해하지 못하겠다는 표정으로 나를 바라보는 상인들에게 영혼 없는 작별 인사를 건네고 숙소를 향해 걸음을 옮겼다.

이 뿌리 깊은 악습은 친절하고 순수한 사람들마저 타락시킨다는 기분을 지울 수가 없다. 참선의 나라, 철학의 나라라고 한다면 오히려 만인평등이라는 세계 공통적인 선진사상을 먼저 주장해야 하는 건 아닐까? 이런 것도 문화상대주의로 봐야 하는 건지, 아니면 보편적 인류애의 잣대를 들먹여 흠뻑 비판을 가해야 하는 건지 생각이 복잡해진다.

상인과 아이들에게 보내는 한 줄 편지

인도여행을 오기 전, '신도 버린 사람들'이라는 책을 읽어 봤어요. 나렌드라 자다브라는 불가촉천민 출신의 소년이 세계적인 경제석학이 되기까지의 성장기를 그린 책이죠. 제가 가장 좋아하는 인도 책이랍니다. 한번 꼭 읽어보세요.

나랑 결혼해 줄래? 푸자의 돌직구 청혼

"화용, 고아 이후에는 어디로 갈 거니?"

"아마 뭄바이로 갈 거 같아."

"뭄바이에 오면 비싼 호텔이나 게스트하우스에 묵지 말고 꼭 우리 집으로 와."

인도 고아(인도 서남부의 해변 휴양지로 유명한 도시) 게스트하우스에서 만났던 '푸자'가 뭄바이에 있는 자기 집으로 나를 초대한다. 때마침 다음 목적지가 발리우드의 중심이요, 인도의 경제 수도인 뭄바이였기에 흔쾌히 그녀의 초대에 응했다.

주변의 다 쓰러져가는 허름한 집들과는 달리 푸자의 집은 외관부터 번듯한 고급 아파트였다. 입구는 거구의 경비원이 지키고 있었고, 내부는 온통 화려한 대리석이 깔려 있었다. 한눈에 봐도 인도 부유층이 사는 곳이다.

푸자의 어머니가 두 손을 꽉 잡으시며 격하게 환영해 준다. 그분은 나를 소파로 안내하시더니, 따뜻한 차와 '라스굴라'라는 인도 디저트를 내 오셨고, 낮잠을 자고 있던 푸자도 허둥지둥 거실로 나와서 살가운 인사를 전한다. 모녀의 따스한 환영에 마음에 살짝 걸려 있던 뻘쭘함은 한순간 허물어지고, 마치 한국에 있는 가족들과 함께 있는 것처럼 편안해진다.

벨이 울린다. 누군가 온 모양이다. 푸자가 얼른 문을 열어주자 키가 190cm는 될 듯한 기골이 장대한 중년 신사가 들어온다. 바로 푸자의 아버지다. 압도당한다는 느낌이 이런 걸까. 인도여행을 하면서 이렇게 강한 포스를 풍기는 사람은 처음 만났다. 커다란 키도 그렇지만 날카로운 눈매에 강렬한 턱 선까지, 보통의 인도인들과는 하나부터 열까지 달라 보인다.

"아버지는 공무원이셔. 굉장히 보수적인 분이야."

푸자가 귓속말로 속삭인다. 암, 암. 한눈에 봐도 고위 공무원이나 대장군 같은 느낌이네…. 하지만 보수적이라는 말을 들어서 그런가? 나를 바라보는 눈빛이 그리 살갑지 많은 않은 것 같다. 어머니와 푸자의 따뜻한 환대에 마음이 따뜻하고 편했었는데, 냉랭하고 굳어 있는 듯한 그분의 분위기가 긴장감을 불러일으킨다.

"아, 안녕하세요. 저는 한국인 여행자이고 푸자 친구입니다."

나는 공손한 태도로 한국식 인사를 올린다. 그러자 그분은 첫인상과는 달리 호탕하게 내 인사를 받아 주신다. 하, 이거 원. 경험을 해본 적은 없었지만 여자 친구 집에 가서 처음으로 예비 장인어른을 뵙는 것 같다.

어쨌든 그렇게 수인사를 나누고, 다과 타임이 끝나자 푸자는 내게 열쇠를 건넨다.

"맞은편에 비어 있는 집에서 지내면 돼."

"집 한 채를 나 혼자 쓰라고?"

"응 거기도 우리 집이니까 편하게 지내면 돼. 그런데 혼자서 지내도 괜찮겠어?"

"물, 물론이지!"

그녀가 나를 초대한다고 했을 때 당연히 남는 방이나 거실에서 지내게 될 거라고 생각했다. 지금까지 경험했던 카우치서핑이 그래왔기 때문이다.

하지만 푸자는 정말로 집 한 채를 통째로 내주고 있는 거다. 서울 강남보다도 집값이 비싸다는 이 뭄바이에서 말이다.

"여기서 편하게 지내고 싶은 만큼 지내다 가면 돼."

힌두교의 여신이 있다면 바로 내 눈앞에 있는 그녀가 분명하리. 게스트하우스에서 우연히 만난 인연이 뭄바이의 최고급 저택으로 이어질 줄 누가 알았겠는가. 푸자는 대수롭지 않게 비어 있는 집을 내 준 거였겠지만 이건 세계일주를 넘어 내 인생을 통틀어서 가장 화려하고 럭셔리한 보금자리였다.

이렇게 은혜를 입었다고 가만히 있을 수많은 없는 법. 나는 그녀의 집에 머물던 4일 동안 스스로 일꾼을 자처했다. 식사를 끝내고 나면 설거지는 언제나 내가 도맡아 하고, 청소시간에는 먼저 청소기를 잡은 채 절대 놓지 않았다. 식재료라도 다듬는 일이 있으면 다 같이 둘러앉아 일손을 도왔다.

푸자의 어머니는 손님인 내게 그런 일을 시킬 수 없다고 만류하지만 나는 손을 저으며 대답한다.

"나 스스로 재밌어서 하는 거예요, 같이 지내는 동안은 한 가족이잖아요."

어차피 넓은 집에 혼자 있어봐야 스마트 폰만 만지작거리고 노트북으로 영화를 보는 게 전부였을 것이다. 그러느니 차라리 푸자의 가족과 오순도순 얘기도 하고 같이 집안일을 하면서 지내는 게 더 즐거웠다. 인도의 가정문화도 체험할 수 있었기에 나로서는 일석이조였다. 과분한 푸자 가족의 환대에 어떻게든 보답하고 싶은 마음으로 시작한 일이었지만, 4일 동안 동고동락하면서 진정한 가족의 일원이 된 듯한 느낌이었다.

그녀의 집에서 보내던 마지막 날, 여느 때처럼 다과타임을 끝내고 내가 머물던 거처로 물러나 침대에 몸을 누인 채로 푸자와 메시지를 주고받으며

지난 나흘 동안 있었던 일들을 두고 추억을 더듬고 있을 때였다. 우리들 사이에 처음 만났을 때의 어색함은 더 이상 남아 있지 않았다. 서로에 대해 느꼈던 감정들을 털어놓기도 하고, 과거 연인들에 대해서도 대화를 나눴다. 푸자는 특히, 한국의 연애와 결혼 문화에 대해서도 관심이 많았고, 자유롭게 만나 사랑하고 쿨하게 헤어지는 한국의 연애문화를 내심 부러워했다.

"화용아, 한국에선 국제결혼 많이 해?"

"응, 예전보단 점점 늘어나고 있어."

"아, 그럼 너는 국제결혼에 대해 어떻게 생각해?"

"뭐 사랑한다면 국적이야 신경 쓸 바 아니지."

그때 푸자의 새 메시지가 화면에 떠올랐고, 나는 눈을 동그랗게 뜨고 스마트 폰 화면을 뚫어져라 쳐다보았다.

"Please marry me…."

플리즈 메리 미? 나랑 결혼하자고? 잘못 온 건가, 하고 다시 확인해본다.

"오 마이 갓!"

잘못 온 게 아니다. 그녀가 나에게 청혼을 하고 있는 거다. 아닌 밤중에 무슨 홍두깨인가. 침대에 누워 있다가 광속으로 벌떡 일어나서 스마트 폰을 들여다보았다. 이게 정녕 제정신으로 하는 말일까? 30년 인생에 처음 청혼을 받는 건 처음이다. 그것도 한국 여자가 아니라 인도 여자로부터. '당황' 스럽다는 말로는 표현하기 어렵다. 뭐라고 답을 보낼 것인지 도대체가 감이 잡히지 않는다. 한동안 고민하다가 다시 묻는다.

"나랑 결혼하자고 보낸 거 맞아?"

은근히 그녀의 답장이 기대된다. 굉장히 친절하고 상냥하게 대하긴 했어도 푸자가 내게 청혼을 할 거라곤 꿈에도 생각하지 못했다. 한국의 연애용어로 따지자면 나와 푸자는 분명히 어느 정도 썸을 타고 있는 관계라고 할수 있겠다. 하지만 지금 상황은 자기감정을 고백하고 사귀기 시작하는 단계를 모조리 생략하고 곧장 최후의 문을 열어젖히고 있는 것이다!

어쨌든 나 또한 그녀에게 호감이 있었던 건 사실이었다. 매력적인 외모에 방송사 앵커라는 직업, 살갑고 친절한 성격은 물론이고, 무엇보다 우리는 서로 가치관이 비슷해서 어떤 주제를 놓고 대화를 해도 호흡이 잘 맞았다. 겉모습을 꾸미고 치장하는 건 짧은 시간에도 가능하지만, 확고한 자신만의 가치관은 오랜 시간을 필요로 한다는 점에서 나는 그녀에게 깊은 매력을 느꼈다. 그리고 철딱서니 없는 생각이지만 푸자의 집은 재력이… 장난이 아니었다.

모바일이 진동한다. 그녀에게서 답장이 왔다.

"응, 난 너랑 결혼하고 싶어. 나는 너의 인생 동반자로서 너와 함께 성장하고 늙어가고 싶어. 나는 지금 너에 대한 사랑으로 내 모든 것이 압도당하고 있는 중이야. 너의 아기를 낳고 싶고, 너와 함께 새로운 가족을 만들고 싶어. 너와 함께 한다면 나는 이 세상에서 가장 행복한 여자가 될 거야."

그녀가 보낸 청혼의 메시지는 한층 더 열정적이고 뜨거웠다. 주옥과도 같은 멘트 하나하나에 나도 모르게 점점 더 빠져든다. 인도 여자는 청혼을 할 때 사랑의 시처럼 고백을 하나 보다. 저돌적이고 아름다운 고백에 나는 완전히 매료되었다.

'인도 여자와 결혼하면 나도 힌두교를 믿어야 하나? 그러면 쇠고기는 못 먹을 텐데…. 그 좋아하는 채끝살 스테이크도 앞으로 영영 굿바이구나. 서점에 힌두어 교재가 있는지도 알아봐야겠고.'

머릿속엔 밑도 끝도 없는 환상의 나래가 펼쳐지고 있다. 푸자는 지금 내게 용기를 내서 고백하고 아니, 청혼하고 있는 중이다. 청혼을 받아들이든 거절하든 어쨌든 답변을 해야 하는 상황이다. 솔직히 호감을 넘어 사랑의 감정을 느낀다고 해도 그녀와의 결혼은 시기상조였다. 나는 지금 세계일주를 하고 있는 중이고 언제 끝날지는 나조차도 모르는 상태였다. 더구나 직업도 없이 미래가 불투명한 처지에서 그녀의 청혼을 덥석 받아들이는 건 무책임한 행동이라는 생각이 들었다. 다만 먼저 남자친구로 사귀면서 훗날 미래를 도모하는 건 대환영이다.

평소 스마트 폰 타이핑이 이렇게 어려웠나 싶을 정도로 찍어내는 손가락이 긴장으로 가늘게 떨린다. 그리고 그녀가 보낸 사랑의 시와도 같은 글은 아닐지라도 진심을 담아 메시지를 보낸다.

"푸자 내게 청혼해줘서 고마워. 나도 사실 너에게 정말 좋은 감정을 가지고 있어. 하지만 우리가 지금 결혼하기에는 힘든 상황이야. 나는 지금 세계일주 중이고 이 여행이 언제 끝날지 모르거든. 만약 그때까지 우리가 서로 좋은 감정을 가지고 있다면 우리 관계를 발전시켜 나갈 수 있을 거야."

메시지는 이렇게 보냈어도 난 이미 그녀와의 달콤한 신혼을 상상하는 중이다. 상상은 범죄가 아니지 않는가! 구글에 '인도 결혼'이라고 검색을 해서 나오는 글을 다 읽어보기도 하고, 아침마당에 나온 국제결혼을 한 가족의 일상을 얼른 찾아보기도 한다. 상상만으로는 우리 둘이서 손자까지 볼 기세다.

곰곰이 생각해보니 의문점이 드는 포인트도 있다. 외국인은 힌두교도 입장에선 불가촉천민이라는데, 푸자와 결혼하는 게 가능할까? 그녀의 가족은 인도의 상류 계층이어서 결혼에 대해선 더욱 보수적일 거라는 고정관념이 든다. 푸자 아버지만 보더라도 보수적인 분이라 절대로 허락시켜 줄 리 없는 결혼이었다. 또 하나, 원래 인도는 연애기간 없이 바로 결혼을 하는지 궁금했다. 보통 우리나라 같이 연애결혼이 일상화된 문화에서는 6개월~3년 정도 연애를 해본 후 결혼하는 게 일반적이지 않는가?

다시 핸드폰 진동이 울린다. 번개처럼 스크린을 보며 답장을 확인한다.

"네 말이 맞아. 네가 긍정적으로 답변한 것만으로도 난 지금 정말 행복해. 너무 성급하게 말한 건 아닐까 싶어서 메시지를 보내고 나서 후회했거든. 하지만 네가 뭄바이를 떠나기 전에 꼭 말하고 싶었어. 우리는 내일이면 헤어져야 하잖아."

쑥스럽지만 그녀의 멘트 하나하나에서 얼마나 간절한지 알 것만 같다.

"응, 여행을 하는 동안 왓츠앱으로 자주 연락할게. 그리고 매일매일 너와 내 여행 스토리를 공유하고 싶어. 그러면 멀리 떨어져 있다고 해도 우린 매일 함께 있는 것처럼 느껴질 거야. 괜찮겠지?"

"물론이지!"

한밤중의 청혼 해프닝은 예스도 노도 아닌 미래를 보고 판단하자는 쪽으로 결론이 난다. 언젠간 함께 할 거라는 희망을 남긴 채 말이다.

기분 좋고 설레는 밤이다. 동시에 어안이 벙벙하고 믿기지가 않는다. 도대체 그녀는 겨우 사흘 동안 나로부터 무엇을 보고 매력을 느끼게 된 걸까?

내가 딱히 아주 잘생긴 것도 아니므로 외모 때문은 아닌 것 같다. 특히 이목구비 뚜렷한 인도 애들 틈에 있으면 쌍꺼풀 없고 수염 없는 밋밋한 동양적인 얼굴일 뿐이다. 게다가 그녀는 이미 내가 가난한 배낭여행자임을 알고 있다. 경제력을 보고 끌렸을 리도 없다.

사랑에 대한 이유를 찾는 게 웃긴 일이지만 그래도 짧은 시간 안에 무슨 계기가 있어서 감정이 싹튼 게 아닐까? 짐작이 가는 한 가지 일이 기억난다. 그녀와 함께 마주 앉아서 나물껍질을 벗기던 하루가 생각난다. 푸자 말로는 인도 남자는 집안일을 거의 하지 않는다고 한다. 그에 반해 나물을 열심히 다듬는 내게 과분한 칭찬 세례를 해줬던 기억이 난다. (실은 한국에선 주방 근처에 가본 기억이 손에 꼽을 만하다.) 그리고 그 얘기를 엄마에게 전했더니 엄마도 크게 감동받았다고 한다. 아마 그때 푸자와 그녀의 어머니가 나를 사윗감으로 점친 게 아닐까? 물론 서로의 인생관과 성격이 정말로 잘 맞았던 점도 호감을 느끼게 한 중요 요인이었던 거 같다.

침대에 누워서도 잠이 올 리 없다. 푸자와 나의 고백 메시지를 한번 씩 쭉 다시 되감아 본다. 문득 푸자의 고백이 인간 본연의 순수한 사랑이 아닐까, 라는 생각이 든다. 국적이 어딘지, 과거에 무엇을 했던 사람인지 고려하는 대신 지금 현재로 보여지는 상대인 '나'라는 존재에 끌렸을 뿐이고, '나'라는 미확인 물체를 판단하는 도구로 그 어떤 사회적, 문화적 외피를 고려하지 않고 있었다. 그건 나 역시 마찬가지였다. 서로에 대해서 아직 확인되지 않은 포인트를 알려고 하지 않은 채 심연 깊은 곳에 무책임하게 타오르

는 감정의 불씨를 놓치지 않았던 것은 아니었을까?

세상 모든 것들이 행복의 빛으로 환하게 불탄다. 혼자 신나서 팔딱팔딱 이불 킥을 날린다. 하지만 설렘도 잠시, 내일 아침 해가 뜨면 푸자와 헤어져야 하고, 나는 언제나 그렇듯 세계를 떠도는 여행자로 낯선 길을 갈 것이다. 언제까지라도 그녀와 함께 있고 싶었지만 이제 나는 파키스탄 비자 날짜 때문에 뭄바이를 떠나야 하는 몸이다.

그날 밤, 우리는 서로의 대한 감정을 확인했다. 비록 몸은 멀어지더라도 우리의 감정은 브레이크 없이 전진할 것이라 믿는다. 그녀와의 달콤한 추억과 두근거림이 앞으로의 긴 여정에 함께 할 거라 생각하니 그저 배시시 행복의 웃음만 입꼬리에 달린다.

푸자에게 보내는 한 줄 편지

2018년 6월, 그날은 너의 결혼식 전날, 우리는 그때 처음 네가 내게 청혼을 했던 그날처럼 페이스북 메신저로 서로에 대한 감정을 솔직하고 가감 없이 나누었지. 한때 불꽃같은 사랑을 나누던 연인에서 지금은 소중한 친구로 남은 우리. 앞으로도 지금과 같이 소중한 우정을 지켜 나가기를 바라. 가끔씩 환하게 웃어주던 너의 미소와 보조개가 생각나곤 해. 결혼 축하해 푸자. 그리고 행복하게 잘 살아!

핸드폰을 잃고 동성애자 친구를 찾아버렸네

"인도는 항상 조심해야 해. 소매치기 조심하고, 접근하는 사람들을 믿지 마."

푸자네 가족과 헤어지고 바로 뭄바이 기차역으로 간다. 여기서 나는 인도의 수도인 델리로 간 다음 거기에서 파키스탄으로 갈 계획이었다. 뭄바이 역으로 가기 위해선 정말 타기 싫은 지상철을 타야만 한다. 그도 그렇게 뭄바이의 지상철은 세계에서 제일 번잡하고 무질서한 지상철로 유명했기 때문이다. 먼저 사람들이 내린 후에 타야 한다는 기본 룰 따위는 애초에 존재하지 않았고 무임승차를 하는 사람, 차에 매달려 가는 사람 등 말 그대로 무법천지다.

모바일로 열차시간을 확인하려고 뒷주머니에 넣어두었던 스마트 폰을 꺼내려고 하는데, 이게 뭔 일? 주머니 속이 뭔가 허전하다. 1분 전까지만 해도 주머니에 들어 있던 스마트 폰이 잡히질 않는다.

"어라? 스마트 폰이 어디 갔지?"

앞주머니부터 보조가방까지 속속들이 찾아봤지만 스마트 폰은 흔적도 보이지 않는다. 가능성은 희박했지만 백팩까지 뒤져보기 시작한다. 전철 바닥에 온통 물건들을 끄집어내 찾아본다. (설마 스마트 폰을 잃어버리는 대참사는 일어나지 않겠지? 분명 어딘가에 있을 거야.) 하지만 내가 품고 있던 희망은 초 단위로 급격히 희미해지고, 동시에 온몸은 식은땀으로 젖어 가고, 주변 사람들이 웅성거리는 소리가 이제는 절망의 교향곡처럼 들린다.

"이런, 망할….."

그렇다. 인정하긴 싫지만 스마트 폰을 도난당하는 끔찍한 상황이 일어난 것이다. 지상철에 탑승하는 순간 누군가 뒷주머니에 넣어두었던 스마트 폰을 훔쳐간 게 분명하다. 하필이면 그때는 앞쪽 주머니가 영수증과 티켓으로 가득 차 있었고 나는 잠시 뒷주머니에 핸드폰을 넣은 채 지상철에 탑승했었다. 도둑놈은 그 짧은 순간을 놓치지 않았던 것이다. 아아, 누굴 탓하리오! 푸자를 비롯한 수많은 인도인들이 항상 조심하라고 그렇게 주의를 줬건만 귓등으로 흘려들은 내 잘못이었다. 애꿎은 영수증과 티켓을 빡빡 구겨 바닥에 던져버린다.

입에서 쉴 새 없이 쌍욕이 쏟아진다. 최악의 상황이다. 스마트 폰은 절대 잃어버려선 안 되는 물건이다. 그 안에는 연락처, 지도, 숙소와 교통정보 사이트, 모바일은행, 공인인증서 등 하나같이 중요한 정보들밖에 없었기 때문이다. 온몸에 힘이 쫙 빠지면서 여행을 하는 게 싫어진다. 의지할 곳도 사람도 없는 인도에서 이런 꼴을 당하다 보니 갑자기 한국에 계신 엄마가 보고 싶어진다.

혹시나 열차에 탑승하는 순간에 땅바닥에 흘렸을 수도 있다는 생각에 다시 출발했던 역으로 되돌아가서 플랫폼을 샅샅이 뒤져봤다. 역시나 있을 리가 없다. 주변 사람의 핸드폰을 빌려 내 핸드폰으로 전화를 걸어본다. 돌아오는 건 전혀 달갑지 않은 기계음뿐이다. 도둑놈이 심 카드를 빼 버린 것이다.

전철역 사무소로 가서 자초지종을 설명하고 혹시 분실한 핸드폰이 들어

오지 않았는지 물어봤지만 그들의 대답은 역시나 "NO!"다. 풀이 죽어 있는 내게 역무원이 한마디 한다.

"전철역에 CCTV가 있어. 우리가 확인해 줄 수 있을 거야."

"그럼 지금 당장 보여줘."

"하지만 경찰서에 가서 물건을 잃어버렸다는 확인증을 받아와야 해."

바로 릭샤를 타고 가까운 경찰서로 간다. 제일 먼저 눈에 띄는 경찰관에게 다짜고짜 내 사정을 얘기한다.

"나 모바일 잃어버렸어. 분실 확인증을 좀 써 줄 수 있어?"

"알았어. 여기 앉아서 조금만 기다려."

조금만이라면 약 10분이나 20분 정도를 의미하는 거 아니었나? 무려 1시간 가까이 나를 대기시킨다. CCTV도 확인해봐야 하고, 놓쳐버린 델리 행 기차 티켓도 새로 사야 했다. 할 일이 태산 같다. 그런데 이놈들은 간단한 확인서 하나 써 주면 끝나는 일을 오랫동안 질질 끌고 있는 중이다.

"나 할 거 많아. 빨리 확인증 좀 써 줘. 아무것도 안하고 있는 경찰들 많잖아, 너네 뭐하는 거야!"

경찰은 알았다고 하면서도 계속 기다리라고만 한다. 순간 짜증이 확 밀려온다. 도둑놈이고 경찰이고 나발이고 다 때려치우고 싶다. 욱한 마음에 괜한 경찰관에게 고래고래 소리를 지르며 성질을 내버렸다. 그렇지 않아도 부글거리는 내면의 화가 거친 매너로 폭발한 것이다. 경찰서 내에 있는 사람들이 모두 나를 쳐다보았고, 나의 지랄 맞은 태도에 경찰들은 모른 척 무시할 뿐이다.

그때다. 내 맞은편에 앉아 있던 경찰이 조사를 받던 인도인의 뺨을 강하게 후려친다. 한 대 얻어맞은 인도인은 그대로 의자에서 나자빠진다.

옆에서 그 광경을 지켜보던 나는 그대로 얼음이 되었다. 아무리 용의자라고 해도 경찰이 무자비하게 사람을 때리다니, 한국에서는 도저히 있을 수 없는 일 아닌가? 폭력경찰이 나를 한 번 쓱 쳐다보더니 아무 일도 없다는 듯 다시 업무를 시작한다. 말은 하지 않았지만 "계속 까불다간 너도 저렇게 될 거야."라고 경고하는 듯하다. "누구나 그럴싸한 계획을 가지고 있다. 한 대 맞기 전까지는."이라는 타이슨의 말이 넌지시 생각나는 건 왜일까. 이후로 경찰이 확인증을 써 줄 때까지 나는 세상에서 가장 얌전한 방문객이 되어 있었다.

분실 확인증을 받기까지 약 2시간 정도가 걸렸다. 바로 릭샤를 타고 전철역으로 달려가니 담당자가 퇴근했다면서 내일 다시 오라고 한다. 사정사정해도 자기는 모르는 일이라면서 CCTV를 함부로 보여줄 수 없다는 말만 반복한다. 온몸에서 힘이 쫘악~ 빠진다. 정말 사상최악의 하루다. 이 더럽고 신뢰할 수 없는 뭄바이가 싫어지고, 인도라는 나라가 지긋지긋해졌다. 전철역을 터벅터벅 걸어 나오지만 어디로 가야 할지 모르겠다. 스마트 폰이 없으니 호텔 예약 사이트도 이용할 수 없고 구글맵을 볼 수도 없다.

30년 세월을 살아오면서 핸드폰을 잃어버린 적은 오늘이 처음이었다. 이럴 때는 어떻게 대처해야 할지 가늠조차 되지 않는다. 눈을 감지 않아도 눈앞이 캄캄하다. 더욱 슬픈 건 멀고도 먼 인도 땅에서 나는 혼자일 뿐이고, 누구의 도움도 받을 수 없다는 것이다.

역 근처에 인터넷 카페라고 쓰인 간판이 하나 보인다. 폐급 컴퓨터 사양이지만 어쨌든 PC방에서 근처 호텔 정보라도 알아봐야 할 판이다.

울상을 지으며 인터넷을 켤 때, 순간 운명적이게도 어제 길거리에서 연락처를 교환했던 인도 현지인 '아쉬쉬'가 생각난다. 어제 저녁 뭄바이 시내에서 함께 셀카를 찍은 후 사진을 전송해 주겠다며 페이스북 아이디를 교환했었다. 워낙 친절하기도 했고, 환하게 웃는 인상이 유독 기억에 남는 친구였다. 뭄바이 여행에 대해 여러 가지 조언을 해 주면서, 특히 오늘 같은 참사를 예측했는지 무슨 일이 있으면 언제든지 도움을 요청하라고 했던 말도 생각난다. 안 받아도 상관없을 것 같던 페이스북 아이디가 지금은 유일한 구원의 손길이 된 셈이다.

지푸라기라도 잡는 심정으로 그에게 페이스북 메시지를 보냈다. 어제 잠깐 만난 사람에게 다짜고짜 도움을 청해야 할 만큼 다급한 상황이었다. 다행히 그는 바로 답장을 해 주었고, 나는 오늘 있었던 모든 일을 간략하게 설명했다.

'화용, 일단 만나자. 뭄바이 칼리안 역에서 만날 수 있어?'

고맙게도 내가 하고 싶은 말을 아쉬쉬가 먼저 한다.

스마트 폰이 없으니 누구랑 약속을 잡아 만나는 것도 힘들다. 약속 장소에서 만나기로 한 기차역 입구에 왔지만 도통 아쉬쉬가 어디에 있는지 보이질 않는다. 그때 갑자기 누군가 뒤에서 나를 힘껏 끌어안는다. 고개를 돌려 보니 아쉬쉬다.

"화용, 그렇게 내가 어제 조심하라고 했잖아. 뭄바이에는 도둑놈들이 진짜 많다고."

그는 날 보자마자 대뜸 타박부터 준다.

이 절망적인 상황에 얼굴을 아는 사람을 만난 것 자체가 너무 행복했다. 하소연 반 서러움 반 섞어가며 그에게 한풀이를 해댔다. 그리고 대뜸 뭄바이에서 새로운 핸드폰을 사는 걸 도와달라고 요청했다. 아쉬쉬는 환한 미소를 띠며 내 등을 토닥여준다. 때마침 자기도 일을 그만두고 쉬는 중이라며 적극 도와주겠다고 한다. 활발하고 에너지 넘치는 그를 보니 조금이나마 기운이 솟는다.

"화용, 오늘은 우리 집에서 자고, 내일 새 핸드폰 사러 가자."

"어… 으응."

일단 오늘 잠잘 곳이라도 무사히 마련한 셈이었다. 그의 집에서 짐을 풀고 소파에 앉으니 격앙되었던 마음이 좀 가라앉는다. 아쉬쉬는 커다란 망치에 얻어맞고 죽어가던 나를 위해 따뜻한 차와 비스킷을 내온다.

"아쉬쉬… 정말 고마워."

"노 프라블럼! 돈 워리 화용."

그동안 정신이 없는 통에 그에게 제대로 감사인사도 못했었다. 깨진 멘탈이 조금씩 회복되고 나서야 뒤늦은 고마움을 표했지만 아쉬쉬는 여전히 활짝 웃으며 겸손한 태도다. 우울한 상황에서도 그런 그를 보니 절로 긍정의 에너지가 샘솟는다.

"화용, 괜찮다면 내 이웃들 만나볼래?"

"어… 으응."

말이 끝나기 무섭게 옆집 앞집 온 동네를 활보하며 이웃들에게 나를 소개시켜 준다. 기분이 영 꽝인지라 억지 미소를 띠며 이웃들이랑 인사를 나눈다. 그래도 진정으로 날 반겨주는 인도인들을 보니 조금은 기분이 풀린다. 이웃들은 나를 대신해서 도둑놈에 대한 저주를 하기도 했고, 형편없는 인도 치안에 대해 욕설을 퍼붓기도 했다. 뭐 그런다고 도난당한 모바일이

돌아오는 건 아니지만 내 감정을 이해해 주는 것 같아 정말 고맙다.

고통스러운 상황이었지만 절망적이진 않았다. 다행히 핸드폰으로 찍은 사진은 3일 전에 옮겨놔서 잃어버린 사진도 거의 없었다. (슬프게도 푸자와 찍은 사진은 전부 날려먹었다.) 내일 괜찮은 스마트 폰을 구입한 후에 공인인증서랑 필수적인 어플리케이션만 깔면 되는 일이었고, 모바일 기계값이 나가긴 하겠지만 향후 전체 여정에 큰 부담이 될 정도는 아니었다.

차를 한 잔 마시니 졸음이 쏟아진다. 시간도 어느덧 저녁 11시를 가리켜 잠자리에 들 시간이 되었다. 아쉬쉬는 손수 담요와 이불을 거실로 가져와 내 잠자리를 펴준다. 그런데 담요 위에 두 개의 베개가 나란히 놓여 있는 게 아닌가? 아쉬쉬는 멀쩡히 자기 방이 있는데도 굳이 자기 이불하고 베개를 가져온 것이다.

"아쉬쉬, 너도 여기서 자려고? 넌 네 방에서 자도 되잖아?"

나의 질문에 아쉬쉬는 잠깐 당황한 기색이다.

"아, 오늘 네가 정말 피곤하고 힘들었을 거 같아서. 같이 자도 괜찮을까?"

자기 방을 놔두고 나랑 같이 잔다는 게 좀 의아하긴 했지만 오늘 혼신의 힘을 다해 나를 도와준 친구다. 마지막까지 나의 기분을 헤아려 주는 멋진 놈이구나, 하고 생각하며 흔쾌히 오케이 했다.

1년 같았던 긴 하루인지라 눕자마자 잠이 쏟아진다. 핸드폰을 도난당하고 무거운 백팩을 멘 채로 경찰서며, 전철역이며 부단히 돌아다닌 터라 온몸이 쑤셨고, 정신적 스트레스도 엄청났던 터라 곧바로 눈꺼풀이 감긴다. 막 꿈나라로 들어갈려던 찰나, 옆에 누워 있는 아쉬쉬가 옆구리를 꾹꾹 찌른다. 그리고 난데없이 스마트 폰으로 야동을 보여준다.

"화용, 너도 이런 거 봐?"

그가 묻는다. 솔직히 남자끼린데 거짓말해서 뭐하나 싶어서 솔직히 대답한다.

"어… 물론."

내키지 않는 답변을 하긴 했지만, 잠자리를 두 개 펼 때부터 뭔가 좋지 않은 예감을 느꼈던 터이다. 그리고 그 불길한 예감은 역시나 원치 않는 방향으로 흘러간다. 아쉬쉬가 이번엔 남자끼리 딥 키스하는 동영상을 틀더니 내게 다시 묻는다.

"이런 것도 본적 있어?"

그가 보여준 건 수위가 매우 높은 동성 간 섹스포르노다. 피곤함으로 쓰러질 것만 같았던 나지만 동영상을 보고 나니 정신이 번뜩 든다.

"야, 이게 뭐야? 왜 이딴 걸 보여주는 거야?"

난 미친 듯이 정색하며 그에게 따졌다. 그때 갑자기 아쉬쉬가 뒤에서 나를 강하게 끌어안았다.

"화용, 나… 사실… 게이야."

"뭐라고? 너 미쳤어?"

그래… 살다보니 이렇게 꼬이는 날도 있구나. 핸드폰은 날아가고 날 헌신적으로 도와준 친구가 알고 보니 동성애자다. 황당하고 끔찍한 일들이 연거푸 일어난다. 뒤에서 끌어안은 그를 있는 힘껏 밀쳐낸다. 육중한 덩치만큼이나 이 친구의 완력이 대단하다. 단단히 뿔난 표정으로 발버둥치니 이내 그도 끌어안았던 나를 놓아준다.

"화용, 나 그거 정말 잘 해. 네가 원한다면 난 얼마든지 기쁜 마음으로 해 줄 수 있어."

아이고, 점점 점입가경이다. 당장 주먹이라도 날리고 싶었지만 오늘 도와준 은인에게 차마 그렇게는 못하겠다. 마음을 가다듬었다.

"아쉬쉬, 난 네가 생각하는 그런 쪽 사람이 아니야. 오늘 네가 도와준 건 정말 고맙지만 자꾸 이러면 난 지금이라도 호텔로 갈 거야."

생각보다 강하게 화를 내는 날 보고 놀란 듯하다.

"네가 기분 나빴다면 사과할게, 안 그럴 테니 걱정 마. 대신 네 옆에서 같이 잠만 잘게. 널 절대 건드리지 않을 거야. 맹세해. 그건 괜찮겠지?"

이미 한번 당할 뻔했던 터라 영 미덥지 못했다. 하지만 그마저도 거절할 순 없다. 내게 무한한 호의를 보여준 친구인지라 서로 얼굴을 붉히는 상황은 만들고 싶지 않다. 게다가 이웃들에게 내 얼굴까지 모두 보였지 않은가? 이웃들에게 날 소개시켜 주고 날 덮칠 것 같지는 않았다. 이미 심신이 피폐해진 상태라 늦은 시간에 허겁지겁 짐을 싸들고 호텔로 가는 것도 그다지 즐겁지 않았다.

한동안 조용히 침묵하던 그가 슬금슬금 또 다시 찔러본다.

"화용, 나 마사지 굉장히 잘해. 내가 해 줄까? 돈 워리… 진짜 마사지만 할 거야."

"…."

아무 대답 없이 일어나 불을 켜고는 바리바리 짐을 정리하는 나를 보더니 아쉬쉬는 급하게 나를 말린다. 그러면서도 세상에서 가장 큰 즐거움을 모른다면서 나를 가엾게 여긴다.

"난 네가 모르는 새로운 기쁨을 주고 싶은 것뿐이야."

"그런 기쁨은 내 알 바 아냐."

한밤중에 벌어진 소동은 내가 격하게 거부하면서 대충 매듭지어졌다. 어쨌든 잠은 자야 하기에 그에게 최대한 멀리 떨어진 담요 끝에서 새우잠을 청했다. 아쉬쉬도 피곤했는지 금세 코를 골며 자고 있다. 수차례 그를 불러 보고, 툭툭 건드려 보고, 완전히 자고 있는지 확인해본다. 혹시라도 아쉬쉬가 자는 척 하면서 나를 덮칠 수도 있는 터라 긴장의 끈을 놓을 수가 없다.

얼마나 흘렀을까? 시계를 보니 어느덧 새벽 2시. 아무리 긴장이 풀리지 않아도 쏟아지는 잠을 이길 순 없나 보다. 그에 대한 경계를 늦추지 않고 잠들지 못하던 나도 사르르 눈이 감기기 시작한다. 그리고 오른손으로 중요 부위를 철벽방어한 채로 시체처럼 곯아떨어진다.

내가 잃어버린 스마트 폰 기종은 삼성 갤럭시노트4였다. 구형이긴 하지만 배터리를 탈 부착할 수 있는 장점이 있어서 다시 같은 기종으로 구매하고 싶었다. 다음날 아침 아쉬쉬와 함께 뭄바이에 있는 전자상가로 갔는데, 지난 밤의 해프닝이 언제 있었느냐는 듯 아쉬쉬는 또 적극적으로 나를 도와준다.

우리는 수십 군데의 모바일 가게를 함께 전전하며 노트4를 찾아보았는데, 뭄바이에서 노트4를 판매하는 가게가 적을 뿐더러 있더라도 한국보다 훨씬 비싸다. 인도에서는 주로 삼성 기종 중에서 보급형, 저가형 모델만 출시되었고, 갤럭시노트 시리즈는 잘 사용하지 않는 모델이었다. 가난한 배낭여행자한테 50~60만 원 정도나 되는 새 핸드폰은 매우 부담스러웠다. 이에 궁여지책으로 짜낸 아이디어는 중고 모바일이었다. 약간의 흠집이 있거나 사용감은 전혀 문제가 되지 않았다. 애초에 전자기기를 막 다루는 성격인지라 저렴하고 쓸 만한 중고 제품이 최선의 선택이었다.

우리는 중고가게에 가서 상태가 좋은 노트4를 하나 골랐다. 점검을 해보니 모든 기능이 이상 없다. 중고 치곤 스크래치 하나 없을 정도로 꽤나 깔끔했다. 다만 색상이 핑크색이었다. 남자가 핑크색 핸드폰이라… 사람들이 게이라고 오해하기 딱 좋은 콤비네이션이었다. 어제 아쉬쉬와의 소동이 있었던 터라 그런 오해에 대한 거부감이 더 심하게 든다.

"화용, 핑크색 모바일이 뭐 어때서? 흐흐흐 너랑 잘 어울리는 색상인 걸?"

으이구, 아쉬쉬가 또 철딱서니 없게 나를 놀려댄다. 어쨌거나 색상 빼고는 전부 맘에 들었다. 있을지도 모르는 중고 노트4를 찾아 전자상가를 계속 헤매느니, 분홍 분홍해도 이곳에서 모바일을 사는 게 나은 선택 같았다.

"30만 원!"

저쪽에서 먼저 기선제압에 들어온다. 나의 마지막 허용범위는 한국 중고 사이트와 같은 가격인 20만 원이었다. 30만 원은 턱도 없는 가격이다.

"15만 원에 살게."

"절대 안 돼. 30만 원도 싸게 부르는 거야."

"알았어. 그럼 다른 가게에서 사지 뭐."

인도에서 흥정의 시작은 등을 보여주는 순간부터다. 떠나려는 나를 붙잡더니 25만 원을 제안한다. 바로 난 17만 원을 부른다. 치고 박는 공방전 끝에 결국 21만 원에 협상이 매듭지어졌고, 나는 보조가방에서 비상금 200달러를 꺼내 구매를 완료한다. 100달러짜리로 두툼했던 현찰 봉투가 점점 얇

팍해진다. 아…, 원래 이런 데 쓰려고 가져온 미국 달러가 아니었는데, 도대체 내가 비상금을 왜 가져왔는지 모를 지경이다. 900달러는 태국에서 도난당하고, 200달러는 중고 스마트 폰을 사는 데 쓰고…. 아이고, 진짜 처참하다 처참해.

무사히 중고 핸드폰을 산 뒤에 우리는 곧장 뭄바이 기차역으로 갔다. 아쉬쉬는 뭄바이를 떠나는 마지막 순간까지도 헌신적으로 도와준다. 자기 오토바이로 기차역까지 날 데려다 주고 델리 행 티켓을 사는 것까지 직접 해결해 준 다음에는 내 커다란 백팩을 대신 들어주며 객차까지 직접 안내해 준다. 혼자서 갈 수 있다고 말려봐도 막무가내 불도저마냥 끝까지 나를 돕는다. 거기다 주위에 있는 인도인 승객들에게 일일이 나를 잘 챙겨달라는 부탁까지. 그것까진 그래도 괜찮은데 모바일을 잃어버린 흑역사까지 다 떠벌리고 있다.

"아쉬쉬, 그런 얘기는 쓸데없이 왜 하는 거야!"

진짜 그의 오지랖에 두 손 두 발 다 들었다.

"인도에서는 절대 낯선 사람 믿지 마. 파키스탄에서도 항상 조심해야해."

기차는 정시에 수도 델리로 출발한다. 차창 밖으로 손을 내밀어 아쉬쉬와 마지막으로 악수를 나눈다. 커다란 덩치에 맞지 않게 아쉬쉬는 눈물을 글썽거린다. 아… 자식, 마음 약해지게 왜 또 눈물이야. 오작교를 떠나는 견우와 직녀 마냥, 남자 둘이서 오만 궁상을 다 떨고 있다.

이틀 동안 그에게 너무나 많은 신세를 졌다. 오갈 곳 없는 나를 집에서 재워주고, 자기 오토바이를 끌고 뭄바이 시내를 들쑤시며 모바일 사는 것도 도와줬다. 뿐만 아니라 힌디어를 하지 못하는 나를 대신해서 온갖 일들을 도맡아 처리해 주었다. 이틀 동안, 일면식도 없는 나를 위해 나보다 더 고생했던 친구다. 생각해보니 어젯밤에 있었던 난동도 좋게 생각하면 그가 의도치 않게 선물해 준 술자리 안주였다. 물론 다신 겪고 싶지 않은 경험이지만. 어쨌든 그가 베푼 으리으리한 호의를 생각하니 그것마저도 좋은 추억 같다.

기차에서 그가 챙겨준 팁팁한 옥수수를 한입 베어 문다. 입 안 가득 톡톡 터지는 알갱이가 유난히 달게만 느껴진다. 아쉬쉬의 순수하고 고운 마음이 옥수수에 스며들어서 그러하리라. 독실한 힌두교도이자 나의 유일한 동성애자 친구 아쉬쉬, 마음속으로 그에게 브라만신의 가호가 있기를 기도해본다.

아쉬쉬에게 보내는 한 줄 편지

혹시라도 한국에서 멋진 동성애 친구를 알게 되면 당장 너부터 소개시켜 주고 싶어. 그만큼 남자가 보기에도 넌 정말 자상하고 매력 넘치는 훈남이거든. 두바이에서 일하고 싶다는 너의 꿈, 멀리서나마 응원할게! 또 보자.

파키스탄

이슬람교를 믿는 국가라고 해서 비슷한 문화를 가지고 있는 건 아니다.
일례로 파키스탄 축제 당시 아랍 의상을 갖춘 사람들의 퍼레이드가 있었는데,
파키스탄 군중들은 ARABIC 스타일이라며 신기하게 여겼다.

여기는 파키스탄, 미디어의 민낯을 보다

"야, 미친 거 아냐. 거기 위험하잖아?"

뭐 예상은 했지만 다들 하나같이 똑 같은 반응이었다. 파키스탄으로 여행을 간다는 얘기를 하면 친구들은 한사코 이렇게 말한다.

"폭탄 맞고 저승길 가고 싶냐?"

"테러집단에 끌려가고 싶냐?"

좋은 말이라고는 하나도 없다. 하긴 미디어에서 비쳐지는 파키스탄의 모습은 악명 높은 탈레반이나 이슬람 전통복장에 길게 수염을 기른 무장군인들의 모습이었으니 말이다.

하지만 본래 사람 심리라는 게 가지 말라고 하면 더 가고 싶은 법 아니겠는가. 분명 안전한 나라라고 할 수는 없을지라도 파키스탄은 놓치기 아쉬운 볼거리가 산재해 있는 곳이다. 여행자의 3대 블랙홀이라 여겨지는 훈자마을, 간다라 미술의 고장 탁실라, 세계 4대문명의 하나인 인더스 문명 유적지가 바로 그러했다. 게다가 인터넷으로 정보를 열심히 알아본 바에 의하면, 북서부 위험지역을 제외하면 일반적인 대도시의 치안은 안정적이라고 한다.

무엇보다 세계일주를 하고 있는 지금이 아니라면 언제 다시 파키스탄을 가보겠느냐는 생각이 나의 발걸음을 재촉했다.

　파키스탄에 처음 도착하자마자 날 반긴 건 그놈의 "너 중국인이니?"라는 달갑지 않은 말이다. 동남아와 인도를 여행할 때 들었던 "where are you from?"을 더 이상 들을 수 없는 곳이다. 파키스탄에선 동양인만 보면 한국인이든 일본인이든 무조건 중국인으로만 본다. 처음엔 대뜸 짜증스런 표정으로 일일이 "나는 한국인이야."라고 대꾸했지만 워낙 많은 사람들이 "차이니즈?" 하고 물어대니 나중엔 상큼하게 무시하게 되었다.

　하긴 그도 그럴 것이 중국과 파키스탄은 '형제의 나라'라고 칭할 정도로 매우 긴밀한 관계이다. 미국이 인도와 동맹을 맺어 중국을 견제하려고 하자, 중국은 이에 맞서 인도와 적대적인 파키스탄과 우호적인 관계를 유지하고 있었기 때문이다. 실제로 중국은 파키스탄에 고속도로와 메트로를 건설하는 데 일조하고 국방 분야까지 서로 협력하고 있다.

　"어, 맞아. 나 중국인이야."

　호기심에 "나 중국인이야."라고 말했더니 파키스탄 사람들은 엄지를 척 하고 세우며 "아이 러브 차이나!"라고 대답한다. 한국인이나 일본인이라고 대답했을 때보다 훨씬 호의적인 반응이다. "중국을 사랑해."라니…. 여행을 오래 하다 보니 참 별의 별 일이 다 있구나, 하는 생각이 든다.

　파키스탄 국경에서 릭샤를 타고 파키스탄에서 두 번째로 큰 도시인 라호르에 도착했다. 며칠 전 뭄바이에서 샀던 중고 스마트 폰이 지도를 잘 인식하지 못 한다. 어쩔 수 없이 라호르 역 근처에 있는 아무 여행사나 들어가 예약해둔 숙소 위치를 물어본다.

　"아저씨, 나 리갈 인터넷 하우스라는 숙소를 찾고 있어. 혹시 여기서 어떻게 가야 하는지 알아?"

　콧수염을 기른 50대 아저씨가 인터넷으로 위치를 확인해가며 도와주다가 갑자기 자리에서 벌떡 일어서더니 문을 박차고 나간다. 그리고는 릭샤를 한 대 세우고는 나를 부른다.

"이 릭샤를 타고 가. 리갈 인터넷 하우스라는 숙소 앞까지 널 데려다 줄 거야. 그리고 내가 이미 돈은 지불했으니 넌 돈 낼 필요 없어."

세상에, 도와줘서 고맙다고 내가 사례금을 내야 할 판인데, 릭샤 값까지 이미 결재해 놓았단다. 그럴 필요가 없다고 손사래를 치며 아저씨에게 돈을 건네주려고 했다. 아저씨는 더욱 강하게 사양한다.

"넌 게스트야. 파키스탄 사람은 게스트에게 호의를 베풀어야 할 의무가 있어."

아, 이런 훈훈한 멘트를 날리시다니요. 허허, 웃으시는 아저씨의 콧수염이 왠지 모르게 섹시해 보인다. 연신 탄복을 하며 감사하다는 말을 하는데, 아저씨는 내 이름이 무엇인지, 어느 나라 사람인지도 묻지 않고, 궁금해 하시지도 않는다. 단지 내가 파키스탄을 방문한 게스트라는 이유로 호의를 베푸신 거였다.

무사히 숙소에 체크인하고 햄버거로 허기진 배를 채우려고 근처 레스토랑으로 갔더니 이번에는 맞은편에 앉아 있던 두 명의 파키스탄 젊은이가 내게 관심을 보인다.

"넌 중국인이니, 일본인이니?"

"둘 다 아니야."

한국인이 선택지에 빠져 살짝 기분이 상해서 딱 잘라 대답한다.

"그럼 한국인이니?"

"응, 맞아."

"우리는 마이클과 사무엘이야. 오늘 라호르 시내에 축제가 있는데, 같이 갈래?"

두 명의 파키스탄 젊은이들이 뜬금없이 축제에 가자고 제안한다.

축제라… 분명 해외로 여행을 가서 축제를 보러가는 건 색다른 경험일 것이다. 끌리긴 했지만 이곳이 파키스탄이라는 게 마음에 걸린다. 이미 몇몇 파키스탄 사람들이 호의를 보여줬다고는 해도, 아직 내게는 위험한 나라라는 인식이 남아 있었다. 게다가 난 이곳에 도착한 지 하루도 지나지 않았기에 낯선 사람을 따라가는 게 여간 부담스럽지 않다.

'축제에 데려간다고 해놓고 날 테러집단에 팔아넘기는 거 아닐까? 그리고 대한민국 정부에 몸값을 요구할 거고, 그럼 뉴스에 내가 나오겠지? 아니야, 몸값을 요구하기 전에 죽일 수도 있어.'

의심이 불 같이 일었지만, 인상도 말끔하고 공손한 태도에 좀 더 대화를 해보고 결정하기로 했다.

"무슨 축제인데?"

"무슬림과 관련한 축제야, 지금 축제 때문에 라호르 구시가지는 전부 아름다운 장식물로 도배돼 있어. 가보면 절대 후회하지 않을 거야."

"근데 왜 너희끼리 가지 않고, 나랑 같이 가려고 해?"

"그냥, 너 혼자 여행하는 거 같아서. 같이 가면 재밌잖아. 어차피 우리도 무슬림이 아니야. 우린 기독교인이야. 그냥 축제가 재밌어서 가는 거지 이슬람교엔 관심도 없어."

대답을 하는 데 한 치의 막힘도 없다. 거짓말로 날 속이는 것 같진 않다. 솔직히 이 친구들이 이슬람교도가 아니라 기독교도라고 한 게 경계의 벽을 느슨하게 하는 데 한몫했다. 아직까진 분명히 색안경을 끼고 이슬람교를 대하고 있던 터였다.

"그래, 같이 가보자."

의심이 완전히 사라진 건 아니었지만 이들과 함께 가보기로 했다. 지난 3개월 동안 여행을 하는 과정에서 계획을 깨부수고 무모한 선택을 했던 결과로 오히려 달콤한 추억을 얻었던 경험이 많았기 때문이다. 그리고 파키스

탄의 축제는 어떨까, 라는 호기심도 만난 지 얼마 안 된 낯선 사람을 무작정 따라갈 때의 리스크를 깨는 데 일조해 주었다.

자리에서 일어나 햄버거 값을 계산하려고 하자 가게 주인이 손사래를 친다. 어리둥절한 얼굴로 주인을 바라보니 손가락으로 마이클과 사무엘을 가리킨다. 알고 보니 그 친구들이 내 햄버거 값까지 미리 계산해 놓았던 것이다.

"마이클, 왜 내 햄버거까지 계산한 거야?"

"넌 게스트잖아…."

좀 전에 만났던 여행사 아저씨랑 똑 같은 대답이다. 원래 파키스탄 사람들은 모두 게스트에게 친절한 건지, 아니면 내가 운 좋게 좋은 사람들만 만난 건지 모를 지경이다. 하나같이 "손님이니까…."라며 내게 과분한 호의를 베풀어 준다.

축제 현장에 가보니 파키스탄 사람들의 호의는 몇 단계나 레벨이 올라간다. 입장하는 순간부터 VIP 대접이다. 원래는 줄을 서서 입장해야 하지만 파키스탄 사람들은 나를 보자마자 홍해가 갈라지는 것처럼 길을 양보해 준다. 보안검색대도 내가 외국인이라는 이유만으로 아무런 짐 검사 없이 바로 통과시켜 준다.

바로 축제의 장으로 들어가는 찰나, 소총을 메고 있는 무장경찰이 급하게 달려와 내 어깨를 붙잡는다. 해코지를 하려고 하는 줄 알고 잔뜩 겁먹었는데, 같이 셀카를 찍자며 대뜸 카메라를 들이민다. 그리고 우스꽝스러운 표정으로 연신 셀카를 찍어대고는 곧바로 우리 사진을 페이스북에 업로드한다.

"마이클, 축제 현장에서 왜 무장 경찰관이 몸수색을 하는 거야?"

"사람들이 많이 모여 있는 장소는 언제나 테러의 표적이 되어왔기 때문이야."

"아…."

길거리 푸드코트에선 요리사들이 공짜 음식을 맛보라며 이것저것 나눠준다. 이미 손에 공짜 음식이 가득 들려 있어서 괜찮다고 사양했지만 비닐봉투에 음식을 포장해 건네주고, 몇몇 요리사들은 다정하게 음식을 입에 넣어주기도 한다.

이슬람 축제였지만, 즐겁게 노는 건 다른 축제랑 다를 게 없다. 길거리에서 불꽃놀이를 하는가 하면, 각양각색의 퍼레이드 쇼가 이어진다. 특히 불꽃놀이를 할 때는 아무런 안전장치도 없이 인파 한 가운데에 폭죽을 터뜨렸는데, 불꽃 가루들이 사방팔방으로 터져나가는 데도 사람들은 아랑곳하지 않고 천진난만한 아이처럼 신이 났다. 이 친구들에겐 축제를 즐기는 게 우선이지 안전의식과 질서는 애초에 저 멀리 안드로메다로 보내버린 듯하다. 퍼레이드 중에는 트럭 위에 단체로 둥글게 앉아 기도하는 사람들도 보인다. 몇몇 독실한 무슬림은 실컷 축제를 즐기다가도 돗자리를 펴더니 메카를 향해 절을 하는데, 혹여 그들과 눈이라도 마주치면 기도를 하다가도 반갑다며 미소를 짓는다.

축제 현장은 '손님인 나'를 중심으로 돌아간다. 외국인 손님은 이 축제 현장에 나 혼자다. 공연을 하는 사람들도, 축제를 즐기는 사람들도 나만 보면 지금까지 하던 일을 전부 멈추고 셀카를 들이민다. 개구쟁이 아이들은 날 원치도 않는 피리 부는 사나이로 만들어서 평범하기 그지없는 내가 태어나서 처음으로 스타가 된 기분이다.

파키스탄에 대한 고정관념이 일순간에 녹아버린다. 몇 시간 전까지만 해도 내 머릿속을 가득 채우고 있던 폭탄과 테러의 이미지와는 전혀 딴판이다. 오히려 술을 마시지 않는 무슬림들이라 축제 중에 사건 사고도 거의 일어나지 않았다.

"마이클, 이거 내가 생각하던 파키스탄이랑 완전 딴판인데?"

"원래 어떻게 생각했는데?"

"그냥 뉴스나 신문에서 보는 대로…."

부정적인 이미지를 가지고 있었다는 말을 차마 입 밖으로 꺼낼 수가 없어서 대충 얼버무렸다.

"아니, 파키스탄은 절대 그런 나라가 아니야. 일부 매스컴들이 매도하는 거라고!"

한없이 착하고 친절하기만 한 마이클도 분노를 참지 못한다. 파키스탄에 대해 악의적인 보도를 내보내는 전 세계 미디어에 대한 강한 분노다. 아직 하루밖에 지나지 않았지만 그들의 분노가 충분히 이해될 만큼 파키스탄은 평화로웠고, 사람들은 정말 친절했다. 오늘 하루만 해도 날 도와주려던 파키스탄 친구들이 얼마나 많았던가.

내가 도움을 요청하면 그들은 곧바로 하던 일을 멈추고 어떻게든 도와주려고 애썼다. 이들에게서는 어떤 부탁을 하든지 간에 "노!"라는 대답을 듣기 힘들다. 만약 자기가 도와주기 어려우면, 지인을 통해서라도 어떻게든 도와주려고 한다. 물건을 살 때나 뚝뚝을 탈 때도 항상 값을 깎기 위해 실랑이를 벌였던 동남아나 인도와 달리 바가지를 씌우지 않는다. 오히려 싸게 주면 싸게 줬지 외국인 손님에게 바가지를 씌우려는 모습은 보지 못했다.

축제가 끝나고 릭샤를 탈 때도 마이클과 나는 티격태격 했다. 내가 타고 가는 거니까 당연히 내가 내야 한다는 내 입장과 "넌 손님이니까 내가 책임지고 집까지 바라다 줘야 한다."는 마이클의 태도가 팽팽하게 맞섰다.

나를 위해 가이드와 사진사를 자처하고, 파키스탄 여행에 대해 여러 가지 조언을 해 준 친구들이다. 차마 릭샤 값까지 내게 할 수는 없어서 재빨리 기사에게 돈부터 주고 가자고 한다.

"파키스탄에 머무는 동안 도움이 필요하면 언제든지 연락해."

친구들은 완벽한 사후 서비스까지 약속해 준다. 진짜 감사하다 못해 황송할 지경이다.

릭샤를 타고가면서 자꾸 웃음이 나온다. 알아서 음식을 주고, 길을 터주고, 그러면서 돈은 절대 못 내게 하던 기분 좋은 축제가 영화의 장면 장면들처럼 떠오른다. 이렇게 단 하루 만에 미디어에서 보던 파키스탄의 모습은 땅 속으로 영원히 버로우 한다.

파키스탄 사람들의 호의에 감탄한 나는 숙소에서 만난 독일, 홍콩친구와 친절함을 주제로 이야기를 나눴다. 내가 오늘 겪었던 일을 자랑하듯 이야기하자 그들도 격하게 공감하며 자기들도 비슷한 경험을 했다고 한다. 오히려 이들은 한 발 더 나아가 묻지도 않은 베스트 친절 국가를 소개하기 시작한다.

독일친구는 아프가니스탄이 가장 친절한 국가였다고 하고, 홍콩친구는 시리아가 가장 친절한 국가였다고 한다.

"아프가니스탄이랑 시리아? 너희들 장난치는 거 아냐?"

"절대 아냐, 아프가니스탄처럼 친절한 나라는 여태껏 보지 못했어."

"단연코 시리아야."

둘은 순식간에 아프간이랑 시리아를 쉴드 치느라 경쟁을 벌이기 시작했는데, "나에게 친절을 베푼 나라를 나쁘게 말하지 마."라는 뉘앙스였다. 독일과 홍콩 친구들 모두 여행을 좀 해봤다는 베테랑들이기에 더 흥미롭게 들렸다.

이 두 나라 모두 파키스탄 이상으로 폭탄이 터지고 테러의 위협에 노출돼 있는 나라가 아닌거? 아프가니스탄은 탈레반의 본거지, 시리아는 IS가 가장 활개를 치는 나라다. 더구나 이 두 나라는 현재 한국인 여행 완전 금지국인 나라다. 그런데 하필 이 두 나라가 가장 친절하다니. 처음엔 이 친구들이 내게 거짓말을 하는 줄만 알았다. 하지만 역으로 생각해보니, 내가 한국 친구들에게 "파키스탄이 제일 친절한 나라였어." 라고 한다면, 친구들 역시 내 말을 쉽게 믿지 않을 것이다.

파키스탄의 친절함에 대한 이야기로 시작된 우리들의 대화는 이제 미디

어에 대한 비난으로 끝을 맺었다. 미디어를 통해 가지고 있던 이들 나라들의 이미지는 도저히 사람이 살만한 곳이 아니었기 때문이다. 언론보도 내용들이 테러와 내전에만 초점이 맞추어져 있기에 이들 나라는 무자비한 공포만이 나를 기다리고 있을 것이라고 생각했다.

하지만 내 두 눈으로 본 파키스탄은 미디어에서 단 한 번도 들어본 적 없는 친절과 평화의 세상이었다. 역시 소문은 직접 경험하는 것보다 못하다. 바로 이런 걸 깨우치려고 나는 지금 세계여행을 하는가 보다.

마이클과 사무엘에게 보내는 한 줄 편지

너희와의 인연이 내가 가지고 있었던 한 나라에 대한 편견을 완전히 깨부술 수 있게 되었어. 환상적인 그날의 축제, 평범한 나를 특별하게 만들어줘서 고마워.

친절이 전설로 회자되는 훈자마을

 세상 사람들에게 전설로 회자되는 마을이 있다. 파키스탄 북쪽 카라코람 산맥에 위치한 훈자마을이다. 훈자마을은 이미 배낭여행자들에게 널리 알려진 지상낙원과도 같은 곳이다. 한국에서 유일하게 파키스탄 비자를 발급받은 이유도 이 전설의 마을에 가보고 싶었기 때문이다.

 인터넷 정보를 찾아보니 라호르에서 훈자마을까지는 버스로 32시간이 걸린다고 한다. 32시간… 무려 24시간인 하루보다 8시간이나 더 걸린다는 얘기다. 고민하고 있을 틈이 없다. 아침 일찍 짐을 싸서 바로 훈자로 출발한다.

 일단 파키스탄의 수도 이슬라마바드까지 간 후에, 그곳에서 훈자마을로 가는 버스로 갈아탔다. 30시간의 장거리 버스라 두 명의 운전기사가 번갈아 가면서 운전한다. 운전을 하지 않고 대기하는 기사는 소총을 어깨에 멘채 경찰관 역할을 맡는다. 드물게 이쪽 지역에도 무장단체에 의한 테러가 일어난다고 들었는데 아마 그런 사유 때문인 거 같았다. 도로 체크포인트(우리나라 톨게이트와 검문소를 합친 개념)에 있는 무장군인들의 경비도 삼엄하다.

 군인 하나가 카메라를 들고 버스에 올라 일일이 승객들의 얼굴을 동영상으로 찍는다. 그리고 내 여권 사본을 요구한다. 태도가 강압적이진 않았지만 꽤나 살벌한 분위기다. 항상 웃음기 넘치는 보통의 파키스탄 사람과는 영 딴판이다. 어쨌거나 이런 보안 검색은 잠자코 군경들의 지시에만 잘 따르면 전혀 문제가 없다.

나의 가장 큰 문제는 예민한 장이었다. 나의 하루는 매일 아침 정해진 시간에 정해진 할당량을 배출하는 걸로부터 시작한다. 하지만 슬프게도 버스에는 화장실이 존재하지 않았다. 아니나 다를까. 새우잠을 자고 아침에 눈을 뜬 순간 역시나 제일 먼저 장이 반응한다. 보통의 경우라면 운전기사에게 잠시 차를 좀 세워달라고 말했을 텐데, 총을 들고 있는 경우라 잔뜩 쫄아서 말을 못하겠다. 게다가 급커브로 이루어진 1차선 도로라 차를 세우기도 곤란했다.

하지만 생리현상이 내 마음대로 조절이 될 리가 있나. 슬슬 양팔이 저려오고, 닭살이 돋기 시작한다. 온몸엔 차가운 냉기가 흐르고 있다. 총이건 뭐건 간에 지금 배출하지 않으면 차 안에 또 다른 의미의 테러를 일으킬 것만 같았다.

"차 좀… 세워 줘."

식은땀을 삐질 삐질 흘리며 퍼런 입술로 다 죽어가는 듯이 말했다. 대기 운전기사는 내 표정이 심각해보였는지 한 치의 망설임도 없이 차를 세우고는 얼른 해결하고 오란다. 그러면서 촐랑촐랑 내 뒤를 따라온다.

"네가 없어지면 내가 곤란해. 근처에서 경계를 서 줄게."

'아이고, 도망갈 일 따위 절대 없습니다.' 경계인지 감시인지 모를 지경이었다. 급한 마당에 뭐가 문제리오.

나는 버스에서 내려 손톱만큼도 인공적인 요소가 없는 자연 화장실에서 극한의 행복을 맛보았다. 고맙게도 버스는 1차선 오르막길에 멈춰 볼일이 끝날 때까지 기다려 준다. 그 뒤로 7, 8대 정도 되어 보이는 차들이 꼬리를 물며 정차해 있는데 다행히 경적을 울리지도 않고 잠자코 기다려준다. 아마 버스가 퍼진 걸로 생각하는 듯 했다.

깨끗한 카라코람 산맥의 공기가 장 운동을 원활히 촉진시킨다. 덕분에 별 문제없이 깔끔히 볼일을 마친다. 그리고 버스는 다시 훈자 마을을 향해 순조롭게 출발한다.

그러나 1시간도 안 돼 또 다른 사건이 발생했다. 버스의 히터 때문에 실내 공기가 매우 건조해서 콧속엔 완연히 무르익는 고체 형태의 코딱지들이 포도송이 마냥 송골송골 매달려 있었다. 새끼손가락을 콧속에 넣어 굴삭기를 작동하듯 열심히 퍼내려가고 있는데, 갑자기 버스가 크게 덜컹거린다. 하필 콧속에 손가락을 넣었을 때 덜컹거리는 바람에 손가락이 코 안쪽을 깊게 찔렀다. 시뻘건 코피가 줄줄 흘러나온다. 한 손으로 떨어지는 피를 받으면서 다시금 대기 운전사의 등을 두드린다.

"기사 아저씨… 저 휴지 좀….”

아까는 새파랗게 사색이 되어서 찾아오더니 이번엔 오른쪽 콧구멍에서 잔뜩 피를 흘리며 찾아온 낯선 동양인을 보며 그는 소스라치게 놀란다. 버스는 다시 급정거를 한다. 코피를 흘리는 나를 보고 사람들은 뇌출혈이라도 온 줄 알았나 보다.

대기기사가 급히 나를 눕히더니 응급 구조 활동을 한다. 그 와중에 기사 아저씨가 메고 있는 총구가 자꾸 내 얼굴로 흘러내려 그걸 피하느라 고개를 좌우로 돌렸더니 코피가 사방팔방 얼굴 위로 흩뿌려지고, 눈과 귀와 입으로 빨간 액체가 흘러든다.

"오 마이 갓!"

버스에 타고 있던 파키스탄 사람들이 앞을 다투어 누워 있는 나를 구경하는데, 표정을 보니 죽음의 현장이라도 목격하고 있는 것처럼 애처로운 눈빛이다. 아이고, 이게 무슨 망신이람.

어느 정도 지혈이 끝나자 맨 앞에 앉아계시던 히잡을 쓴 연세 지긋하신

할머니가 자리를 양보해 준다. 버스에서 가장 상석이자 편안한 자리로 주로 노인이나 아기 엄마들이 타는 자리였다. 30살의 건장한 한국 청년이 파키스탄 할머니 자리를 빼앗아 버린 셈이다. 노인 공경을 최우선으로 아는 동방예의지국에 온 청년이 무슨 망신인가. 그저 수십 차례 괜찮다고 말해도 도무지 믿질 않는다. 졸지에 응급환자가 되어 버스에서 대자로 앉아 나름 편하게 갈 수 있었지만, 마음은 영 편치 못했다.

훈자마을은 생각했던 것 이상으로 아름다웠다. 마을 뒤편으로는 새하얀 설산이 솟아 있고, 앞으로는 만년설과 빙하가 녹아내린 투명하고 푸른 훈자강이 흐르고 있다. 그야말로 헐리우드 SF 판타지 영화의 한 장면과도 같다. 사람이 만들었다고 하기에는 너무나 거대하고, 자연이 만들었다고 하기엔 매우 정교하고 일정하게 깎인 협곡의 곡선미가 넋을 잃게 만든다. 환상적인 풍경에 이곳까지 달려온 고생길이 전혀 억울하지 않다.

훈자의 라이프스타일은 사랑과 평화 그 자체다. 오색 창연한 풍경 이상

으로 훈자주민들은 정겹고 친절하다. 오고가며 마주치는 마을 사람들 모두가 친구이자 형제 자매였다. 이들에게 이곳에 게스트로 방문한 이상 내가 어느 나라 사람인지 어떤 사상과 종교를 가지고 있는지는 전혀 중요한 요소가 아니었다.

길을 가다가 레스토랑 주인과 눈이라도 마주치면 어느새 내 앞에는 주문하지도 않은 디저트와 차가 놓여 있다. 고마움에 팁이라도 주려고 하면 한사코 받지 않는다.

"맛있게 먹고 이곳에 최대한 오래 머물다 가. 음식 안 시켜도 되니까 오고 싶을 땐 얼마든지 와서 쉬어. 우리 레스토랑은 전경이 끝내주거든!"

손님을 호객해놓고는, 공짜로 차를 대접하는 레스토랑이 이 세상에 어디 있을까? 일반 가정집이라면 몰라도 엄연히 장사를 하는 레스토랑인데 말이다.

호객행위가 돈을 벌기 위해 하는 거라면 훈자마을에서는 새로운 정의를 내려야 할 거 같다. 잡화점 주인과 눈이 마주치면 창고에서 팔지도 않는 값

비싼 문화재를 꺼내 보여준다. 마음껏 사진도 찍고 만져보라면서. 역시 고마운 마음에 엽서라도 하나 사려고 하면 하나는 그냥 선물로 줄 테니 가져가라고 한다.

"그럼 두 개 살게요."

그제야 상점 주인은 어쩔 수 없다는 듯 돈을 받는다. 참 내가 다 송구스러울 지경이다. 날 고객으로 보는 태도가 절대 아니다. 물건을 어떻게든 하나라도 더 팔려고 하는 게 아니라 공짜로 무언가를 더 해 주려고 한다. 어처구니없을 정도로 친절한 태도가 고도의 마케팅 전략은 아닌지 의심마저 생겨날 정도였다

훈자에서 주변 마을로 가기 위해 길을 나서면 자동차들이 브레이크를 밟고는 문을 열고 한마디 한다.

"같은 방향이면 데려다 줄게."

굳이 히치하이킹을 하기 위해 박스 종이에 검은 펜으로 목적지를 적을 필요가 없다. 동시에 두 대의 차가 히치하이킹을 제안한 적도 있다. 만에 하나 히치하이킹을 하려고 손을 흔들면 창문을 열고 목적지를 묻는 게 아니

라, 바로 차 문부터 열어준다. 목적지에 상관없이 일단 타라는 것이다.

'이들의 DNA 구조는 평범한 인간들과 다른 게 분명해.'

숨어 있는 명소를 찾아보려고 왔다가 묻혀 있던 선량한 인간성을 재발견한 느낌이다. 훈자마을에선 친절함을 베푸는 사람도 받는 사람도 가식이 없다. 너무나도 자연스럽다. 사소한 말 한마디를 해도, 악수 한 번을 건네도 진정성 있는 사랑을 느낄 수 있기 때문이다.

친절은 귀머거리가 들을 수 있고, 맹인이 볼 수 있는 언어라는 말이 생각난다. 이들의 사소한 호의 하나하나가 가슴속에서 공명하며 끊임없이 울린다.

훈자마을의 생활상도 흥미롭다. 이곳은 인터넷을 사용하기가 힘들다. 와이파이가 된다고 하더라도 평범한 한국인이라면 화병을 불러일으키는 속도다. 자의든 타의든 간에 모바일을 보는 시간이 줄어들 수밖에 없다. 고맙게도 이곳에는 훌륭한 대체재가 많다. 주변의 아름다운 풍경과 수많은 한국 여행자들이 두고 간 책들이다. 만년설산을 배경으로 차를 한 잔 마시며 자연스럽게 책을 읽게 되는 곳이다.

정전도 자주 된다. 하루의 절반 정도는 전기가 끊긴다. 특히 밤에 전기가

나가면 칠흑 같은 어둠의 세상이 펼쳐지는데, 정말 감동의 순간이다.

"와… 이런 아름다운 하늘이 있다니…."

어두컴컴한 호텔방을 벗어나 밖으로 나가보면 수억 개의 별이 밤하늘을 수놓고 있다. 주변에 아무런 불빛도 없는 터라 영롱한 별빛이 더욱 또렷해 보인다. 넋을 읽고 밤하늘을 보고 있노라면 마을에도 하나 둘 클래식한 촛불이 빛나기 시작하고, 어느새 하늘의 별과 마을의 촛불이 하나로 얽혀 물아일체의 판타지 세상을 연출해 낸다. 그저 넋을 놓고 바라보는 것만으로 행복해지는 마음을 주체할 수가 없다.

훈자마을의 마지막 날, 내가 머물던 호텔 '블루문'에서 작은 파티가 열렸다. 주인장 라미레즈, 그리고 그의 친구 5명이 옥상 캠프파이어에 날 초대했다. 훈자마을은 우리나라 시골마을처럼 인구구조가 호리병 꼴이다. 파키스탄에서도 워낙 오지마을인지라 젊은이들은 모두들 대도시인 라호르나 수도 이슬라마바드로 떠난다. 그래서 마을에는 내 또래의 젊은 애들은 드물고 노인이나 아이들밖에 없다. 오늘 파티를 하고 있는 젊은이들은 방학

을 맞아 오랜만에 고향에 모인 친구들이었다. 다들 이곳에서 태어나 자라났지만, 성인이 되면서 파키스탄 대도시로 나가 생활하는 친구들이다.

나뭇가지, 폐타이어, 종이 쪼가리와 같이 불에 탈만한 모든 것들을 캠프파이어 케이스에 넣고 불을 붙인다. 불과 몇 분 만에 불은 하늘을 찌를 듯 솟아올랐고 우리들의 파티는 시작되었다.

"화용, 너 춤 좋아해?"

"잘 추진 않지만 나름 즐겨."

"우리가 음악을 연주할 테니 춤 한번 출래?"

"좋지!"

물론 노래방 기기는 없다. 술도 없다. 우리에겐 두 개의 젬배와 7명의 건장한 남성의 목소리가 있을 뿐이다.

파키스탄 친구들은 신명나게 젬배를 두드리며 알아들을 수 없는 노래를 부른다. 무반주임에도 불구하고 목청이 터져라 열정적으로 부른다.

노래를 부르던 파키스탄 친구가 흥에 겨워 춤사위를 펼치기 시작한다.

그에 질세라 나도 댄스파티에 합류한다. 이미 캠프파이어의 분위기에 취해 한껏 몸이 달아올랐던 나다. 앉아 있던 친구들이 한두 명씩 일어나더니, 다 같이 파키스탄 전통 춤을 춘다. 화려한 스텝부터 가슴 흔들기까지, 고난이도 댄스 기술을 척척 선보인다. 다들 술 한 잔 안 마셨어도 이미 온몸에는 취기가 올라 있다. 밤 기온은 이미 영하로 떨어졌지만 후끈 달아오른 열기 덕에 포근하게만 느껴진다.

이번엔 내가 젬베를 두드려본다. 한 번도 만져본 적 없는 이 악기는 생소하지만 카라코람 산맥을 마이크 삼아 힘껏 두드려 댄다. 엉망진창 박자에, 둔탁한 소리지만 훈자의 자연은 이마저도 청아한 울림으로 바꾸어 놓는다.

하늘을 보니 선명한 보름달과 캠프파이어의 불꽃이 콤비네이션을 이루고, 덕택에 까만 밤에도 하얀 설산이 또렷하게 드러난다. 전두엽의 이성세포가 마비될 정도의 몽환적인 모습에 다들 춤을 추다 말고 멍하니 하늘을 바라본다. 반짝반짝 밤하늘을 비추는 별들이 마치 살아서 움직이는 듯하다. 그리고 그 별들이 우리 축제의 게스트로 초대되어 이 순간을 더욱 빛내주고 있다.

훈자마을 사람들에게 보내는 한 줄 편지

진지하게 한 가지만 질문해도 될까요? 훈자마을 사람들의 친절함은 어렸을 때부터 교육을 받은 건가요, 아니면 태생적으로 친절함을 지닌 채 태어나는 건가요? 정말 진심으로 궁금한 내용입니다.

인도 북부

엄마, 태어나서 처음으로 사기를 쳤어요

"또 꺼지네. 아, 정말 짜증나서 돌아버리겠구만."

환상적인 파키스탄 일정을 마치고 시크교도의 성지이자 황금사원으로 유명한 인도 암리차르에 도착한 참이었다.

도대체 몇 번째인지 모르겠다. 3주 전 인도 뭄바이에서 샀던 폰이 계속 말썽이다. 분명 파키스탄에서 심카드 없이 핸드폰을 사용했을 땐 문제가 없었다. 하지만 다시 인도로 돌아와 현지 심카드를 장착했더니 계속해서 전원이 꺼지는 현상이 발생한다. 답답한 마음에 암리차르 시내에 있는 모바일 가게에 수리를 맡겨 하드웨어를 점검해보기도 하고 소프트웨어를 새로 깔기도 했지만, 전원이 저절로 꺼지는 현상은 고쳐지지 않는다.

"이거 여기서는 고칠 수 없는 문제야. 암리차르 역 근처에 삼성전자 공식 서비스센터가 있으니 그곳으로 가봐."

모바일 수리센터 아저씨의 안내로 나는 바로 공식 삼성전자 서비스센터로 갔다. 자랑스러운 대한민국 기업이라 그런지 주변의 폐가와도 같은 건물들과는 달리 외관부터 말끔하다. 직원들의 친절도와 전문성도 우리나라 서비스센터에 결코 뒤지지 않았다. 삼성의 종주국 한국인이라는 프리미엄 때문인지, 푸근한 인상의 센터장님이 직접 응대해 주신다. 그리고 내 스마트 폰을 이리저리 살펴본 후 길게 한숨을 쉬며 말한다.

"4G 신호를 잡지 못하는 거 같아. 이걸 고치려면 메인보드 전체를 갈아야 해."

"그럴 리가! 내가 점검했을 때는 이상 없었던 말이야."

"원래부터 고장이 났던 폰이었어. 이상이 없는 것처럼 속여서 네게 판 거야."

"지금 농담하는 거 아냐? 내가 이거 사려고 얼마나 고생했는데…."

뭄바이에서 아쉬쉬와 하루 종일 돌아다니며 구매한 중고 폰이 불량품 판정을 받다니. 아아… 도대체 여행을 하는 동안 도대체 몇 번의 악운이 나를 기다리고 있단 말인가!

'신이시여, 정녕 이런 법이 있사옵니까?'

세계여행이란 바탕화면에 불운의 아이콘이 있다면 그건 나였음이 분명했다. 가슴 끝에서부터 다시 깊은 '빡침'의 기운이 올라온다. 스마트 폰을 잃어버린 것도 모자라 고생고생 하며 새로 샀던 중고 폰이 불량이라니. 이건 폰을 잃어버린 것보다 더 인정하기 싫은 나의 뼈아픈 과오였다. 메인보드를 교체하는 데 얼마인지 묻자, 센터장은 고개를 절레절레 흔들며 15,000루피라는 충격적인 금액을 부른다.

15,000루피면 우리나라 돈으로 25만 원이 넘는 돈이다. 당시 인도 중고 사이트에서 노트4 시세가 12000~14,000루피였는데 그 노트4의 부품가격이 15,000루피라니 말도 안 된다. 기가 막히고 코가 막힌다. 하지만 어쩌랴, 뭐가 되었건 간에 핸드폰 없이는 여행이 불가능했고, 25만 원을 주고 메인보드를 교체하거나 새로운 핸드폰을 다시 구매해야 했다.

"인도에선 절대 중고 모바일 사지 마. 너 같은 외국인이라면 상인들이 득달 같이 달려들어 사기부터 치려고 할 거야."

좌절하는 나를 보며 센터장이 얘기한다.

"아니, 그래도 내가 샀을 때는 진짜 멀쩡했단 말이야."

"그게 그 놈들 수법이야. 멀쩡해 보이는 제품도 일주일이면 마법같이 고장 나게 만들어."

인도가 IT 선진국이라더니 그건 다 헛소리에 불과했다. 진짜 이놈의 나라에 정나미가 뚝뚝 떨어진다. 당장이라도 뭄바이 중고가게로 돌아가 판매자의 얼굴에 펀치를 갈기고 싶었다.

끊임없이 욕을 해대며 호스텔에 돌아왔더니 하필이면 숙소 와이파이도 먹통이다. 어쩔 수 없이 호스텔 주인 샌디에게 잠시 모바일을 빌려 뭄바이로 가는 기차 시간을 확인한다. 당장 뭄바이로 달려가 나를 호구로 본 중고가게를 한바탕 뒤집어 놓을 생각이었다.

하지만 운명의 장난이 이런 걸까? 주인장 샌디가 내 고장 난 핸드폰에 관심을 가지기 시작한다. 그리곤 너무나도 완벽한 타이밍에 내게 묻는다.

"헤이 맨, 이 스마트 폰 나한테 팔래?"

"이거 고장 난 핸드폰이야. 4G를 인식하지 못해."

"난 포켓 와이파이가 있어서 4G가 안 돼도 상관없어."

"오, 정말? 얼마에 사려고?"

"4,000루피에 살게."

샌디의 제안이 솔깃했지만 가격 차이가 너무 심했다. 나는 이 중고 폰을 12,000루피(21만 원)에 구매했다. 8,000루피(15만 원) 차이는 내가 너무 손해를 보는 장사였다. 차라리 시간을 버리더라도 뭄바이까지 가서 환불하는 게 더 나았다.

"미안해, 4,000루피에는 안 팔 거야. 그리고 나 지금 기차역 갈 거야."

"지금 이 시간에 기차 타고 어디를 가려고?"

"뭄바이에 갈 거야, 가서 핸드폰 환불하려고."

"헤이 맨! 알 유 크레이지? 암리차르에서 뭄바이까지 얼마나 먼데. 교통비도 2,000루피 이상이야. 그리고 널 속인 놈들이 고장 난 핸드폰을 환불해 줄 거 같아? 네 탓을 하면서 절대 안 해 줄 거야. 여기는 인도라고. This is india!"

"거기에 현지 친구가 있어. 그 친구가 이미 중고가게에 가봤는데 환불해 주겠다고 얘기했대."

샌디의 만류에도 나는 지금 당장 뭄바이로 떠나겠다고 막무가내로 고집을 피웠다. 그도 몇 차례 설득하다가 포기했는지 고개를 절레절레 흔들더니, 일단 자기도 기차역에 가볼 일이 있다면서 오토바이로 날 데려다 준다고 한다.

샌디와 나는 나란히 오토바이에 앉은 후 역으로 출발했다. 이때부터 그와 나는 중고 모바일을 두고 치열한 줄다리기를 하게 된다.

"화용, 6,000루피에 파는 건 어때?"

"노트4 시세가 12,000~14,000루피야, 4G를 인식하지 못한다 해도 6,000루피는 말도 안 돼."

"7,000루피!"

샌디가 7,000루피를 제안하자 약간 마음이 흔들린다. 나는 8,000루피를 제안했고 샌디는 다시 7,500루피를 부른다. 역으로 향하던 오토바이는 그 자리서 브레이크를 밟았다. 협상이 성사된 것이다.

사실 중고가게에 가더라도 샌디 말대로 전액 환불을 기대하기는 힘든 상황이었다. 또 암리차르에서 뭄바이까지 가는 시간이랑 교통비가 만만치 않은 것도 분명했다. 약간 손해를 보더라도 이곳에서 처분하는 게 훨씬 나은 선택이었다. 오히려 고장 난 모바일을 선뜻 사 주겠다는 샌디의 제안이 고마울 따름이었다. 하지만 샌디도 나름 머리를 굴렸는지, 내 핸드폰을 하루만 사용해보고 최종적으로 구매를 결정하겠다고 한다.

"내일까지 테스트 할 거면 난 너희 호스텔에 1박을 더 머물러야 하잖아.

너 때문에 하루 더 지내는 거니까 1박 가격, 200루피는 무료로 해 줘."

샌디는 1박을 무료로 해 줄 테니 핸드폰을 200루피 깎아서, 7,300루피에 팔라고 한다. 이게 말이야 막걸리야. 그 말은 결국 돈 다 내고 1박을 하라는 말과 다름없었다. 그의 말장난이 괘씸해 나는 강하게 나갔다.

"샌디, 나 그냥 안 팔래. 기차역에 내려줘."

"헤이 맨. You win. 네가 이겼어, 이겼다고. 대신에 너 때문에 기차역 왔다 갔다 했으니까 교통비 100루피는 내놔."

숙박비 딜에 실패하자 샌디가 이번엔 오토바이 픽업비 100루피를 요구한다. 애초에 공짜로 픽업을 해 주겠다고 해놓고선 갑자기 말이 바뀐다. 하지만 샌디 말대로 내가 결정을 여러 번 번복한 탓에 이래저래 돌아다니긴 했다.

"좋아 오토바이 픽업해 준 값으로 100루피 줄게. 확실히 하자. 중고 폰 가격 7,500루피. 숙박비 무료. 픽업 비 100루피. 오케이?"

우리는 협상을 마무리 했다. 샌디는 다음날까지 내 핸드폰을 테스트 해보고 4G 인식불가 외에 다른 문제가 없으면 폰을 사겠다고 약속했다. "네가 부품을 **빼돌리면** 어떻게 해?"라고 내가 물으니 자기 핸드폰을 내게 던져주며 한마디 한다.

"내일까지 내꺼 써. 이러면 믿을 수 있겠지?"

공짜로 준다고 해도 안 가질 구형 모델이지만 일단 담보용으로 샌디의 모바일을 잡아둔다. 그만큼 나는 인도인에 대한 신뢰가 멘틀을 뚫고 내핵까지 내려간 상태였다.

다음날 아침 샌디가 대뜸 폰을 사지 않겠다고 한다.

"왜? 갑자기 그러는 게 어딨어?"

"이거 완전 불량품이야. 통화 도중에 전원이 저절로 꺼진다고."

실은 나도 여러 번 같은 증상을 겪은 적이 있었지만 대수롭지 않게 넘어갔었다. 한국 - 인도 간 국제통화라 신호가 약해서 그런 줄만 알았다. 4G 인식불가 이외에 다른 문제를 그에게 미처 말하지 못한 내 책임이 컸다.

"그래도 사기로 해놓고 갑자기 번복하는 게 어딨어. 통화가 잘 될 때도 많아."

"이걸 어떻게 사용해, 난 도저히 못 사."

샌디가 갑자기 중고 폰을 안 사겠다고 하니 짜증이 밀려오며 이 쓰레기를 어떻게 처분해야 할지 막막해진다. 그동안 이 망할 인도에서 모바일을 도난당하고, 불량 폰 사기를 당한 과정들이 주마등처럼 스쳐지나간다. 더구나 되팔려던 계획까지 수포로 돌아가니 울화통이 겹칠 대로 겹친다.

샌디에게 핸드폰을 건네받아 전원을 켜보니 초기화를 시켜 놓은 상태였다. 그는 모바일 상태를 확인하기 위해서 어쩔 수 없이 초기화를 진행할 수밖에 없었다는 변명을 늘어놓는다. 나는 이때다 싶어 비열한 트집을 잡기 시작한다.

"야, 네 맘대로 포맷하면 어떻게? 네가 포맷하는 바람에 사진 다 날아갔잖아."

사실 핸드폰으로 찍은 사진은 전부 노트북에 옮겨놓은 상태였지만 거래를 취소해버린 샌디가 얄미워 말도 안 되는 생트집을 잡은 것이다. 나는 이미 이성을 잃은 상태였다. 목에 걸고 있던 목도리를 땅에 집어 던지며 샌디를 향해 거친 말을 퍼부었다. 백화점 진상손님 저리 가라 할 정도로 역겨운 모습이었을 거다. 호스텔의 다른 손님들과 직원들이 흉한 배설물 보듯 날 쳐다본다. 미친놈 마냥 흥분하는 나를 보며 샌디는 당황해서 어쩔 줄 몰라한다. 내가 쉬이 진정되지 못하자 그는 나에게 어떻게 해 주길 원하느냐고 되물었다.

"이 중고 폰 사. 내가 7,000루피까지 깎아 줄게."

나는 되지도 않는 억지를 부리며 거의 강매 수준으로 그에게 책임을 떠넘긴다. 샌디는 당연히 살 수 없다고 한다. 하긴 누가 이 고장 난 쓰레기 중고 폰을 사겠으리오. 공짜로 준다고 해도 가질 사람 아무도 없을 텐데 말이다. 옥신각신 몇 십 분 동안 각을 세우다가 샌디가 솔깃한 제안을 한다.

"내가 이 고장 난 모바일을 대신 팔아 줄 테니까, 수수료를 줄래?"

"얼마나?"

"네가 원하는 건 7,000루피지? 내가 책임지고 네게 7,000루피를 줄 테니까 그 이상의 차액은 내가 다 가질게. 암리차르 역 근처에 중고 전자상가가 있어. 이 폰은 겉으로는 멀쩡하니까 속여서 팔기 쉬울 거야."

"만에 하나 못 팔면?"

"그 이상은 나도 어쩔 수가 없어. 대신 내가 물건을 못 팔아도 더 이상 날 탓하지 마. 불량 모바일이라 나도 장담 못하니까."

쉽게 말해 샌디는 중고가게를 상대로 사기를 치자는 얘기였다. 3주 전 내가 뭄바이에서 사기를 당한 것처럼 말이다. 나의 도덕성은 이미 바닥을 기고 있었다. 한 치의 망설임도 없이 그의 검은 제안을 받아들였고, 우리는 곧장 오토바이를 타고 중고 전자상가로 출발했다.

뒷좌석에 앉아 중고상가로 가면서 내 모습을 보니 너무도 초라해 보인다. 부푼 꿈을 안고 당차게 세계일주를 꿈꿔왔건만 지금 이게 뭔 꼴이람. 이 역만리 멀리 떨어진 인도대륙에서 물건은 도난당하고, 폰은 사기당하고, 그것도 모자라 이번엔 인도인을 상대로 사기를 치러 가는 중이다. 진짜 스스로가 한심해서 미칠 지경이다.

문득 마음 약해진 내가 샌디에게 한 가지 제안을 한다.

"샌디, 이거 그냥 고장 난 거 밝히면 얼마에 팔 수 있을까?"

"3000루피도 안 될 걸? 왜? 그렇게 팔고 싶어?"

"3000루피… 아, 아니."

"양심에 찔려서 그래?"

샌디가 관심법을 썼는지 내 마음을 단번에 읽어낸다.

"아, 으응…."

"걱정 마, 우리가 사기를 쳐도 그 상인은 다른 사람에게 다시 사기를 칠 거야. 다시 한 번 말하지만 이곳은 인도야. 디스 이즈 인디아!"

내 딴에는 일말의 가증스런 도덕심이 남아 있다고 한번 찔러봤지만 3000루피라는 초라한 액수를 듣고는 금세 물러난다. 그 와중에 최소한 양심이 있는 척이라도 하고 싶었나보다.

샌디 이놈은 정말 영리한 놈이다. 아니 영악하고 잔머리가 좋은 놈이다. 중고 전자상가에 가면 어떻게 해야 하는지 나에게 가이드라인을 쭉 설명해준다. 나는 변호사 앞에 앉은 의뢰인 마냥 그의 조언을 새겨듣는다.

"모든 말은 내가 할 테니까, 너는 그냥 옆에 있기만 해. 판매상이 물어봐도 그냥 대답하지 마."

바로 모바일 사기 치기 프로젝트가 실행되었다. 사기의 무대는 역 앞의 전자상가 단지, 대상은 순진하게 생긴 상인이었다. 중고가게 대 여섯 곳을 돌아다니며 물건을 팔아 줄 만한 상인 하나를 정확히 지목하고는 집중공략한다. 힌디어로 얘기하는 터라 통 알아들을 순 없었지만 상인은 샌디의 말에 연신 고개를 끄덕이고 있다. 뭔가 (사기 치는 게) 성공할 것만 같은 느낌이다. 그는 내 옆구리를 콕콕 찌르더니 밖으로 나가자고 한다.

"화용, 저 상인이 테스트를 해본 후에 하자가 없으면 구매할 거야. 만약 불량임이 들통나도 내가 잘 해결해볼게. 밖에서 조금만 기다려 줘."

썩 믿음은 가지 않았지만 힌디어를 못하는 내가 있어봤자 도움이 될 게 하나도 없었다. 게다가 불안한 표정 때문인지 상인이 의심의 눈초리로 날 쳐다보는 게 느껴진 터였다. 그의 말을 따라 나는 오토바이 주차장에서 기

다리는 수밖에 없었다. 혹시나 샌디가 모바일을 들고 도망갈까봐 오토바이 키를 볼모로 받아 둔 상태였다. 10분 정도 흘렀을까. 저 멀리서 샌디가 전자 상가 출구로 나오는 모습이 보인다. 그리고 당당한 걸음으로 내게 다가오더니 오른쪽 주머니에서 두툼한 돈뭉치를 꺼내 건네준다.

"화용, 100루피짜리 70장이야. 확인해봐."

세어보니 정말로 7000루피가 맞다. 모바일을 중고상에게 팔아넘긴 것이다. 아니 정확하게 말하면 사기를 치는 데 성공한 것이다. 자초지종을 물어보니 처음 지목한 그 상인에게 팔았다고 한다. 과정이야 어찌 됐건, 그의 현란한 사기 스킬에 존경심마저 들 정도다. 너무도 고마운 나머지 그를 와락 껴안는다. 아침에만 해도 세상에 둘도 없는 원수지간이었지만 어느새 비즈니스 파트너를 넘어 베스트 프렌드가 된 듯한 느낌이다.

"샌디, 얼마에 팔았어?"

이미 7,000루피를 받았어도, 최종 거래금액이 궁금했다.

"네가 원한 건 7,000루피야. 내가 얼마에 팔았는지, 수수료를 얼마나 챙겼는지, 궁금해 할 필요 없잖아?"

이 친구, 아니 이분은 진정한 고수, 뼛속까지 비즈니스맨이다. 서로 원하는 걸 얻었으니 더 이상 알려고 하지도, 궁금해 하지도 말자는 거였다. 내심 궁금했지만 일단 내가 원했던 소기의 목적을 이루었기에 더 이상 꼬치꼬치 물어보진 않았다

어쨌든 커다란 혹 덩어리 하나가 빠졌다. 내가 이 쓰레기 중고 모바일 때문에 얼마나 고통을 받았던가! 도난당한 핸드폰을 다시 찾는다 해도 지금처럼 기쁘지는 않으리라. 잔뜩 업 된 기분 탓에 에너지가 재충전되는 느낌이다. 더럽고 무질서한 인도가 다시금 좋아지기 시작했고, 입만 열면 구라를 치는 인도인들이 친근하게 느껴진다.

아침에 샌디에게 보여 준 매너 없는 행동을 정중하게 사과하니 웃으면서 괜찮다고 한다. 욱하는 성질을 못 참고 그에게 거친 말을 수십 번 내뱉었지만 샌디는 표정 한번 찡그리지 않고 다 받아줬었다. 그런 그가 날 위해서 중고 폰을 팔아주는 것도 모자라 지금은 관용의 태도를 보여주고 있는 것이다.

가장 고귀한 복수는 관용이라고 했던가. 너그러운 샌디의 모습에 비해 내 모습이 너무 부끄러웠고 그에게 한없이 미안하다. 만약 반대상황이었다면 난 샌디처럼 차분하게 상대방을 달래고 도움의 손길을 제안했을까?

분명 한 마리 싸움닭이
되어 손님이고 뭐고 간
에 한바탕 뒤엎어 버렸
을 것이다.

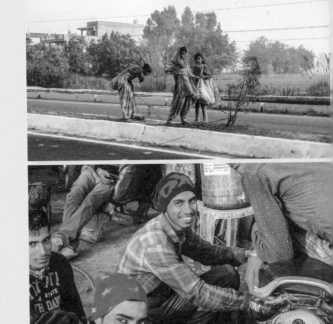

"샌디… 정말 고마워."

"남은 인도여행 잘 하
고, 누누이 말했지만 인
도에선 아무도 믿지 마."

말없이 서서 뒤돌아가
는 샌디의 마지막 모습
을 바라본다. 오토바이
를 타고 돌아가는 그의
뒷모습이 거대한 산처럼 느껴진다. 그렇게 또 하나의 은인이 내 가슴 속에
영원히 새겨지게 된다.

마냥 좋아하기엔 이르다. 나는 당장 새로운 모바일을 구해야 했다. 이번
에도 같은 기종의 '중고 폰'을 사기로 결정했다. 개 버릇 남 못 준다고, 한 번
호되게 당했어도 도저히 60~70만 원을 주고 신상품을 살 엄두가 나지 않
았기 때문이다. 다만 지난 흑역사를 잊지 않고 중고가게에서 물건을 구매하
는 대신 개인끼리 거래하기로 마음먹었다.

인도 중고 거래사이트를 열심히 탐색한 끝에, 암리차르에서 노트4를 판
매한다고 올린 글을 확인했다. 판매자에게 메시지를 보내니 아직 물건이 안
팔렸다고 한다. 나는 거래를 하기 전에 그에게 범죄자 취조하듯 꼬치꼬치
캐묻는다.

1. 하자는 없는지? 2. 왜 파는지? 3. 직업은 무엇인지? 모든 인적사항을

빠짐없이 물었다. 그리고 나는 삼성 모바일의 종주국인 '한국인'임을 강조했다. 혹시라도 고장 난 폰으로 사기를 쳐봤자 소용없으니 혹여나 그런 의도가 있으면 알아서 포기하라는 의미였다.

판매자의 직업은 학생이었다. 전공을 물어보니 수의대 학생이란다. 의대생이라는 말을 들으니 마음이 놓였다. 직업에 귀천은 없다지만 생명을 다루는 하이클래스 인지도인 직업을 가지고 고작 모바일로 사기를 칠 것 같진 않았기 때문이다. 참 이러면 안 되지만, 직업으로 저급한 판단을 내리는 내 자신이 속물처럼 느껴진다.

우리는 암리차르 기차역에서 거래를 하자고 약속했고, 무사히 오후 6시에 역 앞에서 만났다. 그의 차림새를 대충 훑어보니 번듯하고 깔끔해 보였다. 판매자 말고도 2명의 친구가 함께 왔는데, 열심히 공부하는 학생들인지 손에는 두꺼운 교재를 들고 있었다. 곁눈질로 그들이 가지고 있는 전공 책을 보니 'medical'이라는 영어단어가 보인다. 이 친구 말대로 의학을 공부하는 학생임이 틀림없었다.

간단한 인사를 나누고 대뜸 그들에게 공격적으로 말한다.

"이미 말했지만, 나는 삼성 모바일에서 일한 적 있고, 지금 내 친구들도 전부 같은 곳에서 일하고 있어. 행여나 고장 난 폰을 속여서 파는 건 아니겠지?"

물론 삼성 모바일에서 일했다는 건 새빨간 거짓말이다.

"이봐, 아무 문제없어. 문제가 있으면 언제라도 환불해 줄게."

"그럼 이 종이에 싸인 하고 연락처랑 페이스북 아이디 남겨줘. 너 혼자만 하지 말고 너희들도 다 같이 싸인 해. 너희들은 이 거래의 증인이야."

이 친구들이 나를 보며 뭐라고 생각했을지 참 궁금하다. 아마 웬 정신 나간 한국인 구매자라고 생각했을 게 확실하다. 나는 이미 인도인과 중고 모바일에 대한 노이로제가 뼛속까지 박혀 있는 터였다. 이렇게라도 하지 않으면 속이 시원하지 않을 것만 같았다. 판매자와 그의 친구들은 종이에 전부 사인을 하고 페이스북, 전화번호를 남겼다. 나는 그걸 용의자 머그샷을 찍듯 그들의 얼굴과 함께 인증샷을 찍었다. 나의 기괴한 행동에 이 친구들은 그저 황당한 얼굴로 웃고 있을 뿐이다. 충분히 기분 나빠할 법도 한데 그래도 끝까지 웃으며 대해 주는 모습이 썩 맘에 들었다.

그들의 밝고 긍정적인 태도 덕분일까? 다행히 새 중고 모바일은 아무 문제없이 잘 작동되었다. 근 한 달 동안 내 속을 썩였던 모바일 포비아에서 드디어 탈출할 수 있게 된 것이다.

나는 가벼운 발걸음으로 다음 행선지인 라자스탄으로 가는 기차에 탑승했다. 멀쩡해진 스마트 폰처럼 내 세계여행도 다시 온전히 나아가리라!

샌디에게 보내는 한 줄 편지

전직 영업사원으로서 한 마디 하자면, 넌 내가 만나본 최고의 협상가였어. 암리차르에 5성급 호텔을 짓는 게 목표라고 했지? 다른 사람이라면 몰라도 너라면 반드시 가능할 거야. 내가 보증할 수 있어.

자이푸르에서 이루어진 한일동맹

　인도는 땅 덩어리가 넓은 만큼 전역에 볼거리가 퍼져 있지만 그 중에서도 서북부에 위치한 라자스탄 주는 가장 볼거리가 많은 지역이다. 화려했던 무굴제국 시대의 문화유산들이 많이 남아 있기 때문이다.

　아름다운 호수, 사막, 고성도 이 지역에 가장 많이 산재해 있다. 특히 영화「김종욱 찾기」로 유명한 블루시티 '조드푸르'나, 인도에서 가장 아름다운 사막을 볼 수 있는 '자이살메르'는 한국인을 대상으로 하는 숙소와 투어사가 많아 어려움 없이 여행할 수 있다.

　암리차르에서 무사히 새 중고 모바일을 구매한 나는 라자스탄의 주도인 자이푸르로 왔다. 핑크시티라는 별칭에 맞게 구시가지 전체가 짙은 자줏빛 건물이었다.

　여느 때처럼 예약한 호스텔에 찾아갔는데 리셉션에 직원이 보이지 않는다. 가방을 한쪽에 내려놓고 호스텔 로비에 앉아서 기다리다가 때마침 거기에서 쉬고 있는 동양인 친구가 보여 반갑게 인사를 건넸다.

　그의 이름은 카미, 일본인 친구다. 인도에서만 3개월째 돌고 있는 세계여행자였다. 특이한 점은 길거리 마술을 통해 수입을 올리고 그 돈으로 여

행한다는 것이었다. 같은 동양인인데다 또 세계여행을 하고 있다는 공통분모 때문인지 우리는 만나자마자 금세 친해질 수 있었다.

그는 전 세계를 돌아다니며 자신의 마술을 보여주고 싶다는 꿈을 가지고 있었다.

"화용 상, 너는 왜 세계일주를 하니?"

"아, 난 역사를 좋아하거든. 전 세계에 있는 유적지를 내 눈으로 직접 보고 싶었어."

이렇게 시작된 역사 얘기는 자연스럽게 한-일 양국의 역사 얘기로 흘러갔다. 나는 평소에도 일본 친구들과 역사 얘기를 자주 하는 편이다. 특히 대담하게 일제강점기 시대와 제2차 세계대전을 주제로 얘기하는 걸 즐긴다. 암묵적으로 금기시 되는 주제일수록 더 허심탄회 하게 논의해야 한다는 게 내가 가지고 있는 생각이었다. 이날의 주제도 역시 양국의 근현대사였고 내가 먼저 대화의 포문을 열기 시작했다.

나는 일본근대사 인물인 사카모토 료마에 대해 먼저 이야기를 꺼냈다. 나는 료마가 이룩한 일본 근대화의 포문, 일본이 나아갈 방향을 제시한 점에 대해 칭찬했다. 사실 료마는 한국인의 입장에서 그나마 거부감 없이 이야기를 나눌 수 있는 일본인의 좋은 예이기도 하다.

카미는 매우 놀란 표정을 짓는다. 내가 료마에 대해 알고 있고, 또 일본

근대 지식인을 칭찬하리라고는 생각지도 못했던 것 같다. 그것도 항상 역사 문제로 티격태격 하는 한국인으로부터.

"메이지유신까지 이어지는 일본의 근대사는 긍정적으로 생각하지만 그 이후 일본이 했던 짓은 좋아하지 않아. 좋아 할 수도 없어."

이번엔 분위기를 바꿔서 일본이 한국을 침략해 강점한 사실을 간접적으로 비판한다. 사실상 내가 가장 하고 싶은 말이기도 하다. 시비를 거는 것 같은 느낌을 주지 않기 위해 칭찬으로 대화를 부드럽게 시작한 다음 본론을 말한 것이었다.

"응, 그래서 우린 최후에 두 방을 얻어맞았지."

이 친구도 보통내기는 아니다. 내가 한국인임을 감안해 우회적으로 답변한 것 같다. 진심인지, 다테마에(본심을 숨기는 마음)인지 분별해내기가 어렵다.

"일본 사람들은 이토 히로부미 좋아해?"

"아… 으응, 그런데 료마나 후쿠자와 유키치 만큼은 아니야."

"도요토미 히데요시는?"

"글쎄, 다른 일본 사람들은 어떨지 몰라도 나는 도요토미보다 오다 노부나가를 더 좋아해."

"아, 그래? 일본에서만 성공했으면 어쩌면 나도 좋게 생각할 수도 있었을 거야. 둘 다 바닥에서 최고 위치까지 올라간 사람들이니까."

민감한 뇌관을 사이에 두고 우리는 조심조심 한일간의 역사에 대해 계속 얘기를 나눈다. 내가 살짝 공격적인 태도를 보이기는 했지만 카미는 센스 있게 잘 호응해 준다. 예의도 바르고 남을 배려하며 말하는 게 느껴지는 친구였다.

그때 갑자기 시끌시끌한 소리가 들려오더니 한 무리가 들어온다. 호스텔 주인장과 직원, 그리고 그리스에서 왔다는 여행객이었다. 서로 반갑게 인사하고 호스텔 라운지에 앉아서 다 같이 대화를 꾸려 나간다. 그리스인은 40살 정도로 보이는 친구였는데 육중한 몸매에 인도 전통복장을 입고 있었다. 그 모습이 꼭 고대 아테네 원로원 의원의 모습을 연상케 한다.

그가 나를 보더니 국적을 묻는다.

"나, 한국인이야."

"아… 한국? 반절은 중국이고, 반절은 일본인 그 나라?"

"뭐… 뭐라고?"

순간 내 귀를 의심했다. 이 그리스 놈이 미친 건가? 개똥같은 망언이다. 말투에서 빈정거리는 뉘앙스가 느껴졌다.

옆에 있던 카미도 그리스 놈의 말에 놀랐는지 입도 다물지 못하고 내 눈치를 살폈다. 하필 방금 전까지 일본인 친구랑 역사 얘기를 하고 있던 터라 더 짜증이 났다. 정색하는 내 표정을 보더니 그리스 놈이 다시 주둥이를 열어 재낀다.

"아, 장난이야, 장난. 심각해 하지 마."

그래 놓고는 혼자 박장대소를 터뜨린다. 호스텔 주인과 직원은 그놈 분위기에 따라 같이 웃는다. 쌍욕을 하고 싶었지만 웃는 분위기라서 그럴 수가 없다. 어쩔 수 없이 속으로 부글부글 끓어오르는 화를 겨우겨우 참았다.

다음날 카미랑 자이푸르의 관광명소 암베르성을 둘러보고 숙소로 돌아

왔다. 어제 만났던 멤버들이 그대로 로비에 앉아 있다. 왕재수 그리스 놈도 같이 있었다. 우리는 다 같이 카미를 중심으로 빙 둘러앉았다. 카드 마술을 보여줄 셈이었다. 그의 마술은 심플하면서도 신기했고 우리 모두는 연신 감탄을 하며 카미의 마술에 빠져들었다. 분위기 좋게 즐기고 있는데 그리스 놈이 나를 툭툭 건드린다. 여태껏 통성명을 하지 않은 탓에 그리스 놈은 줄곧 내 이름 대신 "코리안"이란 호칭으로 나를 부르고 있었다.

"헤이, 차이니즈 맨!"

방금 전까지 코리안이라고 잘 불러놓고 이제 와서 또 중국인이라 부른다. 실실 웃는 표정을 보니 100프로 나를 도발하고 있는 게 분명했다.

"아, 넌 일본인이었지? 아아, 중국인이었나? 아, 맞다. 한국인! 반은 중국이고 반은 일본인인 나라."

'이쯤 되면 막 가자는 거지요?'

한판 싸우자는 거였다. 사람이 육감이라는 게 있지 않나. 이놈 표정과 건들거리는 말투를 보면, 한국이 일본이랑 중국과 사이가 안 좋다는 걸 뻔히 알고 있다. 그리고 그걸 이용해서 내게 모욕감을 주려는 거였다.

도대체 이놈은 왜 내게 시비를 거는 건지 모르겠다. 내가 이놈에게 매너 없는 언행이나 실수를 한 것도 아니다. 아무리 생각해봐도 이놈에게 이 따위 치욕적인 말을 들을 이유가 전혀 없었다.

바로 그때, 순간적으로 번뜩이는 멘트가 생각나 놈에게 한방 먹였다.

"아, 그리스? 거기 터키에 속한 나라 아냐? 넌 터키 사람이지?"

방금 전까지 실실 쪼개면서 날 바라보던 그리스 놈의 표정이 순식간에 달라졌다. 그리고는 날 죽일듯한 눈빛으로 째려본다. 살의가 느껴지는 눈이었다. 찰나의 순간이지만 침묵이 이어졌고 분위기는 급속도로 싸해졌다.

그때 마술을 선보이던 카미가 우리를 향해 한마디 한다.

"아, 장난이야, 장난. 심각해 하지 마."

그리고 나를 보며 의도적으로 박장대소를 터뜨린다. 호스텔 주인장과 직원도 카미를 따라 같이 웃는다. 나도 분위기에 맞춰 크게 웃는다. 오직 그리스 놈만 표정이 썩어 들어간 채 웃지 않고 있다. 역사적인 한일동맹의 순간이었다.

참고로 그리스와 터키는 한일 관계 이상으로 앙숙이다. 양국 간에 역사 문제, 영토 문제는 물론 종교 문제까지 겹겹이 걸려 있다. 특히 그리스는 터키에게 지배당했던 400년을 굴욕의 역사라 생각하고 있다. 그런 배경을 고려했을 때, 내 말은 그리스인에게 절대로 해서는 안 되는 금기어였다. 하지만 어쩌겠는가? 먼저 도발한 건 그리스 놈이었다. 그것도 두 번씩이나 한국인의 자존심을 짓밟았다. 한 번은 나의 관대한 아량으로(+분위기) 넘어갔지만 두 번은 결코 용서할 수 없지 않은가.

그리스 놈은 자리에서 벌떡 일어나더니 씩씩거리며 자기 방으로 들어간다. 2대0으로 질질 끌려가던 A매치 경기에서 3대2로 짜릿한 역전승을 일궈낸 기분이었다. 그렇게 상대방을 봐가면서 시비를 걸었어야지. 한국인이 그렇게 만만하게 보이더냐?

카미가 나를 보더니 엄지손가락으로 따봉을 만든다. 새삼 그의 환상적인 어시스트가 너무나도 고마웠다. 독일과의 경기에서 손흥민의 골을 도와준 주세종의 어시스트 못지않았다. 카미가 그때 어시스트를 해서 웃지 않았더라면, 난 정말로 덩치 큰 그리스 놈의 펀치에 턱이 돌아갔을지도 모른다.

그 이후로 그리스 놈은 단단히 삐져서 우리를 봐도 본체만체 했다. 나뿐만 아니라 숙소 직원들에게 까칠하게 대했는데, 아무래도 그때 다 같이 박장대소를 한 것에 대한 괘씸죄를 적용했나 보다. 덩치는 산만한 친구가 마음은 정말 벼룩의 간보다 작았다. 왜 내게 그런 비겁한 도발을 했는지 궁금하기는 했지만 막상 면전에 대고 물어보기는 좀 그랬다. 어제까지만 해도 다 같이 친하게 지내다 '왕따'를 자처하는 그를 보니 '내가 너무 심했나?' 하는 얄팍한 동정심이 생긴다.

어쨌거나 이 사건을 계기로 나랑 카미는 더 친해졌고, 자연스레 자이푸르에서 남은 일정을 함께 보내게 되었다. 우리는 비록 둘 다 성인 남자였지만 서로를 부르는 애칭이 있었다. 나는 그를 덴데(카미가 일본에서 신이라는 뜻인데, 유명한 만화 '드래곤볼'에 등장하는 신의 이름이 덴데다.)라고 부르고, 그는 내 이름에 용자가 있다는 이유로 욘사마로 불렀다.

나나 카미나 상대방을 띄워주는 면에서는 특히, 쿵짝이 잘 맞았다. 카미는 한국의 케이 팝, 스마트 폰의 위상에 대해 연신 칭찬 세례를 한다. 그러면서 한국의 전자회사가 일본의 파이를 전부 빼앗아 갔다며 푸념 섞인 소리도 한다. 카미는 세계일주를 떠나기 전에 일본의 작은 전자회사에서 일하면서 한국 회사들이 급속하게 세계시장을 석권하는 것을 질투 어린 시선으로 바라볼 수밖에 없었다고 한다. 이에 질세라, 나 역시 어렸을 때부터 일본 만화와 게임을 즐겼던 추억을 얘기해 주었다. 나와 같은 20, 30대들 중에서는 일본 만화영화를 보지 않은 한국인이 거의 없을 거라고 얘기하니 이번엔 카미가 으쓱한다.

"예전에 여행을 하던 도중에 가방을 통째로 도난당한 적이 있었는데, 그때 한국인 여행자가 적극 도와준 경험이 있어."

이미 나도 두 번이나 가방을 잃어버릴 뻔한 경험을 했던지라 남 일처럼 느껴지지 않았다.

"나니?(뭐?) 어디서? 가방은 찾았어?"

"태국에서… 가방은 결국 못 찾았지만 그 한국인 여행자가 밥도 사 주고 숙박비도 대신 내줘서 무사히 일본에 돌아갈 수 있었지."

그리곤 카미가 나중에 일본에서 돈을 갚기 위해 송금을 하려고 했는데 그 한국 여행자는 끝끝내 돈을 받지 않으셨다고 한다. 나 또한 카미처럼 드라마틱한 사건은 아닐지라도 여행을 하는 동안 일본인 여행객으로부터

크고 작은 도움을 받아본 적이 있다. 그들로부터 일회용 선크림과 우비를 선물로 받기도 하고, 숨겨진 알짜배기 숙소나 레스토랑을 추천받기도 하였다.

그래도 이웃 국가라고 해외에 나가면 제일 친숙하게 느껴지는 게 일본이나 중국 친구들이다. 무엇보다 일본 여행객이랑 호스텔을 함께 쓰면 여러 모로 편한 점이 많았다. 대부분 조용하고 깔끔하게 방을 사용하고, 물건을 도난당할 위험도 줄어들기 때문이다. 역사문제에 대한 갈등 때문에 싫어하는 대상일지라도 개인적으로 여행 도중엔 싫어할 이유를 딱히 찾기 힘들다. 이 친구들은 남에게 피해를 주는 걸 아주 큰 결례라고 생각하고, 문화유적지나 공공장소에선 늘 조용하고 매너 있게 행동하는 게 몸에 배어 있다는 느낌을 받곤 했다.

5주 전, 미얀마 호스텔 도미토리 룸에서 꽤 이른 저녁시간에 침대에 누워 있었는데, 내가 자고 있는 모습을 확인한 일본인 여행객 세 명은 즉시 대화를 멈추고 방의 전등을 꺼주었다. 그리곤 조용조용 밖으로 나가서 얘기를 나눴다. 사소한 일화지만 일찍 잠자리에 든 나를 배려하는 행동이었기에 굉장히 인상 깊었던 기억이다.

방구석에서 인터넷만 했을 때는 일본에 대한 부정적인 인식이 폭발했지만, 막상 여행을 하며 일본인들을 만나보니 이들에 대한 호감과 긍정적인 인식이 늘어만 간다. 문화나 인종에 따른 동질감이 느껴지고, 굳이 설명할 필요 없는 유사한 생활습관을 공유하고 있기 때문이다. 이는 동아시아 문화와 상이한 곳에서 더욱 빛을 발휘하는 장점이다. 넓게 해석하자면 멀리 떨어지고 나서야 가까이 있는 존재의 소중함을 알게 된다는 것과 같은 이치랄까?

온라인에선 다들 검투사로 빙의해서 키보드 버서커가 되는 양국 네티즌이지만 막상 제3국에선 둘도 없는 최고의 파트너가 되는 이런 아이러니가 씁쓸하게 다가온다. 일본인 여행객의 호의적인 면모를 보며, 미디어를 통해 주입된 일본의 허상과 실제 세상 속에서 마주치는 일본인 사이의 괴리가 점점 크게 느껴진다. 이 또한 세계여행이라는 선생님이 가져다주는 가르침이 아닐까 싶다.

카미에게 보내는 한 줄 편지

'90년대'가 그립다. 우리가 가진 공통된 생각이었지. 이마저도 우리가 이웃국가이기 때문에 가질 수 있는 공감대가 아닐까?

인도스러움이 인도의 매력 아닌가요?

이곳은 인도의 마지막 도시 아그라다. 인도의 상징이자 랜드마크인 타지마할이 있는 곳이다. 타지마할은 건축적인 아름다움뿐만 아니라 품고 있는 러브스토리로 인해 더 빛나는 문화유산이다. 사랑하는 아내의 죽음을 애도하기 위해 22년 동안 무덤을 만든 무굴제국 5대 황제 샤자한의 사랑이 서려 있는 곳. 수많은 사람들이 세상에서 가장 아름다운 건축물이라고 침이 마르도록 칭송하는 곳이 바로 이곳 타지마할이다.

직접 만난 타지마할은 사진으로 볼 때와는 비교도 되지 않을 정도로 아름답다. 순백의 대리석에 물결치는 꽃문양들, 완벽한 좌우대칭을 보니 벌어진 입이 다물어지지 않는다. 비싼 입장료 때문에 꿍했던 마음도 하얗게 빛나는 타지마할을 접하는 순간 눈 녹듯 용서된다. 웅장하면서도 섬세한 디자인도 기품이 있었지만 대리석 자체가 뿜어내는 아우라가 대단하다. 어느새 눈자위가 촉촉해지면서 나도 모르게 다음에 다시 오리라 다짐한다.

환상적인 타지마할에 비해 아그라는 형편없는 도시였다. 어딜 가나 사기치려는 놈들이 득실거린다.

아그라에 밤늦게 도착해서 영업 중인 레스토랑으로 가서 쌀쌀한 날씨에 감기기운이 느껴져 70루피짜리 따뜻한 국물요리를 주문했다. 다 먹고 계산하려는데 계산서에 100루피가 찍혀 있다. 그리고 그 옆에는 '택스 30루피'라고 손 글씨가 적혀 있다. 음식 값이 70루피인데 세금이 무려 30루피다. 이게 무슨 세금 인플레이션도 아니고, 이 세상에 음식 값의 40% 가까이를 세금으로 매기는 나라가 어디 있을까?

"이거 정말 세금 30루피가 맞아?"

계산원이 고개를 끄덕이며 맞다고 했지만 나는 이놈들이 사기 친다는 걸 눈치 채고 있었다. 주머니에서 카메라를 꺼내 사진을 찍겠다고 하니 갑자기 손으로 영수증을 가린다.

"내가 먹은 음식 값 영수증을 내가 찍겠다는 데 왜?"

내가 다시 영수증 사진을 찍으려고 하자, 이번엔 레스토랑 사장이 나타나 70루피만 내란다. 그러면서 30루피는 특별히 할인해 주겠다고 한다. 이 친구들이 사기 칠 각도가 안 나오니까 슬그머니 뒤꽁무니를 빼는 거였다. 사기를 치려면 제대로 치던가, 멍청하게 사기 쳐놓고는 표정을 보면 아주 뻔뻔하다.

"앞으로 사기 치지 마."

근엄한 판사님 말투로 한껏 호통을 치니 이놈들은 끝까지 세금이라며 발뺌한다. 더 이상 대꾸해봤자 나만 피곤해질 거 같아 황급히 가게를 나오는 것으로 일단락.

테이크아웃 술집 가게에서도 마찬가지였다. 위스키 한 병을 사는데, 가격표에는 분명 120루피라고 적혀 있음에도 가게 주인은 200루피를 달라고 한다.

"여기에는 120루피라고 적혀 있는데?"

나는 바로 옆에 가격표를 가리키며 반문한다.

"저건 옛날 가격표고 지금은 200루피야."

하지만 오래된 가격표라고 하기엔 바로 어제 뽑은 것처럼 깨끗하고 글씨도 또렷했다. 주변 인도인들에게 얼마냐고 물어보니, 답변을 피한다. 다들 주인장의 눈치를 보는 게 확실히 느껴진다. 그 누구도 시원하게 "이 위스키는 xxx루피야."라고 대답을 해 주지 않는다.

때마침 내가 묵고 있는 호스텔 주인이 술을 사러 가게에 왔다. 나는 이때다 싶어 숙소 주인장에게 재차 이 위스키가 얼마냐고 물었다. 그는 가격표를 손가락을 가리키며 당연하다는 듯 대답한다.

"여기 보드 판에 120루피라고 적혀 있잖아. 그거 사려고? 나도 이 위스키를 즐겨 마셔."

그 친구는 당연하다는 말투로 내게 위스키 가격을 알려준다. 바로 고개를 돌려 가게주인 아니, 사기꾼을 쳐다본다.

"야, 이 개새…."

욕이 끝나기도 전에 가게주인은 웃으면서 내게 잔돈 80루피를 건네준다. 마치 아무 일도 없다는 듯 당당한 표정이다. 사기를 치는 것도, 사기를 치다 걸리는 것에도 아무런 죄책감이 느껴지지 않는 얼굴이다.

"아니… 물어나 보자. 너는 들통 날 거짓말을 왜 하는 거야?"

"하하, 어차피 결국엔 120루피에 샀잖아. 노 프라블럼!"

"노 프라블럼은 이럴 때 같이 붙이는 게 아니라고!"

그냥 사기 쳐서 먹히면 좋고 걸리면 그만이라는 식의 안하무인이다. 뻔뻔하다 못해 몰염치하다. 이런 애들이랑 논쟁을 하면 뫼비우스의 띠처럼 종점 없는 난장판이 될게 확실하다. 어느새 점점 그냥 그러려니 해탈하게 된다. 인도 사람들이 왜 참선과 해탈을 하게 되는지 알 것만 같은 대목이다. 내가 원하지 않아도 이들이 저절로 해탈을 하게끔 만들어 준다.

또 하나 인도 사람들에게 길을 물어볼 때는 반드시 세 명 이상에게 물어봐야 한다.

"하이 프렌드, 아그라 역은 어떻게 가야 해?"

"오른쪽."

"왼쪽."

"직진."

셋의 대답이 다 다르다. 심지어는 기차역 앞에 있는 경찰 아저씨마저도 말이 전부 다르다. 나보고 도대체 어쩌라고요. 이 친구들에게 질문을 하면 절대 모른다는 말을 하지 않는다. 몰라도 일단 대답부터 하고 본다. 모른다고 하면 그게 자신들의 자존심에 상처를 입는 거라고 생각하는 모양이다. 당연히 제대로 알고 있는 사람 하나 말고는 맞을 리가 없다. 반드시 여러 명에게 답변을 얻은 후 빈도수가 높은 방향으로 가야만 했다.

실상 인도가 유독 심하기는 했지만 이 정도 바가지나 애로사항은 적응이 되면 누구나 견딜 수 있는 수준이다. 나를 정말 미치게 한 사건은 아그라에서 바라나시로 가는 기차였다. 인도 기차는 유독 연착이 심한 편이다. 처음엔 토종 한국인답게 급한 성질을 참지 못하고 짜증부터 냈지만, 이내 1~2시간의 연착은 그러려니 하고 익숙해졌다.

그러나 아그라에서 바라나시로 가는 기차는 무려 18시간을 연착했다. 그래, 연착은 그렇다 치자. 진짜 문제는 도착시간을 정확히 예고해 주지 않는다는 점이다. 1시간이 연착될 수도 있고 20시간이 연착될 수도 있다. 승객들은 하염없이 플랫폼에서 기다리거나, 부정확한 인도 철도청 사이트의 도착시간을 참고하는 수밖에 없다.

나는 1시간에 한 번씩 철도청 사이트에 들어가 예상 도착시간을 확인했다. 자정에 시간을 확인하니 앞으로 14시간 후에 도착한다고 나와 있다. 아직 한참 많이 남았다. 호스텔에서 1박을 더하기로 결심하고 잠을 청했다. 예상시간보다 일찍 도착할 수도 있기에 계속 한 시간에 한 번씩 알람을 맞춰놓고 계속해서 일어나 시간을 확인했다.

동이 틀 때쯤, 졸린 눈으로 사이트에 들어가 예상 도착시간을 확인해보니 모바일 스크린에는 오전 7시 10분 도착예정이라고 나와 있다. 시계를 보니 현재시각 6시 50분. 앞으로 20분 후면 바라나시로 가는 기차가 도착한다는 말이었다.

"으악~!"

침대에서 벌떡 일어나 빛의 속도로 짐을 쌌다. 순서대로 물건을 넣을 여유 따원 없다. 뭐든 간에 닥치는 내로 가방에 집어넣었다. 군대에서 비상이 걸려 완전군장을 싸는 속도라고 해도 이때에 비하면 한없이 느려터진 슬로우 모션일 뿐이리라. 대책 없이 꾸깃꾸깃 쑤셔 넣은 탓에 가방 지퍼가 닫히지 않는다. 뚜껑 열린 가방을 그냥 양 어깨에 걸친 채 호스텔을 뛰쳐나와 릭샤를 찾아보니 좁은 차 안에서 웅크린 채 새우잠을 자고 있는 기사가 보인다. 잠을 깨우는 게 미안했지만 일단 다짜고짜 흔들어 깨운다.

"아저씨 비상이야, 비상! 아그라 역~ 지금 당장!"

시간을 보니 7시 02분, 숙소에서 역까진 약 10분 정도 걸린다. 기차가 역에 정차하는 시간까지 합치면 충분히 탈 수 있었다. 릭샤 기사에게 100루피를 얹어 200루피를 줄 테니 최대한 빨리 가자고 했다. 기사 아저씨는 잠결에도 미친 듯이 달린다. 기차역에 도착하자마자 번개처럼 플랫폼으로 달려간다. 이른 아침에 물도 안마시고 전력질주를 했던 탓에 입에선 마른 단내가 풀풀 날 정도다.

그런데 막상 도착하고 나니, 바라나시 행 플랫폼은 휑하니 비어서 기차 그림자도 보이질 않는다. 주변 플랫폼도 마찬가지다. 하다못해 하차한 승객 무리라든지, 뿌연 연기라든지… 기차가 지나간 그 어떤 흔적도 전혀 보이질 않는다. 설마 2분 늦게 도착해서 그런 건가? 하지만 상식적으로 생각해봐도 역에 정차한 지 1~2분 만에 열차가 떠날 리는 없다.

다시 사이트에 들어가 시간을 확인해보니 지금은 또 오후 2시에 도착한다고 나와 있다. 10분 전에 확인했을 땐 분명 오전 7시 10분에 도착한다고 나와 있었는데!

"이런… 쓰벌!"

이날은 내가 태어나서 가장 많이 욕을 해댔던 날일 것이다. 핸드폰을 던져버리려다 가까스로 참고는 그 자리에 대자로 누워 뻗었다. 바닥에 가래침이 있건 소똥이 있건 신경도 안 썼다. 입에선 육두문자가 기관총마냥 쏟아져 나온다. 정말 인크레더블 인디아다. 철도청 사이트에 나온 시간대로 도착할 거라는, 너무나도 순진하고 멍청한 생각을 했던 것이다.

"하… 진짜 망할 놈의 인도, 널 믿은 내 잘못이다. 네가 짱이다."

진짜 너무 화딱지가 나서 그런지 오히려 헛웃음이 나온다. 인도 여행 5주 만에 해탈을 넘어 열반의 경지에 완전히 다다른 것이다.

이미 체크아웃까지 끝낸 호스텔로 돌아가는 게 귀찮았다. 그냥 기차역에 기다리기로 한다. 나는 한쪽에 앉아 급하게 쌌던 백팩을 전부 풀어헤쳐 가지런히 짐을 정리하기 시작했다.

아그라-바라나시 구간은 특히, 해외 관광객들에게 인기가 높은 구간이다. 플랫폼에는 전 세계에서 모여든 모든 인종의 여행객이 다 있는 것만 같다. 다들 자리를 펴고 앉아 작은 살림을 차린 모습을 보니 한두 시간 기다린 모양새는 아니다. 풍기는 외형만 봐도 거리 생활이 일상이 된, 강력한 내공을 뿜어내는 배낭족들이 득시글하다. 옆에 있는 독일 친구들에게 몇 시간째 기다렸느냐고 물어봤다.

"어제 저녁부터 기다리고 있었어. 지금은 9시간째야."

"뭐라고? 이 거지 같은 플랫폼에서 9시간이나 기다렸다고?"

"응, 이곳에서 노숙했어, 다른 친구들이랑."

옆에 함께 있는 아르헨티나 애들도 7시간째 기다리고 있다고 한다. 그런데 어쩐 일인지 이 친구들은 짜증 하나 내지 않고 표정이 밝다.

"야, 이렇게 밑도 끝도 없이 기다리는데, 화나지 않아?"

"여긴 인도잖아. 우리들처럼 시간을 딱딱 맞추는 곳이 아니라고."

독일 친구의 말을 듣고 주위를 둘러보니 다들 평온한 표정으로 웃으면서 언제 올지 알 수 없는 열차를 기다리고 있다. 몇몇은 플랫폼에서 공놀이를 하고, 어떤 이는 악기를 연주하는 등 그들 나름대로 재밌는 시간을 보내는 중이다.

삐뚤삐뚤 화딱지 섞인 나를 빼고 모두들 즐거워 보인다.

"인도에 왔으면 인도 스타일에 맞춰보자고. 알면서 여기 온 거 아냐?"

"하하, 기차가 늦는다고 해서 병이 나는 거 아니야. 노 프라블럼!"

분을 삭이지 못하고 아직까지 씩씩대는 내게 몇몇 애들이 어깨를 툭 치며 한마디씩 건넨다. 하긴 이 친구들 말이 맞다. 이곳은 인도지 한국이 아니다. 내가 한국에서 살아오며 지녀온 잣대를 이곳에서 들먹이는 건 무의미했다. 이들 말대로 기차가 좀 늦게 도착한다고 다치는 거 아니고 병 생기는 거 아니다. 내가 짜증낸다고 기차가 지금 순간이동을 해서 도착하는 것도 아닐 텐데 말이다. 마음의 여유를 찾기 위해 여행 중인데, 어느새 한국에서 가졌던 조급증에서 여전히 벗어나지 못하고 있는 것만 같았다.

'그래 해탈하자…. 그냥 있는 그대로 받아들이면 되는 일이다.'

나를 얽매고 있는 번뇌로부터 벗어나고 미혹의 괴로움에서 탈출해보자. 이런 것도 다 인도의 매력 아니겠는가. 지금 아니면 언제 18시간이나 연착하는 기차를 경험하겠는가. 긍정적으로 생각해보면 마냥 기다려야 하는 상황이 무작정 손해였던 것만은 아니었다. 효율은 잃었지만 어쨌든 여유를 찾았으니까. 참 생각해보니 인도에서 효율을 찾는 게 어려울지 한국에서 여유를 찾는 게 어려울지 문득 궁금해진다.

독일 친구가 선뜻 돗자리에 내 자리를 마련해 준다. 백팩을 내려놓고 그들 틈에 섞여 이야기보따리를 펼친다. 긍정적인 에너지를 가진 친구들과 함께 있으니 덩달아 나도 신이 난다. 노트북을 꺼내 영화도 보고, 사진 정리도 하다 보니 생각보다 시간이 쑥쑥 지나간다. 이틈을 놓치지 않고 수많은 먹거리 보부상들은 플랫폼을 전전하며 나의 미각을 유혹하기도 한다. 허술하지만 반나절 생활하기엔 부족함 없는 임시처소였다.

"오, 온다. 기차가 온다!"

오후 3시가 되자 그토록 기다리던 기차가 모습을 드러낸다. 저 멀리 점처럼 보이던 기차가 굉음을 내면서 달려오자 플랫폼에 있던 모든 사람들, 현지인이고 외국인이고 할 거 없이 아그라가 떠나갈 듯한 엄청난 환호성을 지른다. 특히나 남미 애들은 펄쩍펄쩍 기쁨의 에너지로 폭주하기 일보직전이다. 너나 할 것 없이 행복에 겨운 하이파이브를 날렸는데, 스페인 이비자섬의 클럽들도 아그라역의 열광적인 분위기에는 미치지 못할 거다.

제시간에 맞춰서 오는 기차는 반갑다는 느낌이 전혀 없었는데, 오히려

18시간이나 연착한 기차를 보니 반가워 미칠 지경이라니. 스스로가 생각해도 어이가 없어서 실소가 터져 나온다.

문득 이런 생각이 든다. 효율을 중시하는 한국에서는 많은 사람들이 삶에서 낭만이 사라져 버렸다고 말한다. 일상적인 생활에서 조금만 벗어나는 행동도 일탈로 치부한다. 회사에서는 작은 실수도 용납되지 않고, 신입사원의 새로운 시도 같은 건 상사의 권위로 뭉개지는 일이 흔하다. 그저 '지금까지 해온 그대로' 신속하게 해내는 걸 효율이라고 생각한다. 정작 이렇게 되면 업무처리를 극대화 할 수 있을지는 몰라도 각자 구성원들의 개성과 불확실성으로부터 터져 나오는 예상할 수 없는 산출물들은 기대하기 어렵고, 또 한낱 어린애 불장난 같은 것으로 치부되곤 한다.

GDP와 고부가가치 기술은 꾸준히 발전했을지라도 나와 같은 삼포세대들이 90년대의 아련한 추억들을 그리워하는 것도 이와 같지 않을까? 눈에 보이는 성과주의를 좇는 회사 업무분위기와 100이라는 숫자에 가까워질수록 자신의 가치를 평가받게 되는 시험 점수의 칼 같은 효율성 앞에 우리는 삼포보다 더 한 것을 잃어 버렸는지도 모른다. 바로 일탈에서 얻게 되는 낭만이 주는 삶의 맛을 말이다.

그래서 플랫폼에서 언제 올지 모르는 기차를 18시간 동안 기다리던 이 순간이 꽤나 '낭만적'이었다는 생각이 들었다.

인도 기차에게 보내는 한 줄 편지
한참 전에 은퇴했어도 전혀 이상하지 않을 나이인데… 매번 뼈 빠지게 일하고도 사람들의 욕을 들어야 하는 네가 안쓰럽기도 해. 먹고살기 힘든 건 너나 우리나 똑같구나.

인도가 준 마지막 선물

두바이로 가는 비행기를 타기 위해 델리공항에 도착했다. 원래 인도에서 곧바로 이란 테헤란으로 가려고 했지만 편도 티켓이 무려 40만 원이나 해서 두바이를 경유하기로 한 것이다. 3시간 비행의 짧은 거리에 비해 굉장히 비싼 가격이었다. 오히려 인도에서 두바이 다시 이란으로 가는 두 장의 항공권은 25만 원으로 훨씬 저렴했다. 때문에 예정에 없던 두바이를 긴급 추가한 것이다. 금상첨화로 두바이에 머무는 동안 새해를 맞이할 계획까지 추가되었다. 이처럼 자유롭고 가난한 여행자는 비행기 값에 의해 다음 행선지가 결정되는 경우가 더러 있다.

두바이로 가는 비행기 시간은 새벽 3시. 그리고 지금 시간은 오후 11시. 아직 4시간의 여유가 있다. 얼른 무거운 짐부터 맡기고 델리공항에서 편하게 커피를 마시면서 쉬고 싶었다.

탑승수속을 미리 끝내고자 서둘러 에띠하드항공 카운터로 갔지만 휑하니 비어서 아무도 없다. 근처에 있는 직원을 붙잡고 물어보니 1시간 후에 오픈한다고 한다. 딱히 갈 곳도 없고 짐을 들고 돌아다니는 것도 귀찮아서 맨 앞줄에 앉아 기다리기로 한다.

한 30분 정도 흘렀을까. 정복을 차려입은 여직원이 체크인을 해 주겠다며 나를 부른다. 생각보다 일찍 수속 카운터가 열린 것이다. 여권이랑 티켓을 직원에게 주자 프로페셔널한 눈빛으로 타이핑을 치는데, 너무나도 아름다워 보인다. 인도영화 「세 얼간이」의 여주인공 카리나 카푸르를 꼭 빼닮은 미모다. 나도 모르게 작업 멘트가 흘러나왔다.

"넌 내가 2016년에 본 여자 중에서 제일 예쁜 여자야."

오늘은 12월 30일, 전 세계가 연말 분위기로 한창 떠들썩한 분위기였다. 사람들의 모든 포커스가 연말과 새해에 집중되어 있었기에 특별히 '올해 본'이라는 수식어를 첨가한 것이다. 그녀가 미소를 지으며 대답한다.

"하하, 고마워. 혼자 인도를 여행한 거니?"

어쩌면 그녀는 내가 가장 기다리던 질문을 했는지도 모른다. 게다가 지금 시간은 새벽 1시, 감성이 폭발하는 시간이다. 나는 그녀에게 첫 도시 마두라이에서 만난 어린 거지 무리 얘기부터 핸드폰 도난사건, 뭄바이에서 청혼을 받은 일화 등을 구구절절 늘어놓았다. 이미 인도여행이 다 끝난 마당이라 욕이 나왔던 에피소드도 웃으면서 얘기했는데, 그녀도 밝은 표정으로 내 말을 들어 준다. 살가운 호응에 혼자 신이 나서 혓바닥에 모터를 작동시킨 것처럼 쉬지 않고 떠들어댔다.

"우여곡절이 많았구나, 그런 일을 겪었다니 인도가 싫어졌을 만도 해."

"아니 전혀, 난 인도가 정말 좋은 걸. 여긴 숨만 쉬고 있어도 날마다 에피소드가 생기는 곳이잖아. 세상에 이런 곳이 어디 있겠어?"

"그래? 인도에서 뭐가 제일 좋았어?"

"인도 사람!"

"왜?"

"인도 사람들은 날 특별하게 만들어 주거든."

"아까는 인도 사람들한테 사기를 당했다며?"

"응. 그것마저도 특별했어. 인도 사람은 한순간도 날 가만두지 않았지.

기차에서도, 가정집에서도, 음식점에서도. 세상에서 날 이렇게 특별하게 해 주는 사람은 인도인밖에 없을 거야, 나를 정말 사랑 하나봐, 하하….”

“하하하, 인도에 좋은 추억을 가지고 떠나는 거 같아서 정말 고맙고 기쁘네.”

그러면서 그녀는 많은 해외 여행객들이 인도에 실망하고 떠나는 경우를 많이 봐왔다면서 안타까워한다. 항공사에서 일하면서 인도에 실망한 나머지 출국을 앞당기는 경우도 심심찮게 경험했다고. 그리곤 인도에 대해 자조적인 한탄을 하는데 솔직히 여행객의 입장에서 보면 다 일리 있는 말이었다.

하지만 그렇다고 마냥 고개를 끄덕일 순 없기에 좋게 좋게 받아줬다. 점점 분위기가 어두워지자 급히 화제를 바꾸려고, 그녀의 이름이 적힌 명찰을 보고는 좀 더 친근하게 그녀의 이름을 부르며 대화를 이어나간다.

“파티마, 난 이틀 동안 잠을 못 잤어. 지금도 쓰러지기 일보직전이야. 좋은 자리를 좀 줄 수 있어? 비상구 앞이라든지, 아니면 내 옆자리가 비어 있는 좌석이라든지.”

“잠을 못 자다니?”

“어제 바라나시에서 델리로 오는 기차가 연착되는 바람에 기차역에서 밤을 지새웠거든.”

체크인을 하는 도중에도 졸음이 쏟아졌다. 오늘도 새벽 4시 비행기라 한숨도 못 잤었다. 파티마는 말없이 미소를 지으며 탑승권을 발권해 주었고 내 여행에 행운이 가득하기를 기원해 주었다.

그녀와의 짧지만 기분 좋은 만남을 마무리하며 출국 수속장 안으로 들어가자, 2시간 후 탑승수속이 시작되었다. 드디어 인크레더블 인디아를 떠나다니! 영화의 주인공이라도 된 듯 고개를 천천히 들어 마지막으로 델리공항의 모습을 살펴본다. 새벽 3시 반, 한적하기 짝이 없는 공항에서 홀로 감

성 넘치는 분위기를 인공적으로 조작해낸다. 그렇게 자아도취 상태로 게이트를 넘어 비행기에 탑승하려는 순간, 덩치 큰 항공사 직원이 나를 떡하니 가로막는다.

"탑승권에 대해 확인할 게 있어. 잠깐만 기다려 줄래?"

이게 무슨 소리인가. 아련한 카페라떼 감성에 젖어 인도와 작별을 고하는 순간 탑승 거절이 된 것이다. 하, 이런 미친, 이놈의 인도가 마지막까지 날 물 먹이는 건가? 행여나 내가 실수를 한 게 있나 영문 이름 철자와 날짜, 탑승시간을 다시 한 번 확인했다. 전혀 이상이 없다. 하긴, 내게 문제가 없어도 알아서 에피소드가 생기는 곳이 인도이긴 하다만….

"아, 또! 뭐가 문제야?"

보통 외국에서 정복을 입은 직원이 "잠깐만"이라고 하는 멘트는 크고 작은 골칫거리를 안겨준다. 무사통과를 의미하는 침묵의 사인과 반대이기 때문이다. 직원은 내 말에 아무런 대꾸도 하지 않고 계속 무전기만 붙잡고 있다. 그러더니 갑자기 나를 보며 한마디 한다.

"럭키보이, 해피 뉴이어!"

뭔 헛소리람, 하고 생각하며 비행기 좌석을 확인하는 순간, 나는 경악을 하지 않을 수 없었다. 내 자리가 비즈니스석으로 바뀌어 있었던 거다. 어라?

난 분명 델리에서 아부다
비로 가는 11만 원짜리 이
코노미석을 끊었는데? 탑
승권을 다시 보니 지들 멋
대로 아니, 너무나도 황송
하게 내 자리를 바꿔놓았

다. 승무원에게 이 자리가 맞느냐고 두세 번 재차 물어봤다. 승무원이 고개
를 끄덕인다.

"맞아."

"정말? 이럴 리가 없는데…."

"드물기는 하지만 이코노미에서 비즈니스석으로 업그레이드되는 경우
가 종종 있어. 네 자리가 맞아."

지금까지 로또 5등 당첨부터 길거리 경품까지, 하다못해 친구들끼리 재
미로 하는 제비뽑기마저 '당첨'이란 단어는 나를 철저히 외면해왔다. 이
런 나를 3억 3천만 힌두교의 신들이 가엾게 여긴 것일까? 애증의 땅 인도에
서 첫 당첨의 행운을 거머쥔 것이다.

'도대체 왜 바뀐 걸까?'

예상치 못한 업그레이드에 한없이 감사했지만 문득 이유가 궁금해졌다.
순간 머릿속에 아까 대화를 나눴던 카운터 직원, 파티마의 얼굴이 주마등처
럼 스쳐지나간다. 사람이 육감이라는 게 있지 않은가. 단번에 그녀가 내 자
리를 비즈니스석으로 업그레이드 해줬음을 확신하게 된다.

그녀에게 피곤해 죽겠다고 징징거려서 그런 걸까? 그게 아니라면 인도
에 대해 긍정적인 이야기를 들려준 것에 대한 답례일까? 이유야 어찌됐든
지금 당장 비행기에서 뛰쳐나가 그녀에게 진심 어린 감사의 말을 전하고 싶
다. 이럴 줄 알았으면 그녀와 페이스북 아이디라도 교환할걸.

비즈니스석의 승객들을 보니 다들 젠틀한 양복차림의 사람들이다. 거지 여행자 티를 내지 않으려고 최대한 자연스럽게 앉는다. 푹신한 좌석은 다리를 쭉 펼 수 있게 설계되었고, 비즈니스석 전용 메뉴판도 따로 제공된다. 승무원이 건네주는 따뜻한 물수건마저 감개무량할 지경이다. 더구나 에띠하드항공은 우리에게 익숙한 축구클럽 맨체스터시티 구단주인 만수르 형님이 오너로 있는 항공사라 그런지 이 모든 게 친숙하고 특별해 보인다. 실제로 에띠하드항공은 우리나라 인천공항이 매해 세계 최고의 공항으로 꼽히는 것처럼, 세계 최고의 항공사 베스트 5안에 자주 이름을 올리곤 한다.

비행기는 제 시간에 맞춰 활주로를 떠나간다. 이게 꿈일까 싶어 뚱뚱한 리모콘을 이리저리 컨트롤 해보기도 하고, 창밖으로 펼쳐진 델리의 모습을 하염없이 바라보기도 한다. 점묘화를 보는 것처럼 델리의 야경이 구름 밑으로 두둥실 멀어진다. 이건 의심할 여지없는 현실이다.

인도는 떠나는 날까지 내게 선물을 준다. 진짜 애증의 나라다. 욕을 하면서 사랑할 수밖에 없는 나라라니, 진짜 우리나라랑 똑같다. 사람도 마지막 기억이 좋아야 모든 게 좋게 느껴지듯이, 나라도 마찬가지인가보다. 창밖을 보며 지난 5주간의 인도여행을 떠올려보니 어째서인지 하나부터 열까지 좋은 기억밖에 떠오르지 않는다. 그리고 이 기억의 피날레는 2016년 대표 미녀이자 경청의 아이콘 파티마가 더 없이 완벽하게 장식해 주었다. 충격적인 호의를 베풀어준 그녀도 싱글벙글하고 있는 나를 떠올리고 있을 게 분명하다.

파티마에게 보내는 한 줄 편지

우리가 다음에 또 만날 수 있을까? 인도 얘기뿐만 아니라 모든 세계일주 스토리를 얘기해 주고 싶거든. 내 에피소드를 들어줄 누군가가 필요해. 그게 너였으면 좋겠어.

두바이

2020년, 중동 국가 최초로 두바이에서 엑스포가 열린다.
두바이의 모든 개발 프로젝트는 다가올 엑스포를 대비해 준비하고 있다니
2020년엔 꼭 이곳에 방문해볼 것을 추천한다.

불꽃놀이는 초콜릿 케이크보다 달콤해

"우와… 저 빌딩은 도대체 몇 층이야?"

'세계 최고! 세계 최대!'라는 수식어가 가장 많이 붙는 도시! 이곳은 사막의 기적이라 불리는 두바이다. 내가 이곳에 온 이유는 세계 최고층 빌딩 부르즈 칼리파의 환상적인 새해맞이 불꽃쇼를 보기 위해서다. 오늘은 12월 31일. 한해의 마지막 날인만큼 두바이는 아침부터 축제분위기다. 모든 레스토랑과 관광지는 하루 종일 사람들도 넘실댔다. 국제도시라는 네임 밸류에 걸맞게 어딜 가도 지구촌 모든 인종들이 다 모여 있다. 마치 1,000년 전, 세계에서 가장 빛나고 화려했던 도시 바그다드를 보는 것처럼.

'최신 건축기술을 모두 볼 수 있는 곳'이라는 말처럼 정말 혁신적이고 환상적인 건축물을 볼 수 있는 곳이 두바이다. 꽈배기 모양의 빌딩부터 저 유명한 돛단배 콘셉트의 버즈 알아랍까지. 짓는 건 둘째 치고 어떻게 저런 디자인을 창조할 생각을 해냈는지! 마치 SF영화 촬영장에 온 것만 같다.

대중교통도 특별하다. 두바이의 모든 트램은 무인운행을 한다. 운전기사 없이 스스로 움직이고 승객을 태운다. 트램의 맨 앞에 서서 가면 마치 내가 운전사가 된 것 같은 기분이다. 게다가 모두 지상으로 운행하기 때문에 창밖으로 화려한 두바이의 스카이라인을 구경할 수 있다.

이뿐만이 아니다. 두바이는 남자
의 로망을 사로잡기에 더없이 사랑
스러운 곳이다. '셰이크 자에드'라고
불리는 왕복 8차선 도로에선 전 세
계 모든 슈퍼 카들을 볼 수 있다. 건
축을 좋아하는 사람뿐만 아니라 자
동차 매니아들에게도 이곳은 성지
와 다름없다. 더 놀라운 점은 몇몇
경찰차들이 슈퍼 카라는 점이다. 페

라리, 람보르기니… 이름만 들어도 화려한 슈퍼 카들이 경찰차로 변신하는
꿈만 같은 곳이 바로 두바이다.

두바이는 탄생부터 지금까지 성공 신화를 쓰고 있다. 이에 만족하지 않
고 계속 세계 최고의 타이틀을 도전해 나가고 있다. 국제금융, 항공 운항,
관광 중심지로 떠오르고 있고, 과감한 투자로 벌어들인 돈으로 끊임없이
새로운 시도를 하고 있다.

하지만 고속성장 뒤에는 어두운 그림자도 있다. 두바이의 최고층 빌딩
은 대부분 인도나 파키스탄 등에서 온 남아시아 노동자들에 의해 건설되었
다. 이들이 받는 월급은 우리나라 돈으로 50~60만 원 수준에 불과하다. 두
바이의 물가는 서울과 비슷한 수준인데, 한 달에 50~60만 원으로는 도저히
생활할 수 없는 수준이다. 여느 대도시나 그렇듯 엄청난 빈부격차가 있는
것이다.

시가지 곳곳에는 수많은 타워크레인과 차곡차곡 층을 올려가며 공사 중
인 건물들이 곳곳에 산재해 있다. 가만히 서 있기도 힘든 날씨에 인도, 파키
스탄에서 온 노동자들은 무거운 철근을 옮기고 있고, 수십 미터 건물 외벽
에 아찔하게 매달려 일을 하고 있기도 하다. 그늘도 없는 터라 뜨거운 뙤약

볕을 피할 방법도 없다. 엊그제만 해도 파키스탄과 인도에서 분에 넘치는 사랑을 받았던 터여서 이들의 노고가 더 이상 남 일처럼 느껴지지 않는다. 그들의 피땀에 의해 이 수많은 건축 예술이 지어진 걸 보면, 사막의 기적을 만든 것은 아라비아 산유국과 유럽의 자본이 아니라 진정 이들이 아닐까? 라는 생각이 든다.

12시가 점점 다가온다. 드디어 두바이의 화려한 불꽃축제가 시작되는 시간이다. 왕복 8차선의 대로는 이미 해가 지기 전부터 주차장을 방불케 했다. 축제현장인 부르즈 칼리파 주변은 전 세계로부터 모여든 인파로 붐비기 시작했다.

2017년 새해가 5분 앞으로 다가왔다. 곧 카운트다운이 시작될 순간이다. 사람들의 시선은 이제 모두 부르즈 칼리파에 집중돼 있다. 반짝반짝 빛나는 빌딩 꼭대기는 하늘에 똥침이라도 쏠 기세다. 카메라를 들고 빌딩을 향해 손을 뻗어본다. 주위를 둘러보니 모두 다 똑같은 포즈에 똑같은 곳을 응시하고 있다. 사람들과 눈이 마주치면 너나 할 거 없이 살갑게 웃어준다. 모두가 부픈 꿈을 가슴에 안은 채 새로운 시작을 맞이하고 있다.

'2017년 1월 1일 00시 00분!'

드디어 불꽃이 터지기 시작한다. 환상적인 광경에 남녀노소 할 것 없이 탄성이 터진다. 강약 중간 약 등 템포를 조절하며 물결치듯 터지는 불꽃들이 비처럼 쏟아지고 다양한 형상을 만들며 터진다. 밤하늘에 세금이 터지고 있는 것이라 해도 이 순간만큼은 누구라도 흔쾌히 긍정할 것 같다. 인종, 국적에 관계없이 모든 사람들은 '얼음 땡'이라도 들은 것처럼 꼼짝도 하지 않고 지상 최대의 쇼를 감상하고 있다.

환상적인 순간이다.

"아… 정말 행복하다."

사랑, 기쁨, 만족, 축복, 즐거움. 온갖 행복한 감정들이 내 혈관을 따라 온몸에 퍼져 나가고 있다. '내가 이렇게 행복했던 사람이었나?'라는 생각이 들만큼 행복 마그마가 들끓는다. 불꽃 비를 바라보는 나의 머릿속엔 지난 삶의 스토리가 주마등처럼 스쳐지나간다. 학창시절부터 화재로 집이 잿더미가 되었던 위기의 순간, 좌절과 낙담만이 가득했던 2년의 취업준비 기간, 어리버리했던 신입사원 시절, 그리고 이 순간 너무나도 감격스럽다.

누구라도 정말 행복함과 기쁨을 느끼면 자연스레 '감사의 대상'을 찾는 거 같다. 그, 왜 연예인이 대상을 받고 수상소감을 얘기할 때 자신의 감정 표현보다 주변 사람들에게 고마움을 표현하는 것처럼 말이다. 사랑하는 가족부터 오늘 만난 카우치서핑 호스트에 이르기까지 감사를 표하고 싶은 사람들이 쉴 새 없이 떠오른다. 눈앞에 펼쳐지는 형형색색 불꽃들이 응어리진 행복의 뭉텅이를 팡팡 터뜨리는 것만 같다. 순간 이게 꿈이 아닌 현실이라는 사실이 날 짜릿하게 한다.

두바이 노동자들에게 보내는 한 줄 편지

자신의 피땀으로 지어진 건물을 보면 어떤 기분이 드나요? 자식을 바라보는 부모의 마음과 같겠죠?

TIP : 여행경비를 아끼는 방법

교통비를 절약하는 법

1. 버스를 타는 것보다 걸어 다니자.

도보 자체가 현지의 분위기를 접하는 가장 훌륭한 여행의 방법이다. 걸어다니면 교통수단을 이용할 때보다 더 많은 걸 볼 수 있고, 느끼는 것도 더 많다. 아, 물론 버스비가 워낙 저렴하거나 날씨가 무지하게 덥거나 추워서 못 걷겠다! 이럴 경우에는 융통성 있게 버스를 타면 된다.

2. 택시는 금물.

어느 나라건 택시비는 여타 대중교통에 비해 비싼 금액을 자랑한다. 택시는 진짜 급하거나 짐이 엄청 많을 때 아니면 타지 말자. 택시를 탄다면 해외에서 성행 중인 우버 택시를 적극 이용하는 것도 좋은 방법이다.

3. 비행기는 경유편이 더 싸거나, 따로따로 끊는 게 더 저렴하다.

예를 들어 파키스탄에서 이란으로 가는 비행기 티켓이 40만 원이나 하였지만, 파키스탄–두바이, 두바이–이란, 이렇게 두 번 타는 비행기를 알아보니 25만 원이었다. 또 다른 경우를 살펴보자. 멕시코에서 한국으로 가는 티켓은 편도 70만 원이었지만 멕시코–벤쿠버, 벤쿠버–한국으로 가는 비행기 편은 50만 원이었다. 날짜만 보고 비행기 티켓 가격을 비교하는 건 초보라고 할 수 있다. 허브 경유지를 직접 찾아보면 저렴하게 끊을 수 있는 경우가 허다하다.

4. 기차 등급이나 버스 등급을 최저로. 대부분의 기차는 등급이 나눠져 있다.

싼 게 비지떡이라고 저질 시설일수록 가격도 저렴한 편이다. 최하 등급을 타기보다는, 최하 등급보다 한 단계 높은 등급을 타는 걸 추천한다. 가격 차이는 미미하지만 시설이 상당히 업그레이드되는 경우가 많기 때문이다.

5. 협상을 잘해야 한다.

대중교통이 열악한 인도나 이집트 같은 곳은 개인택시의 한 종류인 뚝뚝이나 릭샤를 많이 타게 된다. 보통 타기 전에 가격 협상을 하게 되는 경우가 많다. 바가지 안 당하게 협상을 잘하는 것도 교통비를 절약하는 방법이다. 기사 아저씨가 비싸게 부른다! 그러면 미련 없이 다른 기사님과 흥정을 하도록 하자.

6. 티켓을 사는 타이밍을 잘 노려야 한다.

일찍 산다고 반드시 저렴한 게 아니다. 오히려 출발 바로 전에 구매하면 운 좋게 떨이 티켓을 살 수도 있다. 대체로 비행기나 기차 티켓은 일찍 살수록 가격이 저렴하다. 날짜가 가까워질수록 비싸지는 경우가 많으니 빨리 구매하는 게 현명하다. 버스는 출발 전에 떨이 티켓을 살 수도 있지만, 그 대신 매진의 위험이 있다는 걸 잊지 말자!

7. 로얄 타임보다 인기 없는 시간대를 노리자.

보통 사람이 활동하는 아침~오후 시간대 티켓이 비싸고, 인기 없는 시간대인 저녁~ 새벽 시간대는 조금씩 저렴하다. 가격 차이가 그리 많이 나는 편은 아니지만 한 푼이라도 아끼고 싶으면 시간대를 잘 노려보자.

숙박비를 절약하는 방법

1. 그 유명한 카우치서핑을 적극 활용하자.

카우치서핑은 숙박 경비뿐만 아니라 새로운 친구를 사귀고, 현지 문화를 체험할 수 있는 획기적인 아이템이다. 카우치서핑 호스트들도 대다수가 여행을 좋아하고 새로운 사람을 만나는 데 익숙한 사람들이다. 낯선 사람 집에서 잔다는 것에 거부감을 느끼지 않는다면 적극 도전해보자. 단 이전 게스트들의 후기를 잘 읽어보고 결정하자.

2. 부킹닷컴, 아고다닷컴 등의 프로모션 활용하기.

숙박 예약사이트에서 프로모션은 상당히 자주 있는 편이다. 프로모션 하고 있는 숙소는 타 숙소에 비해 저렴하지만, 그만큼 사람이 몰린다는 것을 잊지 말자.

3. 호텔보단 호스텔이나 게스트하우스, 이건 기본 상식이다.

호스텔이나 게스트 하우스 자체가 가난한 여행자들을 대상으로 영업을 한다는 점을 기억하자. 가격에 따라 호스텔 룸의 상태도 천차만별이다. 도미토리 룸에 아침식사를 제공하지 않는다면 굉장히 저렴하지만 싱글 룸에 아침까지 포함돼 있다면 호텔 수준의 금액을 지불해야 할 것이다. 무조건 저렴한 곳은 그에 상응하는 이유가 있다는 걸 명심하자. 그리고 두 명 이상인 경우라면 에어비앤비도 굉장히 좋은 옵션이다.

4. 장기 투숙할 거라면 협상을 시도해보자.

3일~5일, 이 정도는 절대 장기투숙이 아니다. 최소 10일 이상 묵을 거라면 숙소 매니저하고 협상을 시도해보자. 보통 10일 동안 숙박하는 데 270달러라고 하면 250달러까진 깎아 줄 것이다.

식비를 절약하는 법

1. 고급 레스토랑보다는 로컬 레스토랑을 가자.

좋은 레스토랑일수록 식사비 외에 팁도 줘야 하는 경우가 많다. 대부분의 경우 비쌀수록 맛있지만 꼭 그런 것도 아니다. 작고 허름한 레스토랑일지라도 훌륭한 맛집인 경우가 많았다.

2. 마트에서 재료를 사서 직접 요리를 해먹자.

북유럽이나 북미, 오세아니아 등의 국가는 레스토랑 식사비가 무척 비싸다. 이런 곳
에서는 아예 레스토랑에 가는 대신 직접 해먹는 것도 경비를 줄이는 현명한 방법이
다. 다행히 이 동네 호스텔에는 대부분 주방이 딸려 있기에 요리를 해먹기에 불편함
이 없다. 요리한 다음 설거지를 깨끗이 해놓을 건 필수 사항!

3. 중국음식점을 자주 이용하자.

Made in china 중에서 가격도 저렴하고 품질도 좋은 게 바로 중국음식이다. 중국음식
점은 전 세계 어딜 가나 존재한다. 한국 사람 입맛에도 잘 맞아서 거부감이 없는 음식
이기도 하다. 든든한 볶음밥 가격이 맥도날드 빅맥 세트보다 저렴한 경우가 많다.

4. 전통시장을 가자.

시장에는 주로 현지인들을 상대로 하는 레스토랑이 대부분이다. 대형 쇼핑몰이나 시
가지 한복판에 있는 레스토랑보다 훨씬 저렴하다. 시장을 구경하고, 저렴한 음식도
먹을 수 있어서 일석이조이기도 하다.

투어경비, 입장료 절약하는 법

1. 투어를 신청할 땐 혼자보다 둘 이상이, 한 개의 투어보단 다량의 투어를 신청하면 더 저렴하게 해 준다.

설령 혼자 갔더라도 사람들에게 소개해 주겠다고 찔러보기라도 해보자.

2. 투어사 직원의 화술에 넘어가지 말자.

외국의 상거래 문화에 익숙지 않은 탓에 거절도 못하고 돈부터 지불하는 경우가 종
종 있다. 맘에 들지 않을 경우 정중하게 인사하고 거절하면 대부분 좋게 마무리된다.
투어를 신청할 때도 한 곳에서만 알아보지 말고 3~4군데 이상의 업체를 둘러보자.
같은 투어라도 차량, 식사 서비스가 다를 수도 있으니 꼼꼼히 확인하는 자세가 필요
하다.

3. 페이스북, 트립어드바이저에 좋은 평가를 남겨 주겠다고 한 다음 할인을 유도해보자.

투어사에게서 손님의 좋은 평가는 매우 중요하다. 약속대로 투어 업체가 금액을 깎
아주었다면 그에 상응하게 매우 좋은 평가를 남겨주자.

4. 학생이라면 반드시 국제학생증을 꼭 만들자.

전 세계 상당수 박물관들에서 국제학생증 할인이 가능하다. 그리고 학생이 아니더라
도 태국, 멕시코, 페루, 이집트 등에서 가짜 국제학생증을 만들 수 있는 불법통로가

있다. 다만 양심적이지 않은 일이므로 이런 일은 삼가도록 하자.

5. 요일별로 입장료를 받지 않는 박물관이 있다.

특히 공휴일에는 도시 전체 박물관이 무료인 경우가 있다. 예를 들어 종교와 관련된 공휴일, 국가 독립기념일에는 박물관 무료입장이 가능한 경우가 많으니 확인하는 걸 잊지 말자.

남아시아 여행 핵심정보

1. 남아시아에 속한 국가, 즉 인도, 파키스탄, 스리랑카, 방글라데시, 네팔은 크든 작든 간에 모두 인도의 영향을 받은 나라다. 현재까지도 인도를 중심으로 주변 국가들은 경제적으로 협력하거나 군사적으로 대립하는 등 인도와 떼려야 뗄 수 없는 관계를 맺고 있다.

2. 동남아 교통이 신사적이라고 느껴질 만큼 남아시아의 교통은 그야말로 지옥 수준이다. 횡단보도를 건널 때는 반드시 좌우의 시야를 모두 확보하고 건너야 한다. 오른쪽만 확인하고 걷다가 역주행 하는 오토바이에 치일 수도 있기 때문이다.

3. 종교적으로 가장 복잡한 지역이기도 하다. 원래 한 국가였던 나라가 종교 때문에 분리되었을 정도로 뿌리 깊은 종교 갈등이 존재한다. 이들의 종교를 폄하하거나 무시하는 말은 절대 삼가도록 하자.

4. 치안이 안 좋은 곳이기도 하다. 인도의 대도시는 소매치기들이 기승을 부리고, 인도 북부와 파키스탄 서부지역은 내전과 테러의 위협이 도사리고 있다. 위험한 곳을 방문하는 것을 최대한 삼가도록 하고 설령 방문하더라도 믿을 만한 현지인과 같이 방문하도록 하자.

5. 대부분의 사람들이 순수하고 친절하지만, 여행객을 상대하는 장사꾼들은 바가지를 씌우는 경우가 많다. 눈뜨고 코 베어 간다는 말이 있을 정도로 사기꾼들의 수법이 화려하므로 항상 주의를 기울이도록 하자.

스리랑카 관련 정보

1. 국민 대다수가 불교신자이다. 소승불교가 이곳 스리랑카를 거쳐 동남아에 퍼졌을 만큼 불교의 역사가 문화가 굉장히 뿌리 깊은 나라다. 하지만 인도와 이슬람 국가들의 영향을 받아서인지 힌두교도, 무슬림들도 심심찮게 볼 수 있는 곳이다. 종교적인 갈등이 심심찮게 일어나는 나라인 만큼 안전에 신경 쓰도록 하자.

2. 물가에 비해 입장료가 굉장히 비싸다. 일부 랜드마크라고 할 수 있는 유적지는 서유럽 뺨칠 만큼이나 비싼 입장료를 자랑한다. 하지만 학생이라면 반값 할인이 가

능하므로 국제학생증을 꼭 소지하도록 하자

3. 해안지역과 북부 평야지대는 기절할 정도로 덥다. 그늘도 적은 편이라 한낮에 돌아다닐 때는 선글라스와 선크림으로 무장하고, 수분을 충분히 섭취하도록 한다. 이에 반해 중부지역 고산지대는 해가 떨어지면 꽤 쌀쌀하므로 반드시 겉옷을 준비하도록 한다.

4. 고대불교 역사를 간단히 훑어보고 가자. 스리랑카 문화재를 이해하는 데 큰 도움이 될 것이다. 캔디(도시 이름)의 불치사는 전 세계적으로 손꼽히는 불교 성지 중한 곳이므로 꼭 방문하도록 하자.

인도 관련 정보

1. 힌두교 신화, 인더스문명부터 영국 식민지시대 역사까지 굵직굵직한 역사를 훑어보자. 인도를 여행하는 즐거움이 배가될 것이고, 유적지를 볼 때도 그 의미를 이해하고 즐기는 데 도움이 된다. 비단 인도뿐만 아니라 남아시아 역사 전체를 이해하는 데 도움이 될 것이다.

2. 교통, 숙소, 음식 등 열악하지 않은 것이 없다는 걸 고려하고 가자. 특히 남녀노소할 것 없이 치안문제에서도 자유롭지 못하다. 언제나 소지품을 잘 챙기도록 하고, 늦은 밤 혼자서 외출하는 일은 삼가자. 깔끔하고 모든 것이 잘 정비된 여행지를 찾는다면 인도는 좋은 선택사항이 아니다. 하지만 이 모든 것을 커버할 정도로, 인도만의 문화, 종교, 관광명소의 매력은 무한하다.

3. 힌두교도와 이슬람교도들이 공존하는 탓에 채식과 닭고기 요리가 주식이다. 이외에도 라씨로 대표되는 음료, 디저트 등 인도에도 다채로운 먹거리가 있다. 다만 상당수 레스토랑의 위생상태가 매우 열악한 편이므로 찜찜한 생각이 들면 검증된 레스토랑에서 식사를 해결하도록 하자.

4. 길을 물을 때는 반드시 두 사람 이상에게 물어보도록 하자.

5. 인도에서 물건을 살 때 흥정은 필수다. 큰돈을 지불할 경우 뚝뚝기사나, 일부 상인들이 잔돈이 없다고 버티는 경우가 있다. 작은 단위의 돈을 준비하는 게 최선의 예방책이다.

파키스탄 관련 정보

1. 이란만큼이나 보수적인 이슬람국가이다. 술과 돼지고기는 거의 못 먹는다고 생각하면 된다. 아울러 그들의 종교를 폄하하는 듯한 말은 절대 하지 말자.

2. 외부 여행객이 드문 만큼, 수많은 현지인들의 주목을 받을 것이다. 대부분의 사람

들이 호의적으로 대해 주니 크게 걱정하지 말자. 중국인에 대한 호감도가 세계에서 가장 높은 국가 중 하나다. 한번쯤 중국인인 척 해보는 것도 재미있을 것이다.

3. 상대적으로 동부지역의 라호르, 수도 이슬라마바드는 치안이 안전하다. 하지만 서부지역과 남부지역은 치안이 좋지 않으니 방문을 삼가도록 하자. 방문 시에는 반드시 믿을 만한 현지인과 함께 가는 걸 추천한다.

4. 여자 여행객이라면 노출이 심한 옷을 삼가는 게 좋다.

서아시아

혐오를 넘어 평화로

이란

보수적인 이슬람 국가인 이란에서 의외로 성형수술이 인기가 많다.

높다랗게 휘어진 코를 깎아 작고 반듯하게 만드는 수술이 유행이라고 한다.

이란에서 말조심 해야 하는 이유

역사는 언제나 승자의 입장에서 서술된다. 그래서 승자 이외의 모든 존재들은 평가절하 되고 심할 경우 아예 삭제되기까지 한다. 지금부터 여행할 서아시아(=중동)의 역사가 바로 그런 희생양과도 같았다.

서아시아는 고대 페르시아부터 7세기 이슬람 제국, 근세의 오스만 제국에 이르기까지 끊임없이 서구 문명을 위협한 역사를 가지고 있다. 하지만 18세기 산업혁명 이후로 전세가 역전돼 유럽 제국주의 열강들이 서아시아를 식민지배하게 된다.

유럽인들이 과거 자신들의 선조를 끊임없이 괴롭히고 위협했던 서아시아 국가, 이슬람 세력을 좋게 보지 않는 건 이 때문이다. 유럽 국가들이 이들의 역사와 종교를 우스꽝스럽게 묘사하거나 기독교에 대항하는 악마의 프레임을 씌우곤 했던 건 이런 이유가 있다. 몇 년 전 히트를 쳤던 영화 「300」에도 이런 거만하고도 가증스러울 정도로 서양 중심의 역사관이 그대로 드러나 있다.

당시 페르시아는 전 세계에서 가장 크고 강력한 대제국이었다. 거대한 하드웨어에 걸맞게 모든 시민은 종교의 자유를 가지고 있었고, 노예제를 금지하는 등의 당대 최고의 선진국이었다.

하지만 영화에서는 페르시아 군대를 괴물처럼 묘사하고 그들과 싸우는 그리스는 정의의 상징인 양 멋지게 포장한다. 서양문명의 발상지인 고대 그리스를 침략했다는 이유로, 현재는 세계 유일의 초강대국인 미국에 대항한다는 이유 하나로 이란의 역사는 영화 속에서 처참하리만큼 난자되고 있는 것이다.

두바이를 떠나 내 발걸음이 닿은 나라는 이 페르시아제국의 후예, 이란이었다. 지금이야 원리주의 이슬람 통치로 인해 나라꼴이 말이 아니지만 과거 이란은 지금의 미국, 독일처럼 지구별에서 한가락 하는 나라였다. 당대 세계 최고 수준의 과학, 건축기술을 가지고 있었으며, 수도 페르세폴리스는 지금의 뉴욕에 비견될 만한 세계의 중심지였다.

이란을 여행하기는 쉽지 않다. 당장 주변국들의 상태만 해도 그렇다. 국경을 맞대고 있는 나라가 아프가니스탄, 파키스탄, 이라크다. 전부 전쟁과 테러가 먼저 떠오르는 국가다.

이란은 이들 국가들보다는 낫지만 그래도 안전 문제에선 완전히 자유로울 수 없는 인식이 있다. 특히 미국 부시정권 때는 이라크, 북한과 더불어 악의 축으로 지명된 국가이기도 하고, 지금도 미국이 가장 싫어하는 나라 순위에서 1, 2위를 다투는 나라가 바로 이란이다. 세계 유일의 초강대국에게 대놓고 불량국가로 찍혔으니 이란의 이미지가 좋을 리 없는 것이다.

하지만 나는 이미 한 달 전에 파키스탄이 얼마나 친절하고 따뜻한 나라인지, 그로 인해 미디어가 보여주는 모습들이 얼마나 허황된 것인지 이미 보지 않았던가. 모든 판단은 내 두 눈으로 보고, 직접 경험한 후에 내려야 한다. 가보지도 않고 "그곳은 위험한 나라야." 라고 쉽게 말하고 싶진 않았다.

수많은 외국인들이 한국에 가보지도 않고 '전쟁 중인 나라, 지구에서 가장 위험한 나라.'라고 인식하고 있지만 정작 한국을 한번이라도 여행했던 외국인들은 입을 모아 "한국은 세계에서 가장 안전한 나라다."라고 입을 모아 말하지 않는가.

　내가 첫 번째로 입성한 이란의 도시는 '시와 장미'라는 우아한 닉네임을 가지고 있는 '쉬라즈'였다. 이곳은 페르세폴리스라 불리는, 영광에 휩싸인 페르시아 유적지로 유명한 곳이다. 페르세폴리스는 "짐은 관대하다."라는 명대사로 유명한 영화 「300」의 실존인물 크세르크세스의 흔적을 찾아볼 수 있는 곳이기도 하다.
　쉬라즈에 도착하자마자 페르세폴리스로 떠난다. 카우치서핑으로 만난 호스트 무하마드가 유적지까지 직접 픽업을 해 주었다. 2500년 전 '세계의 중심도시'라는 말이 무색할 정도로 쉬라즈에서 60km 가량 떨어진 황량한 곳에 있다.
　티켓을 끊어 웅장한 유적지로 입장하면, 이미 폐허가 된 유적지지만 거대한 기둥과 석상만으로도 화려했을 제국의 영화를 짐작할 수 있다. 외벽 곳곳에 남아 있는 부조 역시 마이크로 정밀기계로 조각한 것처럼 정교하고 매끄러웠는데, 특히 28개국의 사절단이 자국의 특산물을 바치는 모습을 부조한 조공 행렬도는 압권이다. 상아, 소, 향수 등의 특산품을 바치는 사절단의 외모는 물론이고 옷차림까지도 섬세하게 조각되어, 문자 그대로 세계 최초로 3대륙을 정복한 대제국의 위용이 생생하게 느껴진다.
　한 가지 놀라운 점은 이 페르세폴리스를 건설한 사람들이 자유민들이라는 것이다. 대부분 노예들의 노동을 착취해 각종 건축물을 지었던 그리스나 이집트와 달리 노동의 대가로 임금을 지불했다는 건 매우 의미가 큰 차별점이다. 고대 민주주의와 시민사회의 시발점으로 언급되는 그리스 아테네보다도 페르시아가 오히려 더 자유롭고 진보적인 국가였다는 것은 무엇을 의미하는가?

영광의 광휘로 빛나던 이 거대한 도시를 파괴한 건 우리에게 익히 잘 알려져 있는 알렉산더다. 이제는 무너져 지워져가고 있는 빛나는 문명의 흔적을 바라보면서 문득 유럽의 입장에서는 알렉산더대왕이 페르시아제국을 멸망시킨 위대한 영웅이지만 이곳에서는 위대한 문명을 처참하게 파괴한 정복자에 불과하다는 생각이 든다. 실제로 이란 사람들은 알렉산더를 평가할 때 세상 가득 죽음을 몰고 오고, 세상 전체를 파괴한 살육과 파괴의 화신이라고 생각한다.

이쯤에서 문득 알렉산더와 자주 비교되는 몽고제국의 칭기즈칸이 떠오른다. 전 세계에서 가장 강력했던 대제국을 건설한 칭기즈칸, 그를 바라보는 서양(특히 유럽)의 입장은 어떠한가? 알렉산더와 칭기즈칸의 공통점이라고 하면 위대한 정복자이자 파괴자라는 것이지만 이를 두고도 서구에서는 알렉산더를 위대한 정복자로 찬양하는 반면, 칭기즈칸은 문명의 파괴자로 바라보는 관점이 짙다.

비단 몽골의 역사뿐만이 아니다. 서양문명이 동양의 압도적인 힘에 굴복했던 역사는 모조리 평가절하 된다. 이를 테면 훈족의 유럽대륙 정벌도 마찬가지다. 그들은 이들을 야만의 무리 내지는 사탄의 군대라 묘사하면서 밑도 끝도 없는 비하 작업을 한다.

역사는 승자의 기록이라 하지만 우리는 이런 점에 대해 곰곰이 생각할 필요가 있을 것 같다. 승자의 자부심 넘치는 역사는 그들의 민족적 기상을 고취시키는 데 강력한 동력이 되지만 그를 위해 약자의 역사는 난도질을 당할 뿐이다.

그토록 꿈꿔왔던 페르세폴리스를 돌아보고 나오자 입구에서 기다리고 있던 무하마드가 소감을 묻는다.

"이 유적지는 지니고 있는 가치에 비해 사람들로부터 너무 저평가 되고

있는 거 같아."

아마도 무하마드는 나로부터 "여기는 정말 대박이야!" "웅장해!"와 같은
답변을 기대했었나 보다. 다소 엉뚱한 나의 대답에 당황해 하면서도 관심을
드러낸다.

"저평가 되었다니? 그 말은 알려지지 않았다는 말이야?"

"응 내가 보기엔 이 유적지가 그리스의 파르테논이나 이탈리아 콜로세
움보다 더 가치가 크지 않을까 하는 생각을 들 거든."

"너처럼 말하는 애는 처음 봐. 왜 그렇게 생각하는데?"

"페르시아는 세계 최초의 제국이라고 일컬어지잖아. 그런 페르시아제국
의 수도니까 당연히 엄청난 가치가 있지. 비록 폐허가 되었다고 해도 그 역
사적인 가치는 결코 지워지지 않는 법이라고."

무하마드 역시 내 말에 적극 동조했다. 그리곤 나름 흥미로운 얘기를 해
준다. 게스트가 쉬라즈 시내를 구경한다고 하면 별반 신경을 쓰지 않지만,
페르세폴리스를 간다고 하면 이유를 불문하고 무조건 픽업을 해 준다는 것

이다. 왜냐고 물어보니 이란의 화려한 역사를 소개해 주는 건 호스트로서의 사명이자 가장 뿌듯한 일이기 때문이라고.

"아, 그래? 그럼 나는 VIP 게스트였네? 이곳에 오기도 했지만 너희 역사에 존경심을 보여줬으니 말이야."

내 자화자찬에 무하마드는 박장대소를 터뜨린다.

"하하하, 물론이지. 페르세폴리스에 감탄사를 늘어놓는 친구는 많이 봤어도, 너처럼 이 유적지가 품고 있는 역사적 가치를 높이 평가해 준 사람은 한 번도 본적 없어."

무하마드는 한 가지 덧붙여 설명해 준다. 페르세폴리스라는 이름부터가 서구식 명칭이라는 것이다. 원래 이름은 '타크테 잠쉬드'이며, 현지 사람들은 그렇게 부른다고 한다. 그의 말을 들으니 더욱 씁쓸한 생각이 든다. 원래 이름마저도 빼앗긴 채 서구식 표기로 굳어버린 사라진 제국의 운명이 진하게 느껴졌기 때문이다.

그래서일까? 마음 한편으로 언짢은 마음이 가시질 않는다. 화려한 제국의 역사는 사라졌을지라도 그 발자취는 수 천, 수 만 년이 가는 법이건만 그 자취마저 희미해지고 있는 것 같았기 때문이다. 이제라도 이 위대한 페르세폴리스의 가치가 세상 사람들에게 온전히 평가 받았으면 하는 마음이다.

오늘의 경험을 통해, 나는 서아시아 여행의 콘셉트를 수정했다. 극히 왜곡된 이미지로 세상에 비쳐지고 있는 이 나라의 진솔한 모습들을 내 눈으로 직접 확인해보자고 생각한 것이다. 비단 역사뿐 아니라 온갖 미디어들이 어떤 편견의 색안경을 끼고 서아시아의 실상을 왜곡하고 선동하는지를 확인해보고자 한 것이다.

"쉬라즈에 왔는데 샤에체라그 모스크를 보지 않는 건 말도 안 돼! 설령 페르세폴리스를 놓치더라도 샤에체라그 모스크에는 반드시 가봐야 해."

카우치 호스트 모하마드는 이슬람 시아파의 3대 성지 중 하나가 이곳 쉬라즈에 있고, 바로 샤에체라그 모스크가 그 성지라고 설명해 준다. 원래는 페르세폴리스를 보고나서 바로 이 도시를 빠져나가려고 했지만 모하마드의 충고를 받아들여 하루를 더 머물며 이란의 종교문화를 느껴보기로 했다. 그동안의 경험으로 보면 현지인이 추천하는 곳은 항상 기대 이상의 감동을 받곤 했기 때문이다.

모스크에 입장하려고 하자 덩치가 큰 관리자가 나를 가로막는다. 외국인은 개인 관람이 안 된다는 것이다.

"그럼, 어떻게 해야 모스크를 구경할 수 있지?"

"가이드 안내를 따라야 해."

혼자서 자유롭게 여유를 즐기며 볼 수는 없지만, 가이드로부터 상세한 설명을 들을 수 있다는 점에선 괜찮은 옵션 같다.

하지만 이게 웬걸, 모스크에 도착한 지 40분이 지나도 나 이외에는 모스크를 방문하고자 하는 외국인은 하나도 없다. 하염없이 기다리느라 조금 짜증이 났지만 가이드가 5분마다 미안하다고 사과하는 바람에 티를 낼 수도 없다.

"가이드 아저씨, 언제까지 기다려 해?"

"오늘은 아무도 안 오네…. 오늘은 너 혼자 투어를 해야 할 거 같아. 괜찮아?"

"나 혼자? 그거야 말로 대환영이지!"

나는 개인과외를 받는 것처럼 전문 가이드와 둘이서 모스크를 구경하게 되었는데, 관람을 하기에 앞서 먼저 간단한 인사를 나누었다. 그의 이름은 호세이니. 한국인이라는 내 말에 가이드는 주몽 얘기부터 꺼낸다. 이란 최고의 히트 드라마라면서 너무 인기가 많아 여러 번이나 재방송되었다고 한다. 장난삼아 주몽이 활을 쏘는 포즈를 한번 취해 줬더니 팔짝 뛰며 좋아한다.

"너의 소서노(드라마 주몽의 히로인)는 어디 있어?"

호세이니가 짓궂은 질문을 한다.

"하하, 아마 인도에 있을 걸?"

나는 지난 달 뭄바이에서 내게 청혼했던 푸자를 떠올리며 대답했다.

"왜 하필 인도야? 이란 여자들이 얼마나 예쁜데."

장난기 많은 모습과 달리 모스크에 대해 설명할 때만큼은 진정한 프로다. 호세이니는 먼저 개괄적으로 쉬라즈와 이슬람 시아파의 역사에 대해 설명해 준다. 이슬람과 관련된 용어라 완전히 알아듣진 못해도 요점은 이 거였다.

"이곳은 성스러운 이슬람 시아파의 3대 성지이자, 세계에서 가장 아름다운 모스크로 알려진 곳이야. 그리고 너는 지금 쉬라즈를 여행하고 있다는 게 엄청난 행운이라는 걸 알아야 해."

자부심이 철철 넘치는 설명이었는데, 열정을 갖고 설명해 줘서 그런지 듣기에 거북하진 않았다. 지금까지 모스크로만 알고 있었는데, 호세이니는 종교박해로 순교한 시아파의 성인을 위한 영묘라는 설명도 덧붙인다.

노을이 지기 시작하자 샤에 체라그 모스크에도 하나 둘 조명이 켜진다. 양파 모양의 거대한 돔에 오렌지색 빛줄기가 쏟아진다.

'와… 신이 자신을 위한 사원을 만든다 해도 이렇게 아름답지는 않을 거야.'

내 나름대로 여행을 다니면서 아름답다고 하는 건물들을 꽤 많이 보았지만 이건 아예 차원이 달랐다. 그 아름답다고 칭송이 자자하고 나도 그렇게 느꼈던 인도 타지마할과 독일의 노이슈반슈타인성조차 한참 뛰어넘는 극한의 찬란한 광휘였다. 조금 오버해서 지구의 건축물이 아닌 것처럼 느껴졌다.

외벽의 아라베스크 문양과 살아 움직이는 듯한 아랍어 캘리그래피는 지금까지 보았던 어떤 건축물과 완전히 격이 다른 우아함의 극치다. 알라에게 조금이라도 더 가까이 가기 위한 독실한 시아파 무슬림들의 영혼을 느끼기에 충분했다.

검은색 망토를 촤~악 휘날리며 모스크 안으로 들어가는 이란 여성이 보인다. 배트맨이 무안해 할 정도로 폭풍 간지다. 바람에 휘날리는 검은 차도르를 보니 흑마법사가 세상에 강림하신 것 같은 착각이 든다. 평범한 복장의 이란 시민들도 이곳 모스크 앞에서는 전부 도통한 현자들처럼 보인다.

밖에서 살짝 들여다보이는 내부의 모습은 기독교의 천국, 불교의 극락세상을 보는 듯했다. 지금 이 영묘에 날개달린 천사가 현실로 강림한다 해도 조금도 놀랍거나 이질감이 들지 않을 것 같다. 정신을 차리지 못하고 이리저리 둘러보는데 정말로 혼이 빠져나갈 것만 같다.

"저 안에 꼭 들어가고 싶은데… 호세이니 어떻게 안 될까?"

엄격한 이슬람 규율 때문에 내부를 구경하는 건 꿈도 꾸지 않았었다. 하지만 생각해보니 이곳은 이란이다. 자기 힘으로 손님을 도와줄 수 없으면 자기가 가진 모든 인맥을 동원해서라도 도와주려고 하는 곳이다. 그마저도 안 되면 온갖 편법을 써서라도 손님을 도와주려고 하는 이란이다. 그들에게 손님을 돕는 일은 자랑스러운 일이고 무엇보다 우선시 되는 일이기 때문이다. 이게 이란을 비롯한 서아시아 국가의 매력이다.

그는 잠시 무전을 주고받더니 밝은 표정으로 말한다.

"그럼! 얼른 들어갔다 와. 대신 안에서는 꼭 조용히 해야 해."

"안에서 사진 찍어도 돼?"

호세이니는 또 몇 초간 골똘히 생각하더니 나에게 오케이 사인을 건넨다.

야호! 내부를 구경하는 것도 모자라 사진까지 찍을 수 있다니! 성지의 규율과 손님의 행복을 놓고 갈등하던 공전절후의 전투에서 호세이니는 손님

의 손을 들어준다. 진짜 이들의 엄청난 환대가 어쩌면 날 이슬람교로 개종 시키기 위한 고도의 전략은 아닐까? 라는 생각까지 들 정도다.

모스크 안으로 들어가니 모든 이란 무슬림들이 나를 빤히 쳐다본다. 걱정과는 달리 모두들 미소를 지으며 반갑게 맞이해 준다. 백발의 할아버지 한 분은 기도를 멈추고는 내 어깨를 툭툭 두드린다. 그리곤 눈을 감고 페르시아로 성스럽게 주문을 외우신다. 축복을 내려주는 것임을 짐작할 수 있다.

내부는 화려하기 그지없는 두꺼운 양탄자가 깔려 있고, 온 벽면은 입체 거울로 도배되어 있고, 천장 가운데에 매달린 샹들리에에서 비추는 빛이 수천 갈래로 반사되어 퍼진다. 온 세상은 보석처럼 반짝 반짝 빛났고, 나는 마

치 은하수 한 가운데 머물고 있는 것만 같다. "아름답다, 환상적이다."라는
표현은 너무나 진부해서 샤에 체라그에게 실례일 정도다. 눈앞에 펼쳐진 이
계의 광경에 그저 넋을 잃고 경애할 뿐이다. 이렇게 아름다운 모스크를 아
예 상상조차 하지 못하고 살아왔다니! 지금까지 인생을 허투루 살았던 것
만 같다.

　　모든 이슬람사원이 그러하듯 이곳 영묘도 알라를 그리거나 조각해놓은
모습은 보이지 않는다. 성상 숭배가 엄격히 금지된 이슬람의 율법은 수니
파, 시아파에 관계없이 1400년째 지켜지고 있는 것이다. 대신 궁극의 미를
자랑하는 모자이크와 아라베스크 문양이 그 빈자리를 훌륭히 메운다. 지극
히 개인적인 생각이지만 '무슬림 예술가들은 마음속으로 신을 그리고자 싶

은 욕망을 어떻게 참았을까?' 하는 궁금증이 일어
난다. 용솟음치는 예술가의 혼도 신의 경건함 앞
엔 한낱 별 볼일 없는 인간의 욕망에 불과한 것일
까? 역사에 만약이라는 말은 없지만, 행여 이슬람
교가 크리스트교나 불교처럼 자유롭게 신을 그리
고 조각할 수 있었다면 전 세계 미술사는 처음부
터 새로 쓰여야 했을 것이 분명하다.

특별서비스를 해 준 가이드 호세이니가 너무
고마워 팁을 주려고 했더니, 그는 점잖게 거절하
며 한마디 한다.

"이란은 정말 아름답고 손님을 사랑하는 나라
야. 너의 가족과 친구에게도 이란이 얼마나 멋진
나라인지 소개해 줘."

손님에게 이런 로맨틱한 멘트를 날리다니. 이
란에게 반하기 전에 이 친구한테 먼저 반할 거 같

다. 고개를 수십 번 끄덕이며 내가 할 수 있는 가장 격한 오케이 사인을 표
현했더니 그런 와중에도 호세이니는 나를 사무실로 초대해 차를 한 잔 마
시고 가란다.

"어차피 버스를 타려면 시간 많이 남았잖아. 이곳에서 좀 쉬고 가."

"그래도 사무실에서 일하는 사람들도 있는데 실례되는 거 아냐?"

우리나라로 치면 이촌역에 있는 국립중앙박물관 운영팀에 이란 사람이
들어간 셈이다. 사무실에 들어가니 모든 직원들이 하던 일을 즉각 멈추고
반갑게 맞이해 준다. 마치 군대에서 조교가 "동작 그만!"이라는 구령을 외
치면 모두들 하던 행동을 멈춰야 하는 것처럼 말이다.

내게 많은 관심과 친절을 보내주는 건 정말 좋았지만 언제까지고 이곳에

죽치고 있을 순 없다. 아무래도 엄연히 일을 하는 사무실인데 업무 중인 그대들에게 민폐를 끼치는 것 같았기 때문이다. 적당한 핑계를 대며 갈 준비를 한다.

"호세이니, 나 이제 가봐야 해."

"왜?"

"버스 타기 전에 모바일가게에 좀 들르려고. 심카드 데이터 충전해야 해."

"아, 그거 내가 대신 충전해 줄게."

호세이니는 즉각 내 모바일을 반강제로 빼앗더니 곧바로 1GB의 데이터를 구매해 충전시켜 준다. 터무니없는 그의 호의에 어떻게 대응해야 할지

모르겠다. '이봐, 이봐! 가이드는 가이드 일에만 집중하셔야죠!' 세상에 팁도 안 받고 오히려 자기 돈 내면서 데이터를 선물해주는 가이드가 어디 있을까 싶다. 데이터 요금을 내가 준다고 고집 피워도 끝끝내 받질 않는다. 그 시간에 한국 친구들에게 이란은 멋지고 안전한 나라라며 홍보나 하란다. 그야말로 환상적인 성지에 더 환상적인 가이드가 아닐 수 없다.

진짜 이란을 여행할 때는 말조심을 해야 한다. 나의 의도와는 상관치 않게 현지인들은 자기 멋대로 '도움이 필요하구나.'라고 해석해 버리기 때문이다. 이들의 언어 해석 능력은 기승전 도움, 서론 본론 도움이었다. 호의와 친절을 베풀 때도 절대 어설프게 하는 법이 없다. 언제나 나의 기대치를 두세 배 뛰어넘는 친절의 신세계를 선사해 준다. 이런 덕분에 의도치 않게도 나의 감사 표현도 날이 갈수록 업그레이드되는 것만 같다. 이들과 부대끼며 지내게 될 남은 시간이 행복의 예고편인 것만 같아 절로 미소가 지어진다.

호세이니에게 보내는 한 줄 편지

필요치 않은 사과를 수십 번이나 하고, 과분한 호의를 수도 없이 제공해 준 너란 사나이, 미진하지만 이란이 아름답고 친절한 나라라는 홍보를 열심히 수행 중이야. 몸소 친절한 선례를 보여 준 너의 부탁이기에 나도 절대 등한시 할 수 없게 되더라고.

신新 사랑은 시샤 향기를 통해

'시체를 구덩이에 놓아두고 독수리가 쪼아 먹게 한다?'

야즈드는 이란에서 가장 오래된 도시 중 하나이자 옛 조로아스터교의 신성한 거점이다. 그런 연유로 이곳에서 볼 수 있는 가장 큰 볼거리는 '조장鳥葬 터'로 유명한 조로아스터교 침묵의 탑이다.

조로아스터교의 풍습에 따르면, 사람이 죽으면 시신을 높은 언덕의 구덩이에 놓아두고 독수리나 새가 뜯어 먹게 했다고 한다. 지금으로서는 경악스런 문화 같지만 예전에는 이렇게 함으로써 망자의 영혼이 하늘에 올라갈 수 있다고 믿었다.

야즈드 시내에서 침묵의 탑으로 가는 길은 딱히 대중교통이 없다. 택시를 이용하거나 투어버스를 타고 가는 방법밖에 없다. 오늘은 큰 맘 먹고 택시를 타기로 결정한다. 이란은 택시비가 정말 말도 안 되게 저렴하기 때문이다. 역시 기름이 펑펑 쏟아지는 나라답다. 서울에서 대전까지 가는 거리도 우리나라 돈으로 2만 원 안팎이면 가능하다. 그에 반해 도로 위로 굴러다니는 차들은 하나같이 폐차 직전이다. 이란에 있는 고물차들이 서울 시내를 배회한다면 사람들은 걸음을 멈추고 사진을 찍느라 정신줄을 놓을 것이다. 저렴한 기름 값이 민망할 정도다. 찌그러진 깡통에 최고급 와인이 들어 있는 것처럼 언밸런스하달까?

택시를 기다리고 있을 때 내 앞에 오토바이 한 대가 멈춰 선다. 그리고 40대 후반 정도쯤 되어 보이는 아저씨가 대뜸 내게 말을 건넨다.

"어이, 중국인! 지금 어디가?"

"침묵의 탑에 가고 있어. 그리고 난 중국인이 아니라 한국인이야. 넌 아랍 사람이야?"

파키스탄 여행 때부터 나만 보면 중국인이라고 묻는 현지인들 때문에 심기가 매우 불편했다. 이런 무식한 놈들. 동양인이면 다 중국인인 줄 안다. 나도 그들과 똑같이 대응했다. 그들이 어느 나라 사람인 줄 뻔히 알면서 괜히 사이가 안 좋은 옆 나라 사람으로 몰아붙였다. 이란에선 특히 아랍인으로 오해하면 엄청 싫어한다. 일종의 트릭이다. "그러니까 너도 한국인인 내게 중국인이냐고 하지 마. 우리도 기분 나쁘거든!"이라고 까칠한 경고 메시지를 보내는 것이었다.

"아, 그럼 내가 태워줄게. 나도 침묵의 탑 방향으로 가고 있거든."

나는 그의 제안을 흔쾌히 받아들이고는 연신 고마운 마음을 전한다. 그의 스쿠터 뒷좌석에 앉아 침묵의 탑까지 간다. 그는 혼자 여행을 온 내게 정말 관심이 많았다. 숙소는 어디에 있고, 이 도시에 얼마나 머물 건지 꼬치꼬치 캐묻는다. 그러면서 호텔에 가지 말고 자기네 집에서 지내라고 한다. 난데없는 그의 제안이 무척이나 고마웠지만 이미 호텔에 숙박비를 다 지불한 상태라서 완곡히 거절하니 그는 무척이나 아쉬워한다.

"그럼 이따 우리 집에서 같이 차 한 잔이라도 하자."

"오, 정말? 나야 좋지."

"그럼 저녁 7시에 만나자."

아저씨는 나를 무사히 침묵의 탑까지 바라다 준다. 원래 택시비로 내려

던 돈을 사례금으로 주려고 하니 완강하게 거절한다. 그 어떤 대가 없이 생면부지의 낯선 이방인을 도우려고 하다니, 두 손 모아 감사할 따름이다.

침묵의 탑과 시내관광을 마치고 나니 어느새 저녁이 다가왔다. 7시에 약속장소인 모스크 앞에 도착하니 아까 날 태워줬던 아저씨가 기다리고 있다. 그의 이름은 알리. 이란 레스토랑에서 주방장으로 일하는 아저씨였다. 역시나 처음엔 주몽 얘기로 말문을 트더니, 알리는 이란 사회에 대한 불만을 토로하기 시작한다.

"이곳에선 술도 섹스도 마음대로 즐길 수 없어. 인터넷도 전부 통제되고 있지."

"맞아 나도 여기서 SNS랑 유튜브를 사용할 수 없어서 답답해 죽겠어."

사실 그의 말대로 강력한 이슬람 원리주의 통치는 이란 사회의 모든 것을 억압하고 있었다. 술은 대부분의 이슬람 국가들과 마찬가지로 구하기가 힘들었기에 크게 개의치 않았지만 문제는 인터넷이었다. 이곳에선 카카오

톡이나 페이스북을 사용할 수 없다. 정부 차원에서 사이트에 접근하는 것 자체를 아예 막아버렸기 때문이다.

그뿐만이 아니라 미국과의 갈등으로 인한 경제제재 때문에 비자나 마스터카드도 사용할 수가 없다. 그래서 이란을 여행하는 모든 외국인 관광객은 반드시 현찰을 준비해야만 한다. 나의 경우, 비상금 500달러가 남아 있었기에 망정이지, 이런 사실을 입국 순간까지 몰랐기에 하마터면 길거리에서 손가락만 쪽쪽 빨 뻔 했다.

이란은 언론탄압도 매우 극심한 것으로도 악명이 높았다. 2017년 기준, 이란의 언론자유지수는 165위로 최하위권이며, 이란은 현재 세계적으로 가장 많은 언론인들과 사회활동가들이 구금돼 있는 것으로 알려져 있다. 이란 국민들, 특히 젊은이들은 사회변혁을 원하지만 아직까지 이란은 무소불위의 이슬람 율법과 정교일치의 정치시스템이 지배하고 있는 국가다

그의 집에 도착했다. 외관은 볼품없는 흙집이었지만 문을 열고 들어서

니 오색으로 알록달록 한 페르시안 정원이 우리를 반겨 준다. 작은 분수도 있고 커다란 오렌지 나무도 있다. 집안으로 들어가니 무지갯빛 카펫이 제일 먼저 눈에 띈다. 페르시아는 양탄자로 유명한 나라답게 부드럽고 화려한 카펫이 일품이다. 밖에서 보기에는 지어진 지 40년 된 주공아파트, 내부는 강남 3구의 고급 아파트와 같은 느낌이랄까?

"화용, 여기서 잠깐만 기다려. 차와 시샤를 가져 올게."

이란에서 시샤(물담배)는 국민 기호품이다. 너도나도 길거리 카페에서 차를 마시며 커다란 시샤를 물고 있는 아저씨들이 흔하다. 그와 나는 마주보고 앉아 시샤를 뻐끔뻐끔 펴댔다. 야구 방망이만한 곰방대를 양손에 잡고 연기를 후우~ 내뱉는다.

'이란 현지인 집에서 차도 마시고 시샤도 피우다니, 정말로 알찬 하루네.'

만족스런 하루에 나도 모르게 흐뭇한 미소가 지어졌다. 앞으로 1분 후에 펼쳐질 일에 대해서는 까맣게 모르고 말이다. 시샤를 피우던 알리가 갑자기 내 얼굴을 빤히 쳐다보는데, 그 거리가 유난히 가깝게 느껴지는 건 기분 탓일까? 그때였다. 알리는 얼굴을 내 코앞에까지 들이밀더니 양손으로 내 뒤통수를 잡는다. 그리고 전혀 그윽하지도 않게 키스를 시도하려고 한다.

"알리! 너 왜 그래, 미쳤어?"

나는 미친 듯이 두 손을 휘둘러 그를 밀쳤다.

"말했잖아. 이란에서는 섹스도 포르노도 모두 금지되어 있다고."

"그래서, 그게 뭔 상관인데. 왜 갑자기 나한테 키스하려고 하는데?"

"화용, 너도 이걸 좋아한 거 아니었어?"

아이고, 그제야 무슨 상황인지 알 거 같다. 알리는 게이였던 것이다. 그리고 그는 나를 게이로 오해한 것이다. 허, 참…. 기가 막히고 코가 막힌다. 이렇게 외국에서 남자에게 인기 있을 줄 알았다면 여자로 태어났어야 했나 보다. 한 달 전 인도 뭄바이에서 만났던 아쉬쉬는 잘생기고 몸짱이기라도 했지. 알리에겐 미안하지만 내가 여자로 태어났어도 눈곱만치도 관심도 없었을 게 분명하다.

집에까지 초대해 준 사람에게 대놓고 생 지랄을 하고 싶진 않았다. 아니, 알고 보면 흑심을 품고 초대한 거니까 더 화를 내야 하는 상항인가? 어쨌든 신세진 것도 있기에 고래고래 소리를 지르기보단 최대한 점잖게 얘기한다.

"알리. 나는 너와 섹스하고 싶지 않아."

알리의 표정이 화석처럼 굳는다. 아쉬워하는 기색이 역력하다. 그는 아무 말도 없이 주섬주섬 일어서더니 주방으로 나간다. 그 사이에 나는 화장실로 달려가 입을 수십 번씩 헹구었다. 하나의 시샤를 서로 공유했던 터여서 찝찝함이 하늘을 찔렀기 때문이다. 그리고는 아무 일도 없는 척 다시 거실 카펫에 앉는데 이거 좌불안석이 따로 없다.

짧은 순간 오만가지 상상이 떠오른다. 만약 알리가 '식칼이라도 들고 와서 협박하면 어떻게 하지?' 하는 공포감이 덮쳐온다. 카펫을 들춰서 막아야 하나? 아니다. 차라리 옆방으로 피신한 후에 문을 잠그는 게 제일 나아 보인다. 그냥 무조건 도망갈까? 하는 생각이 들기도 한다. 하지만 막상 도망가면 흥분해서 더 쫓아 올 거 같기도 하고….

전전긍긍하고 있던 차에 문이 열리더니 알리가 돌아온다. 다행히 손에는 식칼이 아니라 쿠키가 들려 있다. 그리고는 아무 일도 없었다는 듯이 내게 쿠키를 먹어 보란다. 이 상황에서 너 같으면 쿠키가 들어가겠니? 우리는 같이 피우던 시샤에 손도 안 대고 싸해진 분위기에 멀뚱멀뚱 서로 마주보고 앉아 있을 뿐이다.

아니다 다를까….

알리가 갑자기 엎드리더니 한 손으로 자기 엉덩이를 팡팡 친다. 그윽한 눈빛으로 나를 쳐다보면서 말이다. 그런 모습이 무섭기보단 오히려 너무나도 어이가 없어서 나도 모르게 실소가 터진다. 이제는 이 친구가 귀엽기까지 하다.

"알리 너 뭐해, 설마 지금 섹스 체위 잡은 거야?"

알리는 말없이 고개를 끄덕인다. 참 세계는 넓고 별의 별 종류의 인간들이 다 있구나, 라는 생각밖에 안 든다. 아무런 반응이 없자, 그는 손을 바지춤 사이로 가져간다. 양 팔에 힘줄이 바짝 잡히더니 아래로 직진할 태세다. 오 마이 갓! 안구 테러가 일어나기 일보직전이어서 나는 황급히 그의 손동작을 제지시킨다.

"알리! 너와 섹스할 일은 절대 없어, 괜히 시간 낭비하지 마."

생각해보니 아내도 있는 놈이 나를 범하고자 했던 것이다. 계속 있어봤자 분위기는 더 싸해질 거 같다. 목적 달성에 실패한 알리도 굳이 나와 같이 있을 필요가 없을 테니 말이다. 바로 일어서서 갈 준비를 하노라니 아무 말 없이 나를 바라보는 그의 표정엔 아쉬움이 뚝뚝 떨어진다.

딱히 알리를 비난하고 싶지는 않다. 그는 처음부터 내가 게이인줄 알았을 것이다. 단 한 번의 거절도 없이 자연스레 그의 집까지 따라갔으니 말이다. 제 딴에는 간만에 좋은 먹잇감이 왔구나 하고 들뜬 마음으로 나를 초대했을 것이다. 유독 그가 섹스와 술 얘기를 많이 하기는 했지만 그건 어디까지나 일반적인 이란 사람들이 가질 수 있는 불만을 털어놓는 정도라고 생각했기에 전혀 의심을 품지 않았었다. 어찌 보면 거절 한번 하지 않은 나의 긍정적인 반응이 알리에게 헛된 희망을 심어준 것이다. 행복회로를 풀로 가동시킨 그에게 처참한 반전의 결과를 가져다 준 거 같아 내심 미안하기도 했다.

"아… 내가 호텔까지 바라다 줄게."

알리도 같이 일어서더니 나갈 채비를 한다. 누가 이란 사람 아니랄까봐서 어색해진 관계에도 끝까지 친절하다. 하지만 이 일이 일어나기 전의 왁자지껄한 우리의 모습은 사라지고, 호텔까지 가는 내내 서로 한마디도 하지 않았다.

"정말 고마웠어. 잘 가." 라는 인사말에 그 또한 손을 흔들어 준다.

마지막 그의 뒷모습을 보니 축 처진 어깨가 유난히 쓸쓸해 보인다. 그런 그를 보고 있는 내 마음도 쓸쓸하다. 보답은커녕 실망만 준 셈이니 말이다.

이란처럼 원리주의 이슬람국가에서는 LGBT(동성애, 트랜스젠더)는 그 자체가 중범죄라고 한다. 동성애자라는 게 들키면 징역을 살거나 심한 경우 채찍형까지 추가된다고 한다. 그래서 이들은 '평범한 삶을 유지하기 위해' 자신의 정체성을 숨기고 살아야 한다. 혹여 이웃이 눈치라도 채서 신고를 하면 자신의 생명이 위협받기 때문이다.

그런 이유로 이들에게 나와 같은 외국인 여행자는 딱 좋은 먹잇감이다. 스쳐 지나가는 외국인 게스트는 소문이 나지 않는다는 점에서 큰 어드밴티지가 있기 때문이다.

비단 알리뿐만 아니라 기차나 버스, 때로는 관광지에서조차 심심찮게 작업을 걸어오는 형님들이 있었다. 흥미로운 점은 보수적인 서아시아 국가에서 오히려 이런 경향이 더욱 농후했다는 점이다. 오히려 LGBT에 개방적인 유럽, 남미와 같은 나라들에선 이런 일이 거의 일어나지 않았던 것에 비해 대조적이다.

이런 걸 보면 무언가를 억지로 막으면 막을수록 사람들의 심리는 그것을 더 갈구하게 되는 것 같다. 반대로 오픈된 사회일수록 사람들의 욕망 또한 적당히 컨트롤되는 것을 볼 수 있다. 마리화나가 합법인 네덜란드에서 오히려 마리화나 흡연율이 다른 나라보다 더 적은 것처럼 말이다.

같은 지구촌이지만 동성애를 필두로 성적소수자에 대한 인식은 아직까지 천차만별이다. 어떤 곳은 동성애가 합법이고 어떤 곳은 사형에 준하는 죄라니! 이란에서 살기 때문에 자신의 정체성을 숨겨야 하는 알리가 애처롭다. 개방적인 브라질이나 유럽에서 살았으면 멋진 파트너를 찾을 수 있었을 텐데….

알리에게 보내는 한 줄 편지

다른 거 다 제쳐두고, 서먹해진 분위기에도 날 호텔까지 바라다 줘서 정말 고마웠어요. 내가 혼자가면 위험할까봐 그런 거죠?

세상의 절반에서 만난 분홍머리 소녀

'예술의 도시라고 하면 파리를 떠올리고, 환락의 도시라고 하면 라스베 가스'가 생각날 것이다. 하지만 '세상의 절반'이라고 하면 어떤 도시가 떠오를까? 이란에는 세상의 절반이라는 거창한 타이틀을 가진 도시가 있다. 바로 이스파한이다. 이곳은 일본 교토처럼 수도는 아니지만 이란에서 볼거리가 가장 많은 도시다. 특히 세계에서 두 번째로 큰 광장인 이맘광장에 가면 화려한 페르시아 건축의 진수를 느낄 수 있는 곳이기도 하다. 실제로 이맘 광장에 갔을 때 내가 느낀 건 광장이라기보다 공원에 가깝다는 것이었다. 광장 중앙에는 커다란 직사각형 분수가 있고 열십자로 뻗어 있는 길을 따라 초록색 정원이 펼쳐져 있다.

보통 이 정도 스케일의 광장이라고 하면 반드시 맥도날드나 스타벅스와 같은 글로벌 브랜드가 존재하기 마련이다. 그러나 이란에서 미국의 흔적을 찾는다는 건 고깃집에서 채식주의자를 찾는 것만큼이나 힘들다.

하지만 걱정 말라, 이맘 광장에는 훌륭한 대체재가 넘쳐 난다. 전통이 있는 페르시안 맛집부터 현대식 카페까지 온갖 산해진미가 즐비하다. 가격도 굉장히 저렴해서 손바닥 크기의 달콤한 빵이 단돈 300원, 이란 식 티는 200원이다.

광장 벤치에 앉아서 달콤한 크림빵과 차 한 잔의 여유를 즐긴다. 맞은편에 앉아 있는 젊은 여자 둘이 까르르 웃고 있다. 머리를 분홍색으로 염색하고 커다란 귀걸이에 껌까지 씹고 있다. 한눈에 봐도 걸크러쉬 분위기가 철철 넘치는 언니들이다. 그들도 내 존재를 눈치 챘는지 나를 쳐다보며 자기들끼리 귓속말로 속닥거린다.

'날 흉보는 건가?' 하는 생각이 든다. 혹시나 내가 오해했을 수도 있기에 자리를 옮겼지만 그녀들은 계속해서 나를 보며 웃는다. 분명히 비웃는 것 같다. 나를 두고 이야기를 나누는 것도 확실하다. 내 딴에는 인종차별을 당하는 것 같은 꺼림칙한 기분이 든다.

크림빵을 다 먹고는 그녀들에게로 다가간다. '더 이상 나를 소재로 얘기하지 마.' 라고 무언의 경고를 보내는 것이었다. 이내 얘기는 끊어졌지만 동물원 원숭이 마냥 뚫어지게 나를 향해 던지는 시선은 여전하다. 이거 영 기분이 찝찝하다.

애써 모른 체하며 그곳을 떠나 이맘광장을 천천히 둘러보기 시작한다. 카메라를 꺼내 평범한 이란 시민들의 일상을 찍어보기도 하고, 광장의 고즈

넉한 돌길 위로 관광용 꽃마차가 쉴 새 없이 돌아다니는 모습을 구경하기도 하고, 가족단위 시민들이 정원에 둘러앉아 도시락을 까먹는 모습을 바라보기도 한다. 곳곳에 데이트를 하는 젊은이들도 눈에 띈다. 함께 셀카를 찍는 커플을 보니 선남선녀가 따로 없다. 이란에선 스킨십을 하는 커플을 한 번도 못 봤는데 이곳에선 자연스럽게 손도 잡고 팔짱도 끼는 걸 보니 로맨틱한 장소가 연애 분위기를 부채질하는가 보다. 화창한 날씨에 연리지처럼 찰싹 붙어 있는 이란 커플을 보니 오늘따라 옆구리가 한없이 시려온다.

뒤에서 딸그락 딸그락 마차소리가 가깝게 다가온다. 고개를 돌려보니 마차에는 아까 나를 보고 비웃던 이란 여자애가 타고 있다. 눈이 마주치면서 달갑지는 않았지만 자동적으로 미소가 지어진다. 오랫동안 여행하면서 생긴 좋은 버릇 하나는 눈이 마주치면 자연스레 미소가 지어진다는 거다. 하지만 지금은 미소를 짓는 타이밍과 상대가 그리 좋은 것 같지는 않다는 생각이 든다. 얼른 시선을 피하며 보지 못한 체한다.

그러나 예상과 다르게 일이 전개된다. 갑자기 마차가 멈추더니 여자애가 마차에서 내려 나를 향해 걸어오는 게 아닌가.

"마차 같이 탈래?"

이게 뭔 생뚱맞은 소리람. 나보고 마차를 같이 타자니? 조금 전에 비웃음을 띠었던 표정과는 달리 말투가 상냥하고 따뜻하다.

"나랑 같이 마차를 같이 타자고?"

"응. 마차는 이맘광장의 명물이야. 마부 아저씨가 기다리니까 얼른 타러 가자."

설마 지금 이란 여자에게 납치… 아니 헌팅당한 건가? 그렇다. 모양새를 보니 이건 분명 헌팅을 당한 것이다! 서른 인생에 첫 헌팅을 이렇게 당하다니, 참 세상을 홀로 돌아다니다 보니 있을 수 없는 일들이 연거푸 터진다. 얼떨결에 그녀와 같이 마차를 타게 되었다. 2인용 마차에 둘이 나란히 앉으니 많이 어색하다. 그것도 히잡을 착용한 이란 여자랑 같이 앉아 있다 보니 가시라도 깔고 앉은 것처럼 좌불안석이다. 최대한 문 쪽으로 몸을 밀착 시켜보지만 얼마나 떨어질 수 있겠는가. 단순히 앉아 있을 뿐인데도 뭔가 금지된 행동을 하는 것만 같은 기분은 뭔지….

우리는 간단한 인사를 시작으로 서로의 인적사항을 공유했다.

그녀의 이름은 샤가에, 스웨덴으로 유학을 갔다가 잠깐 고향인 이스파한에 돌아온 것이라고 한다. 걸크러쉬 외모와는 달리 상냥하고 사근사근한 성품이다. 영어도 굉장히 능숙했고, 사고방식도 유러피언처럼 굉장히 자유로웠다.

마차에서 내리니 모든 사람들의 시선이 우리에게 쏠린다. 남자는 동양인이요, 여자는 분홍색 머리에 명품가방을 들고 있으니 그럴 만도 했다.

"광장 입구에 내 친구들이 기다리고 있어. 괜찮다면 같이 갈래?"

"어… 으응."

입구에는 무려 6명의 여자들이 기다리고 있었다. 오늘은 정말이지 이상한 하루다. 이란 여자에게 헌팅당한 것도 모자라 6명의 이란 여자들에게 둘러싸이다니. 분명 나는 전생에 페르시아제국을 위기에서 구한 영웅이었나 보다.

6명의 처자들은 날 보자마자 쉴 새 없이 질문세례를 쏟아낸다. 모두들 에너지가 넘치다 못해 폭발할 지경이다. 동서남북에서 쏟아지는 따발총 세례에 혼이 빠져나가 버린다. 검찰조사를 마치고 나온 정치인이 나라면, 법원 입구에서 나를 포위한 수많은 기자들은 바로 이 6명의 여인들이다.

"우리들 중에서 누가 제일 예뻐?"

그녀 무리들 중에서 한 여자가 짓궂은 질문을 던진다. 대답하기가 꺼려져서 머뭇거리자 신경 쓰지 말고 허심탄회 얘기하란다. 정말 눈에 띄게 아름다운 여자가 하나 있었지만, 그녀는 이미 예쁘다는 얘기를 많이 들었을 것 같아서 샤가에를 지목했다. 그녀가 이런 만남을 만들었던 당사자이기도 하고 실제로도 두 번째로 예뻤기 때문이다.

다른 여자애들의 탄식이 이어진다. 2등, 3등을 물고 늘어지며 질문한다. 이거 뭔 순정남(순위 정하는 남자)도 아니고, 더 이상 묻지 않는다는 조건으로 3등까지 대답했다.

"헤이, 창녀들!"

상점 직원이 우리를 향해 소리친다. 눈살을 찌푸리며 그를 쳐다봤더니 저급한 말투만큼이나 인상도 굉장히 험악해 보인다. 샤가에는 담담한 표정이다. 충분히 기분 나빠할 말인데도 오히려 나를 보고 신경 쓰지 말란다.

해죽거리느라 잊고 있었지만 이곳은 이슬람국가인 이란이다. 동양 남자가 혼자서 7명의 여자랑 같이 다니는 모습은 보수적인 이란 사람들의 눈에 곱게 보일 턱이 없었다. 그래서 외국인인 내게 대놓고 시비를 거는 대신 그녀들에게 상스러운 말을 해댔던 것이다. 페르시아어를 알아듣지는 못해도 안 좋은 말이라는 건 단번에 알 수 있었다. 이렇게 계속 함께 몰려다니게 되면 더 안 좋은 일을 당할 게 뻔했다. 밤이 깊어지기 시작한 때라 결혼하지 않는 남녀가 무리를 지어 같이 있는 건 더욱 위험했기 때문이다. 적당히 둘러대고 이 친구들과 헤어지는 게 차라리 나아보였다.

때마침 샤가에를 제외한 여자애들이 먼저 굿바이 인사를 한다. 그녀들도 이 달갑지 않은 상황을 인지했나 보다. 6명의 처자가 떠나고 나니 나와 샤가에만 덩그러니 남았다. 다시금 어색해진 분위기에 어리바리하고 있던 차에 그녀는 근처에 멋진 카페가 있다며 그곳으로 안내해 주겠다고 한다.

이란의 카페는 커피보다 주로 차를 판다. 커피 메뉴가 대부분인 우리나라 카페와는 정반대다. 특히 찻잔이 정말 예쁘고 차도 풍미가 깊다. 카페 내부는 히터를 풀가동시켰는지 굉장히 따뜻했다. 쌀쌀한 바깥 날씨와는 달리 후덥지근하다고 느껴질 정도다. 가스가 펑펑 쏟아지는 나라여서인지 난방 하나만큼은 세계 일류급이다. 문득 히잡을 쓰고 있는 샤가에가 더워 보인다.

"실내에서도 히잡을 벗으면 안 돼?"

"응, 실내라도 공공장소라면 안 돼. 경찰한테 잡혀가. 이란에는 일반경찰 이외에 종교경찰이 있거든. 그들은 보통 사복을 입고 시민들 틈에 섞여 돌아다니면서 사람들을 감시하지."

"잡히면 어떻게 돼?"

"경찰서로 연행돼서 감옥에 가거나 벌금을 내야 해."

머리카락을 가리지 않았다는 이유로 경찰서에 잡혀가다니, 이렇게 숨 막히는 사회에서 어떻게 살아가나 싶다. 같은 무슬림인 인도네시아나 터키 같은 나라도 히잡 안 쓰는 여자가 굉장히 많은데 유독 이란은 모든 여성들은 강제적으로 히잡을 써야 한단다. 실제로 이란에서는 자신의 종교와 상관없이 외국인 여자 여행객도 모두 히잡을 쓰고 다녀야 했다. 만약 안 쓰고 다니면 경찰서까진 가지 않더라도 강제 추방을 당할 정도로 엄격한 룰을 적용했다.

"히잡 벗은 거 보고 싶어?" 샤가에가 말한다.

"히잡 벗으면 종교경찰이 잡아 간다면서. 그러다 큰일 나려고."

"어차피 카페엔 우리밖에 없잖아."

그녀는 말이 끝나기 무섭게 히잡을 벗어 던진다. 얼른 쓰라면서 당황해하는 나를 보고 폭소를 터뜨린다. 그녀는 그걸 즐기고 있다.

"샤가에 미쳤어? 얼른 써!"

샴푸 광고처럼 머리를 좌악~. 와우, 허리까지 내려오는 분홍빛 생머리가 그녀의 숨겨진 미모를 더욱 돋보이게 한다.

정말 말괄량이 여자였다. 진짜 내가 생각하던 이란 여자에 대한 고정관념을 모조리 깨부수고 있었다. 한층 분위기가 가벼워지자 나는 그녀를 처음 만났을 때를 떠올리며 말했다.

"우리 아까 이맘 광장에서 처음 만났을 때 기억나? 내가 빵이랑 커피 마시고 있는데 너희들이 나를 빤히 쳐다봤잖아."

"응, 물론 기억나지. 그때 친구랑 네 얘기를 하고 있었거든."

"난 너희들이 날 욕하는 줄만 알았어."

나는 그때의 언짢았던 감정에 대해 얘기했다.

"하하… 전혀, 네가 가죽 자켓을 입고 혼자 앉아 있어서 너무 신기했어. 뭐하는 사람인지 궁금했었거든. 생각해봐, 여기는 동양인도 거의 없는 곳이 잖아."

"나도 너희들이 정말 궁금했어. 너희가 이란 사람이라고는 생각지도 못 했거든."

"왜?"

"분홍색으로 염색한 것도 그렇고 굽 높은 신발이랑 명품가방도 그렇고, 그리고 사실 너랑 이렇게 말하고 있는 것도 신기해. 이란 사회는 보수적이라 여자가 외간 남자랑 얘기할 수 없다고 들었거든. 이란 여자랑 얘기하는 건 네가 처음이야."

"남자랑 여자랑 얘기하는 게 뭐 어때서? 요즘 젊은 사람들은 다 그래. 이 스파한이 보수적인 동네라 그렇지, 테헤란에 가면 나 같은 사람들 많이 만날 수 있을 거야."

비단 샤가에 뿐만 아니라 며칠 동안 이란에서 만난 젊은이들을 보면 다들 자유분방했다. 보수적인 사회 분위기와는 전혀 어울리지 않았다. 그들은 어둠의 경로를 통해 최신 미국 드라마를 보고 유럽의 인기 잡지를 구독했다. 페이스북과 유튜브를 막아놨어도 VPN을 통해 다들 사용한다. 실상 있으나 마나한 규제다.

"우린 종교, 이념 같은 데는 전혀 관심이 없어. 우리가 바라는 것은 자유야. 한국처럼 자유로운 나라. 너희 나라는 아무 종교나 믿어도 괜찮다면서? 종교를 믿지 않는 사람도 많다지? 나는 그런 세상을 원해."

샤가에는 지극히 패쇄적인 이란에 대한 불만을 서슴지 않았다. 젊은 층을 중심으로 진보적인 사회 변혁의 움직임이 있었지만 40년 가까이 원리주의 이슬람이 강철처럼 지배하고 있는 한 쉽게 바꿀 수 있을 것 같지는 않았다. 하지만 이들과 함께 하면서 느낀 점은 머지않아 이란의 사회도 점차 개방적으로 바뀔 것이라는 점이다.

"이란도 조만간 바뀌게 될 거야."

"네가 어떻게 알아?"

샤가에가 놀란 표정으로 묻는다.

"많은 이란 사람들이 사회 변화를 원하고 있잖아. 모두가 원하면 결국 그 사회는 바뀔 수밖에 없어. 변화를 거부하고 강제로 옭아매면 반드시 도태될 테니까."

"응, 그랬으면 좋겠어."

샤가에는 고개를 끄덕였지만 표정은 한층 어두워졌다. "그럴 일은 절대 없을 거야."라고 말하는 것만 같다. 오랫동안 이어져 온 원리주의 이슬람의 통치는 이란 젊은이들의 개혁의지마저 꺾어버린 것 같았다.

그래도 주눅 들지 않고 언제나 에너지 넘치는 샤가에의 모습은 정말 보기에 좋았다. 나아가 억압된 사회 분위기에 저항하는 듯한 그녀의 파격적인 모습에 경외감마저 느껴졌다. 우리나라에서야 핑크색으로 염색하고 다니든, 피어싱을 하든 아무도 상관하지 않지만, 이란에서 그녀처럼 자유분방하게 하고 다니기는 쉽지 않기 때문이다. 아까 창녀라고 소리친 망나니 장사꾼에게 눈 하나 깜짝 하지 않고 자연스레 무시하던 걸 보면 이미 좋지 않은 시선에 익숙해져 있는 것 같아 안타깝기도 했다. 하물며 나조차도 처음엔 불량소녀라고 생각했는데, 조선 유생 저리가라 할 정도로 보수적인 이란 사람들이야 오죽했을까.

"이란은 꽉 막힌 나라지만, 이란 사람들은 손님들에게 항상 친절해. 좋은 추억 많이 만들다 가."

"맞아. 이란처럼 친절한 나라는 여태껏 경험해보지 못했어."

그녀가 처음으로 이란에 대해 긍정적인 얘기를 꺼내자 내가 다 기뻤다. 이를 놓칠세라 그동안 겪은 이란인들의 호의에 구구절절 말해 주었다. 샤가에의 입장이 충분히 이해는 갔지만 그녀 앞에서 "이란은 답 없는 나라야." 라고 맞장구를 쳐줄 수는 없는 노릇이었기 때문이다.

차를 다 마시고 난 후 우리는 기약 없는 다음 만남을 기대하며 헤어졌다. 그녀는 마지막 순간까지 한없이 친절하고 따뜻했다. 그 덕에 내 마음도 덩달아 포근해지고 세상의 절반이라는 이 도시가 더욱 아름답게 보였다.

샤가에랑 헤어지고 숙소로 가는 길에는 두 가지 씁쓸한 에피소드가 날 기다리고 있었다. 첫 번째는 이란 청년이 나를 졸졸 따라다니며 매춘 호객을 했던 것이다. 능숙한 영어로 이런 저런 말을 늘어놓으며 호객을 하면서 나를 유혹했다. 못 들은 채 계속 무시하며 걷다가, 궁금한 점이 한 가지 떠올라 그에게 물어봤다.

"너희 나라처럼 보수적인 나라에서 이런 불법 매춘을 하면 큰일 나지 않아?"

"그러니까 더 특별한 거지. 흔하지 않은 기회니까 놓치지 말라고."

돌아오는 그의 답변이 날 더 황당하게 만든다. 원리주의 이슬람국가에서 외국인을 노리는 매춘이 있다는 것도 놀랐지만 보수적인 나라라 더 특별하다는 자조적인 한탄을 영업용 멘트로 날리는 것이 더 어이없었다. 매춘 없는 세상이 없다곤 하지만 하다못해 공공장소에서는 춤, 노래 공연까지 금지된 이란조차 매춘이 존재하다니…. 목숨을 건 그들의 호객행위에 저절로 고개가 저어질 뿐이다.

젊은 호객꾼은 내가 아무런 반응을 보이지 않자 나름 정중하게 굿바이 인사를 건넨다. 차마 그것마저도 무시할 순 없기에 소극적으로 나마 손을

흔들어 주었다.

두 번째 에피소드는 택시 승강장에서 일어났다. 차례차례 줄지어 서 있는 택시를 타고자 하던 찰나, 선한 인상을 가진 젊은 기사가 얼른 여기로 오라고 손짓한다. 별 생각 없이 그를 따라 갔는데 아뿔싸, 그의 택시는 승강장에서 맨 앞이 아니라 길 한복판에 있었다. 그러자 맨 앞에 대기하던 기사는 손님을 **빼앗겼다**고 생각했는지 성난 표정으로 선한 인상을 가진 택시 기사에게 달려갔고, 아니나 다를까 나를 두고 택시기사 두 사람 사이에 험한 주먹질이 오간다. 서로 먼저 나를 찜했다는 것이다. 모두 건장하고 젊은 청년들이다.

실업 문제가 심각한 이란에선 청년들이 불법택시 영업을 하거나 불법 위성 TV 설치와 같은 일에 종사한다고 한다. 택시를 타려다 중간에 서서 두 청년을 뜯어 말리기 바쁘다. 말리는 나도, 싸우는 친구들도 씁쓸하다. 하… 왠지 동병상련의 느낌이 들어 슬프다. 청년들이 고달픈 건 이란이나 대한민국이나 다를 게 없구나.

샤가에 에게 보내는 한 줄 편지

2018년 초에 히잡 벗기 시위가 일어났다는 뉴스를 봤어. 자유로운 시민사회를 만들기 위한 첫걸음이겠지. 그 뉴스를 보자마자 네가 생각나더라. 네 한국친구인 나도 적극 지지하고 있다는 사실을 잊지 말아 줘!

16살 이란소녀의 방은 케이 팝 음반 상점

"화용, 테헤란에는 한국을 엄청 사랑하는 소녀가 있어."

파키스탄 라호르에서 만났던 독일 친구가 해 준 말이다. 이란에 갈 예정이라는 내 말에 테헤란의 카우치서핑을 추천한 것이다.

카우치 호스트의 이름은 조흐레, 한국을 알라만큼이나 사랑하는 16살짜리 이란소녀였다. 가도 괜찮냐는 나의 메시지에 한 치의 망설임도 없이 오케이 사인을 날린다.

테헤란에 도착하자마자 '딩동~' 하고 그녀의 집에 찾아 들어간다. 온 가족이 벌떡 일어나 나를 환영해 준다. 따뜻한 환대에 잠시나마 긴장되었던 내 마음도 뙤약볕 아이스크림 마냥 사르르 녹아내린다. 조흐레는 부모님 그리고 언니와 함께 살고 있다.

조흐레는 내가 짐도 풀기 전에 다짜고짜 자기 방으로 끌고 간다. 그녀의 방은 벽부터 옷장까지 케이 팝 스타들의 포스터로 도배돼 있다. 케이 팝 음반 상점이라고 해도 전혀 어색한 생각이 들지 않을 정도다.

"이 가수가 내가 제일 좋아하는 가수에요."

"누군데?"

"이 가수 몰라요? BTS!"

2017년 전 세계를 강타한 케이 팝 그룹 BTS를 처음 알게 된 순간이다. 대학을 졸업하고 취업과 일로 정신없던 나는 최근 어떤 케이 팝 스타가 대세인지 잘 몰랐었다. 빅뱅과 시스타까지가 나의 마지막 불꽃을 터뜨린 케이 팝 스타랄까?

그녀는 BTS 포스터를 가리키며 일일이 멤버들에 대해 설명해 준다. 이란 소녀로부터 한국 가수를 소개받다니… 공산주의자로부터 시장경제에 대해 배우고 있는 느낌이다.

조흐레는 물 만난 물고기 마냥 제대로 신이 났다. 마치 내게 "난 이만큼 한국 문화를 사랑하는 이란소녀야. 그러니 한국인인 너는 나를 얼른 칭찬해 줘!"라고 말하는 것만 같다. 비록 누군지도 모르는 아이돌 그룹이지만 그녀의 해박한 케이 팝 지식에 박수를 치며 같이 좋아라 해 준다.

책상 앞에는 족히 1미터는 됨직한 커다란 태극기가 걸려 있다. 이란 소녀의 방에서 태극기라니. 그것도 조흐레가 직접 그린 태극기였다. 그녀가 얼마나 열렬히 한국을 사랑하는지 더 이상의 자세한 설명은 필요치 않겠다. 1990~2000년대 그 열성적인 HOT팬이나 GOD 팬들도 한 수 접고 들어가야 할 정도의 정성이다.

하지만 놀라지 마시라. 조흐레의 한국사랑 클라이막스는 바로 애국가 독창이었다. 조흐레는 대뜸 내게 한국의 애국가 1절을 전부 외웠다면서, 내가 요청하지도 않은 애국가를 독창한다. 여행을 하는 동안 한류를 사랑하는 팬들을 많이 만나봤어도 애국가를 외웠다는 한류 팬은 만나본 적이 없었다. 그녀의 열렬한 한국사랑에 당장이라도 명예시민증을 부여하고 싶은 심정이었다.

"조흐레, 한국 오고 싶어?"

너무 빤한 질문이지만 그녀의 대답이 궁금했다.

"제 꿈이에요. 제가 이렇게 열심히 공부하는 이유도 꼭 한국에 가고 싶어

서예요."

누군 한국을 탈출하고 싶어서 몸부림을 치는데 누군 한국에 오기 위해 공부한다니 기가 찬다, 기가 차…. 하긴 이곳은 이란이고 오고 싶어 하는 이가 조흐레라는 걸 감안한다면 충분히 납득된다. 우리에게는 헬조선일지라도 수많은 개발도상국 사람들의 입장에서라면 한국은 최첨단 과학기술을 자랑하는 자유로운 나라로 비춰질 테니 말이다.

조흐레는 한국어가 정말 유창했다. 덕분에 자유롭게 의사소통이 가능했다. 그동안 궁금했던 한류의 실체에 대해 이것저것 물어봤다.

"이란에 케이 팝 팬들 많아?"

"정말 많아요. 제 친구들도 케이 팝 많이 좋아해요. 그리고 이란 사람들 한국드라마 엄청 좋아해요."

"케이 팝이 왜 좋아?"

"오빠들이 너무 멋있어요. 노래도 정말 좋아요."

"음… 그럼 난 어떠니?"

"아, 그건 좀…."

아이고, 같은 한국인인데 이렇게 다른 반응이라니. 오빠(아저씨) 마음에 비수를 꽂는구나.

중국이나 동남아 국가를 뒤흔들던 한류의 매력에 머나먼 페르시아의 후손들마저 빠져 들고 있다. 내가 일부 사람들만 케이 팝을 즐기는 게 아니냐고 묻자 조흐레는 케이 팝이 절대 소수의 매니아 문화가 아니라고 거듭해서 강조한다. 나중에는 케이 팝의 위상을 평가절하하는 듯한 나의 의심스런 질문에 못 마땅해 하는 눈치까지 보인다.

조흐레의 가장 큰 소망은 케이 팝 스타들의 공연을 보는 보는 것이다. 우리야 브래드 피트나 조니 뎁을 만났다고 하면 친구들 사이에서 '전생에 나라 구한 영웅' 취급을 받지만, 이 친구들은 케이 팝 스타를 보거나 한국여행을 하면 친구들 사이에서 알라 대접을 받는다고 한다.

"그럼 너는 케이 팝 스타 본 적 있어?"

"아뇨. 우리나라는 종교 때문에 케이 팝 스타들이 와도 공연을 못해요."

"종교랑 공연이랑 뭔 상관이야?"

그녀의 말에 나는 입을 다물 수가 없었다. 그놈의 원리주의 이슬람 때문에 이란은 케이 팝 스타들이 공연하는 게 불가능한 곳이다. 우리나라 걸 그룹이 테헤란에서 춤추며 노래하는 일은 지구가 두 쪽이 나도 일어나지 않을 거라는 게 조흐레의 말이다.

"만약 케이 팝 가수가 공연을 하면 어떻게 될까?"

"감옥가요."

"공연을 한다는 이유로 감옥에 간다고? 거짓말!"

"우리나라는 그래요…."

대답하는 조흐레도, 대답을 듣는 나도 황당함을 숨길 수 없다. 참 감옥에 가는 이유가 단순하고 어이없다. 춤을 추는 게 감옥에 가는 이유라면 그 법을 만든 사람이야 말로 감옥에 가야 하지 않을까.

거실 소파에서 쉬고 있는 동안, 조흐레 어머니는 주몽을 바로 틀어 주셨다. 아직도 방영 중이냐는 질문에 주몽은 워낙 인기가 많아서 한 방송사가 끝나면 다른 방송사가 연이어 방영한다는 얘기를 하신다. 여러 번 재방송을 해도 계속 보는 사람이 많단다. 말 그대로 한번 보고 두 번 보고 자꾸만 보고 싶나보다. 하긴 한국 드라마가 중독성 하나는 끝내주지. 사극으로 시작된 한국 드라마 열풍은 전 장르로 다 퍼졌다고 한다. 보수적인 이란의 국영 방송사는 사극 위주로 한국드라마를 틀어주지만 이미 젊은이들 사이에선 멜로물이나 재벌을 소재로 하는 한국 드라마가 널리 퍼져 있다는 얘기를 해준다.

조흐레 아버지 '호스로'는 한국이라고 하면 축구부터 떠올린다. 열성적인 축구팬인 그는 한국과 이란을 아시아의 2강이라며 추켜세웠다. 그의 말대로 아시안컵이나 월드컵 예선전 등에서 이란은 일본 이상으로 우리의 맞수였고 아시아 국가 중에서 드물게 우리보다 상대작전이 앞선다. 우리는 이란을 중동의 침대 축구로 생각하고 있는데, 호스로의 말에 따르면 이란은 한국 축구를 폭력 축구라고 생각하고 있다.

"한국 선수들의 과격한 몸싸움 때문에 이란 선수들이 쓰러지는 거야."

이란 선수들이 축구를 할 때 매번 그라운드에 눕기만 한다고 하자 조흐레 아버지가 꽤나 흥분하시면서 내놓은 반응이다.

'에이, 아버지… 그거 진짜 몸싸움이 아니라 다 이란 선수들이 연기하는 거예요.'

목구멍까지 나오려던 말을 가까스로 참는다. 여긴 이란의 홈그라운드! 이란 가족 4명에 한국인은 나 혼자다. 결국 태도를 바꿔 말한다.

"하하하… 이란이 원래 축구 좀 하죠. 피파 랭킹도 아시아에서 제일 높잖아요."

조흐레 가족은 진정 사랑으로 나를 보살펴 주었다. 빨래 할 거 있으면 내놓으라더니 환전을 하고 온 사이에 가지런히 개어진 상태로 소파 위에 놓여 있다. 매번 정성스런 식사를 차려주시면서도 더 좋은 음식을 못 줘서 미안하다고 하시고, 고마운 마음에 설거지라도 하려고 하면 너무나도 완고한 태도로 말린다.

한번은 더럽기 짝이 없는 내 백팩과 신발을 보고는 이걸 빨아도 되는지 물어보셨다. 나는 손사래를 치며 괜찮다고 했지만, 조흐레 어머니는 타고난 '답정녀' 스타일이셨다. 내게 대신 신을 신발 두세 켤레를 보여주시면서 아무거나 골라 신으라고 하신다. 그리곤 정성스레 내 백팩과 신발을 손세탁해 주셨다.

테헤란의 겨울은 상당히 추웠지만 집안은 따뜻하다 못해 더울 지경이었다. 아버지가 히터를 어찌나 빵빵하게 트셨는지 반바지를 입고 싶어 미칠 뻔 했다. 조흐레 집안이 아무리 개방적이라 해도 이란에서는 반바지를 입는 게 금기라고 들었던 터라 실행에 옮기지는 못했다.

조흐레와 친언니는 밖으로 나갈 때마다 반드시 히잡을 썼지만 집에 도착하면 우리가 제일 먼저 신발을 벗듯이 히잡부터 벗는다. 집안에서 히잡은 말 그대로 찬밥 신세보다도 못한 존재다. 이 자매들은 가끔씩 외출하기 전에 문 앞에서 "내 히잡!" 하고, 허둥지둥 머리에 히잡을 두르곤 했는데, 그게 귀찮을 때는 그냥 후드 티로 머리카락을 대충 가리고 나가기도 했다.

히잡의 착용 유무는 억압적인 외부 생활과 자유로운 실내 생활을 가르는 상징과도 같다. 히잡이 없는 집안에서의 모습은 여느 한국 가정처럼 억압된 사회 규범에 구속받지 않고 개방적이었다. 친구들끼리 파티를 즐기기도 하고 옷도 편하게 입었다. 최신 가요를 마음껏 틀고, 유튜브로 한국 걸그룹의 공연을 보기도 한다.

하지만 히잡을 착용한 바깥의 모습은 180도 다르다. 종교경찰이 감시하고 있어서인지 눈에 띌 만한 행동을 최대한 자제한다. 게다가 이란에선 음주가무가 금지되어 있어 밖에서 즐길 수 있는 놀이문화도 매우 제한적이다. 실제로 조흐레 가족의 실내외 생활을 비교해보면 이게 정녕 같은 나라에 살고 있는 같은 사람이 맞는가 할 정도였다. 마치 '두 얼굴의 사나이' 국가 버전이라고나 할까?

2017년 1월 12일, 호스로는 임시공휴일이라고 한다. 왜냐고 물으니 유명한 이란 정치인 라프산자니가 서거했다는 것이다. 그는 이란 이슬람혁명의 주동자인 호메이니의 동지이자 이란의 전직 대통령이었다. 중국을 예로 들자면 마오쩌둥의 후계자인 덩샤오핑과 비슷한 인물, 인도로 예를 들자면

간디의 동지인 네루 수상이라고 생각하면 얼추 비슷할 것이다.

거리는 온통 라프산자니의 사진으로 도배돼 있었고 뉴스와 신문에서는 하루 종일 특보로 그의 서거 소식을 알리고 있었다.

"화용, 오늘은 이란의 역사적인 날이야. 너를 그 현장으로 너를 안내해 줄게."

호스로는 나를 호메이니의 영묘로 데려갔다. 호메이니는 좋은 의미든, 나쁜 의미든 어쨌거나 이란의 국부와도 같은 인물이었다. 그렇기에 호메이니의 묘는 이란의 성지로 추앙을 받았고, 중대한 정치적 쟁점이 있을 때마다 상징적 장소로서 수많은 사람들이 몰려들곤 했다.

예상대로 그의 영묘는 혁명의 날처럼 무수히 많은 이란 시민들로 들어

차 있었다. 취재기자랑 카메라만 해도 얼핏 수 백 명은 되어 보였다. 군데군데 높은 단상에 올라 설교를 하는 검은 옷차림의 이슬람 종교인들이 눈에 도드라진다. 미디어를 통해 보았던 전형적인 이란 정치인의 모습이다. 정치 지도자가 곧 종교 지도자인 탓에 라프산자니의 마지막 가는 길도 이처럼 지극히 종교적인 색채를 띤다. 일부 과격한 그의 추종자들은 통곡을 하기도 하고 물건을 집어던지는 등 난동을 부리는 모습도 보였다

라프산자니의 죽음은 단순한 한 이란 정치인의 죽음으로 볼 수도 있지만 전 세계에 미치는 외교적인 파급력도 상당했다. 당시 미국은 이란과 핵 협상을 성공적으로 끝낸 상태였고, 그 중심에는 중도 개혁노선을 타고 서방국가와의 합의를 표방했던 라프산자니가 있었다. 하지만 라프산자니의 죽음으로 인해 반 서방 보수파의 목소리가 더욱 강해지리라는 건 분명한 일이었다. 더구나 당시 미국은 이란에 대한 강경노선을 주장하고 있는 트럼프가 취임을 앞두고 있었다. 오랜 경제적 고립으로부터 벗어나 서방 세계와의 관계 개선을 노리고 있던 이란의 외교 노선에도 브레이크가 걸리게 생긴 것이다.

호스로와 그의 가족은 열렬한 라프산자니의 팬이었다. 그리고 그는 이란의 변화를 진심으로 원하는 애국자였다.

"라프산자니의 죽임이 이란의 국제적 고립을 더 가져올 거야. 나는 이 나라의 미래가 더욱 걱정돼."

호스로는 한숨을 푹푹 쉬면서 풀죽은 목소리로 말한다. 내가 할 수 있는 일은 호스로의 어깨를 토닥이며 위로해 주는 것밖에는 없다.

"이란은 반드시 바뀔 거야. 내가 보증해. 지금 잠시 웅크리고 있을 뿐이니까 걱정하지 마."

수도 테헤란에선 좋든 싫든 간에 유독 현지인들과 부대낄 기회가 많

앉다. 대다수의 이란 국민들은 친절했지만 가끔씩 '칭챙총'거리며 동양인을 비하하는 이란인도 있었다. 특히 그런 말들을 하는 애들은 껄렁껄렁한 10~20대 남자애들이 대부분이다. 난 이런 인종차별적인 말을 듣고 모르는 척 그냥 넘어갈 정도로 순해 빠진 사람은 아니다.

이날도 테헤란의 명소 보라색 다리를 걸어가는데 10대 후반으로 보이는 두 녀석이 나를 보며 '칭챙총' 거린다. 눈빛만 봐도 아주 날 '빙다리 핫바지'로 보는 건방진 태도다. 바로 두르고 있던 목도리를 나름 거칠게 집어 던지고는 살기를 띤 채 그놈에게 성큼 성큼 걸어갔다. 싸움은 1도 못하지만 부릴 수 있는 모든 허세는 다 부렸다. 지금 이 순간만큼은 인종차별에 항거하는 16억 동양인의 대표다.

그놈들은 실실 웃으며 아니꼬운 눈빛으로 나를 쳐다본다. 그놈들에게 다짜고짜 어깨동무를 한 채로 얘기를 꺼낸다.

"칭챙총은 중국어야. 그리고 나는 중국인이 아니라 한국인이야."

방금 전까지 거품을 물고 달려오더니 이번엔 헛소리까지 하는 나를 외계인 보듯 바라본다. 나를 이미 미친 놈 취급하고 있는 거 같다. 그리고 그들에게 거짓된 진실을 한 가지 말해준다.

"너희들이 말하는 눈 작은 사람들은 중국인이 아니라 알고 보면 전부 한국인이야. 그러니까 한국어로 인사를 해야 해."

"한국어로 인사?"

"na nun babo, 나는 바보. 따라 해봐."

청년들의 표정은 제대로 멍해 있었지만 의외로 순진했다. 내가 또박또박 천천히 말하니, 말 잘 듣는 모범생 마냥 나를 따라서 말한다.

"na…nun ba…bo?"

"응, 맞아. 그 말은 한국에서 hi. how are you랑 같은 뜻이야."

청년들은 웃으면서 재밌단다. 교만한 태도는 그대로다. 그리고 서로 마주보며 나는 바보를 외치고 있다. 잊지 말라고, 그들의 모바일에 친절하게 로마자로 타이핑까지 해 준다. 'Na nun babo = hi how are you'라고.

다음 날, 이번엔 12살 정도 되어 보이는 꼬마 녀석 둘이 건들거리며 내 앞에 멈춰 선다. 내가 옆으로 피해서 걸어가려고 하니 이놈들도 같은 방향으로 움직여 내 길을 가로막는다.

"이놈들은 또 뭐야?"

표정을 보니 껌을 짝짝 씹으면서 웃고 있다. 친절의 웃음이 아니라 거만함이 터져 나오는 비웃음이다.

그때였다. 꼬마들 중 하나가 껌 종이를 내 뒷덜미 속으로 집어넣는다. 껌 종이는 옷 안쪽으로 들어가 내 등 피부를 타고 흘러내린다.

순간 너무나 화가 나서 이성을 잃고 소년의 멱살을 잡았다. 그리고 바로 옆 어두컴컴한 주차장으로 끌고 갔다.

"야, 너 죽을래?"

제대로 뚜껑이 열렸다. 나름 궁극의 험악한 표정을 지으며 건방진 소년들을 몰아붙였다. 그러나 소년은 눈 하나 깜빡하지 않고, 여전히 실실 웃고 있을 뿐이다. 나는 그 모습을 보고 더욱 부아가 치밀었다.

"Are you crazy? What's the matter?" 라고 소년을 향해 쏘아 붙였다. 소년이 문득 겁에 질린 척 반성하는 연기를 하더니 내 말을 그대로 따라 한다.

"Ar~e you crazy? What's the ma~~tter?"

음정과 박자까지 넣어가며 내 말을 그대로 따라한다. 아주 그냥 제대로 비아냥거린다. 이런 개념 말아 먹은 놈을 봤나. 나는 약이 오를 대로 올라 이놈의 멱살을 더 세게 잡았다. 흥분을 자제하지 못한 내 오른팔은 소년의 목을 조르는 수준까지 갔다. 놈의 표정은 약간 일그러졌지만 웃음기는 여전히 남아 있다. 그리곤 옆에서 어쩔 줄 몰라 하는 친구에게 계속 페르시아어로 지껄인다. "가만히 서 있지만 말고 뭐라도 좀 해."라고 도움의 메시지를 보내는 뉘앙스다.

몇 분간의 실랑이가 진행되는 동안, 소년이 내 목덜미로 넣었던 껌 종이가 등짝을 타고 바닥에 떨어졌다. 다행히 껌은 붙어 있지 않았고 종이만 있

다. 애초에 껌이 붙은 종이를 넣은 줄 알았는데 아무것도 없는 껌 종이를 보
니 약간은 분노가 사그라든다. 다시 고개를 돌려 소년의 표정을 보니 웃음
기는 완전히 사라진 채 괴로워하는 표정을 짓고 있다. 숨 쉬기가 답답한지
목구멍에서부터 캑캑거리는 소리를 내면서 고통스러워하고 있다.

소년은 길가 쪽을 향해 사람들을 부르고 손을 흔든다. 꼴에 자존심은 남
아 있었는지, 아니면 내가 잡은 멱살 때문인지 소리는 크지 않다. 소년이 몸
부림을 치며 근처를 지나가는 중년남성을 애타게 불렀지만 그는 시끄러운

경적 때문인지 우리 상황을 눈치 채지 못하고 점점 멀어져 간다. 끝끝내 아무도 도우러 오지 않자 소년은 절망하듯이 고개를 푹 숙인다. 순간 목을 붙잡고 있는 내 오른손에 그의 무게감이 실린다. 그런 모습을 보니 뒤통수를 한 대 얻어맞은 것처럼 온몸에 힘이 쭉 빠져서 소년을 잡고 있던 멱살이 풀린다.

'이 애들은 공포를 느끼고 있었구나.'

나는 겨우 열 살이 갓 넘은 아이들에게 극심한 공포감을 심어 준 외국인이었다. 어불성설이지만 멱살을 풀자마자 멱살을 잡았던 내 무참한 행동에 후회가 밀려왔다. 어찌 되었든 간에 이들은 영락없는 철부지 소년이다. 훈계 정도로 끝났어도 되는 문제였다. 나 역시 초등학교 4학년 때 앞문으로 나가라는 선생님의 지시를 듣지 못하고, 뒷문으로 교실을 나갔다가 양뺨을 20대 맞았던 기억이 있었고, 이 일은 시간이 지나도 절대로 잊히지 않았다.

소년들이 어떤 잘못을 했든 간에 무력으로 아이들에게 겁을 준 건 분명 내 잘못이었다. 소년들의 도발이 10의 잘못이었다면 나의 성숙하지 못한 대처는 20의 잘못이었다.

분은 풀리지 않았지만 소극적인 사과 표현이라도 해야 할 거 같다. 소년들에게 다가가자 역시나 크게 경계하면서 팔 다리를 들어 자기 몸을 방어하는 동작을 취한다.

"너희 몇 살이야?"

나는 최대한 다정한 목소리로 말한다. 소년들은 눈을 치켜세운 채 날 바라보곤 아무 대답도 안 한다. 변화된 나의 태도에 의아해 하는 모습이다. 말하고 싶지 않은 모양새다. 계속 앞에 세워두고 대답을 강요하는 것도 민폐인 것 같다. 나는 소년들의 등을 톡톡 두드리며 그 자리를 도망치듯 빠져 나왔다. 고개를 살짝 돌려 소년들을 바라보니 아무 일도 없다는 듯 자기들끼리 쑥덕쑥덕 이야기를 나누고 있다. 차라리 그 모습이 내게 위안을 준다.

마음이 심란했다. 조흐레 집에 돌아와서도 계속 표정이 우울하자 가족들이 무슨 일이 있었는지 꼬치꼬치 캐묻는다. 나는 오늘 있었던 소년과의 일화를 얘기했다.

"우리 이란인의 성숙하지 못한 태도에 대신 사과할게."

호스로가 갑자기 내게 사과를 한다. 나는 사과를 들으려고 얘기한 게 절대 아니었다. 그저 과잉 진압한 나의 태도가 후회됐고 답답한 마음에 말한 것이다. 나한테 시비를 건 사람이 근육질의 거구였어도 내가 그렇게 반응했을까? 솔직한 말로 자연스레 분노조절이 되어 모르는 척 넘어갔을 것이다.

이후로 인종차별에 대한 나의 대응은 180도 달라졌다. 예전에는 게거품을 물며 맞대응 하거나 더 모욕적인 말로 칼같이 반격했다. 하지만 그러고 나면 언제나 마음이 더 불편하고 하루 종일 기분이 나빴다. 인종차별 발언을 들어서가 아니라, 내 입 속에서 더 안 좋은 말이 나왔기 때문이다.

어딜 가나 몇몇 문제아들은 있는 법이다. '또라이 보존법칙'은 직장에서뿐만 아니라 국가에서도 그대로 적용된다. 그런 애들은 그냥 무시하면 되는 일이지 하나하나 오버하며 반응할 필요가 없다. 세계일주를 하면서 얼마나 많은 사람들의 사랑을 받았던가! 특히 이 이란에서든 더더욱 말이다. 여행을 하는 동안 있었던 좋은 기억만 담아두기에도 머릿속은 이미 과부하다. 나쁜 에피소드는 웃어넘기는 지혜가 필요할 때이다.

조흐레 가족에게 보내는 한 줄 편지

저희 부모님께서 조흐레가 한국을 방문하면 풀코스로 대접을 해 주신다네요. 일단 비행기 티켓만 끊고 오세요. 나머지는 저와 제 가족이 책임지겠습니다. 이미 작전은 다 짜 놨다고요^^

아르메니아

일요일에 성당을 방문해보자.
아르메니아는 결혼식을 비롯한 여러 가족행사를 성당에서 하는 경우가 많다.
성당에 들어갈 때는 노출이 심한 옷을 삼가고, 행동거지를 단정하게 하는 게 좋다.
주요 교통수단은 마슈롯카라 불리는 미니버스다.
정해진 시간에 출발하는 마슈롯카도 있지만, 대부분은 사람이 다 차야 출발한다.
출발 시간이 정해져 있지 않으므로 미리미리 서두르는게 상책이다.

호스텔에서 만난 중국인 성모마리아

"와… 천국이 있다면 바로 이 슈퍼마켓이야."

슈퍼마켓에 진열돼 있는 와인과 맥주를 보며 쉴 새 없이 장바구니에 담는다. 드디어 3개월 만에 자유롭게 술을 구매할 수 있는 나라에 오게 된 것이다.

이곳은 아르메니아의 수도 예레반, 아르메니아는 이란 북서쪽에 국경을 맞대고 있는 작은 내륙국가다. 이 두 나라는 국경을 맞대고 있는 나라 중에서 가장 극적인 차이점을 보여 준다.

일단 이란은 보수적인 이슬람국가인 반면, 아르메니아는 세계에서 가장 역사가 오래된 크리스트교 국가다. 곳곳에서 보이던 이슬람사원들이 자취를 감추고 사방팔방이 다 십자가 달린 교회로 둔갑한다. 하루에 다섯 번씩 울리던 애잔도 더 이상 들리지 않는다.

술과 돼지고기도 그렇다. 이란에서 술과 돼지고기를 맛본다는 건 햄버거 가게에서 해물탕을 찾는 것만큼이나 불가능하지만 고맙게도 아르메니아는 국경 슈퍼마켓에서부터 술을 판다. 분명히 이란 국경을 넘어온 여행객을 노리는 고도의 마케팅 전략일 것이다. 2개월 동안 강제 금주로 맥주가 고팠던 나는 그 비싼 US 달러를 아낌없이 지불하며 맥주부터 산다. 내 뒤를 따라오던 독일 커플 여행객도 슈퍼마켓에 있는 맥주를 보고는 과거 바바리안 시절처럼 눈이 뒤집히기는 마찬가지.

한 가지 더, 이란 국경을 넘자마자 모든 여자 여행객은 국적, 나이에 상관없이 히잡을 벗어 내동댕이친다. 원치도 않던 히잡을 강제로 썼으니 얼마나 답답했을까. 스카프를 터프하게 풀어 헤치는 모습에서 자유에 대한 몸부림이 느껴진다. 보는 나마저 해방감이 느껴질 정도다. 20미터 앞 이란 국경에 있는 아저씨들이 "저런 고얀 놈들!" 하는 표정으로 여성 여행객들을 바라보지만 뭘 어쩌겠는가. 이곳은 이란이 아니라 아르메니아인 걸.

1월의 아르메니아는 동장군의 기세가 맹렬할 때다. 여행을 하는 동안 영하 15~20도 정도로 내려가는 날이 빈번했다. 이런 혹한의 날씨엔 역시 독한 알코올이 제격이지 않겠는가. 숙소 근처에 있는 대형 마트에서 200밀리짜리 미니 보드카와 콜라 한 병을 구입한다. 그리곤 호스텔 테이블에 앉아 콜라와 보드카를 7:3 비율로 섞어 '혼술'을 즐긴다. 목구멍으로 흘러가는 쓰디쓴 알코올이 온몸을 뜨겁게 데운다. 외국에서 즐기는 혼술이라 그런지 한국에서보다 더 강렬한 해방감을 가져다준다. 누구의 눈치도 볼 필요 없이 혼자만의 자유를 만끽할 수 있기 때문이다.

그때다. 호스텔 어딘가에서 구수한 음식 냄새가 내 코를 자극한다. 주방 쪽으로 가보니 지글지글 요리하는 소리가 들리고, 한 동양인 여자가 열심히 요리를 하고 있는 중이다.

"저기… 한국인이세요?"

그녀에게 다가가 먼저 말을 건넨다.

"아니 중국인이야. 넌 한국인 맞지?"

"어떻게 알았어?"

"헤어스타일이 꼭 한국인 같아서."

  그녀의 이름은 팅팅, 그녀 역시 혼자 세계여행을 하는 중이었다. 나이도 나랑 동갑이다. 동양인이라곤 거의 드문 이곳에서 서로가 반가웠던지, 우리는 촉새처럼 이야기보따리를 풀었다. 놀랍게도 우리는 여행을 시작한 날짜도, 지금까지 거쳐 왔던 나라도 거의 비슷했다.

  이야기를 나누는 와중에, 요리를 모두 끝마친 그녀는 테이블에 접시 5개를 펼쳐놓고는 정량의 밥과 반찬을 담는다. 매번 빵 쪼가리만 먹다가 친숙한 아시안 음식을 보니 나도 모르게 침이 꼴깍 넘어가는 판인데, 팅팅이 관심법을 사용했는지 음식이 담긴 그릇 하나를 내게 넌지시 건넨다.

  "이거 중국음식인데, 한 번 먹어봐."

  "아, 정말? 이거 나 주는 거야?"

  "응, 물론이지!"

  때마침 출출하던 차에 그녀의 음식은 완벽한 야식거리다. 만나자마자 선뜻 요리를 대접하는 그녀의 호의가 너무나도 고마웠다. 하지만 그 이후의 행동이 나를 더 놀라게 했다.

  그녀는 자신이 만든 음식을 호스텔 주인이랑, 다른 손님들에게 일일이

나눠주는 것이었다. 맨 처음에 '접시를 왜 5개나 깔았지?'라고 생각했었는데 알고 보니 호스텔에 있는 사람 숫자에 맞춘 것이다.

팅팅은 사람들에게 음식을 전부 나눠준 후에야 프라이팬에 남은 나머지를 자기 그릇에 담아 먹는다.

"팅팅, 너 이곳에서 일하니?"

"아니, 나 여행 중이라고 방금 말했잖아."

"그런데 왜 저 사람들 음식을 다 챙겨 주는 거야?"

"난 요리하는 거 좋아해. 어차피 1인분만 요리하면 재료가 남아서 호스텔 사람들 것까지 다 했어."

여행을 오래하다 보니 온갖 종류의 천사를 다 만나는 것 같다. 팅팅은 말 그대로 요리 천사였다. 재료가 남는다곤 하지만 생판 모르는 사람을 위해서 요리를 해 준다는 게 어디 쉬운 일인가? 그것도 아무 대가 없이 무료로 말이다. 게다가 팅팅의 요리는 둘이 먹다 하나가 죽어도 모를 만큼 맛있었다. 웬만한 중국 음식점 요리보다 훨씬 수준이 높았다.

여기 저기 모든 게스트들의 감탄 세례가 쏟아진다. 너나 할 것 서툰 젓가

락질로 팅팅의 요리를 먹는다. 마치 상하이의 레스토랑에 오기라도 한 것 같은 착각이 들 정도다. 엥? 그러고 보니 유럽 호스텔에 왠 젓가락? 알고 보니 이것도 팅팅이 미리 준비한 필살 아이템이었다.

더욱 황당한 점은 그날 하루만 특별 서비스를 제공해 준 게 아니었다는 점이었다. 팅팅은 매끼 호스텔 직원과 손님의 저녁식사를 도맡았다. 그것도 자기 돈으로 일일이 장을 보고, 메뉴 선정부터 설거지까지 스스로 마무리했다. 방에 있는 게스트를 불러다 음식을 대접하기도 했으며, 일하고 있는 사장과 직원에겐 직접 카운터까지 음식을 배달해 주기까지 했다. 살다 살다 평범한 여행객이 호스텔 전체의 저녁식사를 책임지는 건 처음 봤다.

당연히 호스텔 사람 모두가 그녀를 좋아할 수밖에 없었다. 70대의 멋진 노신사는 최고급 아르메니아 브랜디를 나눠주기도 했고, 다른 게스트들은 자신이 가지고 있는 쿠키나 샌드위치를 나눠주기도 했다. 이들 모두 팅팅의 선례를 보아서인지 불특정 손님들에게 모든 술과 쿠키를 공유했다. 먹거리라는 카테고리로만 따지자면 이 호스텔엔 사유재산이 없어진 느낌이었다.

당시 예레반은 영하 20도가 넘는 혹한이 몰아치고 있어서, 여행보다는 주로 숙소에서 쉬면서 여유롭게 지냈다. 자연스레 팅팅하고 함께 있는 시간이 늘어났고, 난 그녀로부터 무료로 요리강습을 받기도 했다. 재료가 떨어지면 같이 장을 보러 가기도 했는데, 특히 중국 식품점은 전 세계 어딜 가나 있었기에 식재료를 구하기도 쉬웠다.

"여행하면서 매번 호스텔 사람들의 식사를 해 줬어?"

"응 주방이 있는 곳이면 항상 요리를 해먹었지. 난 중국 음식 이외에는 입맛에 잘 맞지 않거든."

"그런데 매번 네 돈으로 재료를 사면 식비가 많이 나갈 텐데 괜찮아? 손님들이 네게 재료값을 주는 것도 아니잖아."

"실은 식비가 상당히 많이 나가지만, 대신 내게 돌아오는 것도 많았어. 사람들이 선물을 주거나 숙소에선 숙박비를 안 받기도 했거든."

나 역시 그동안 공짜 밥을 먹으며 어떻게든 그녀에게 보답하고픈 마음뿐이었다. 팅팅의 말이 끝나기도 전에 도미토리 룸으로 달려가 모공을 줄여주는 화장품과 마스크 팩 몇 개를 나눠줬다. 팅팅은 상상 이상으로 좋아한다. 그렇잖아도 여행을 하면서 피부가 많이 상했다며, 꼭 필요한 아이템이었다고 한다. 'MADE IN KOREA 화장품'이라 더 특별한 선물이라는 팅팅…. 역시 중국 여성들에게 한국 화장품은 최고의 인기 아이템인가 보다.

팅팅과는 세계 여행을 하고 있다는 공통점도 있었지만 서로 성격도 잘 맞고 대화도 잘 통해서 매일매일 서로의 여행 스토리를 공유했다. 그녀는 세계일주를 떠나기 전에 부모님과 엄청나게 큰 갈등을 겪었다고 한다. 팅팅은 80년대 후반, 중국의 '소황제 시대'라 불리는 1가구 1자녀 세대였다. 당연히 하나밖에 없는 귀한 딸이 오지여행을 간다고 하니 부모님으로서는 쉽사리 승낙하기 어려웠을 것이다. 하지만 자식 이기는 부모는 없다던가. 팅팅의 강력한 주장에 결국 부모님이 두 손 두 발, 백기를 들었다고 했다.

우리는 일정이 맞을 땐 수도 예레반과 근교의 볼거리도 같이 둘러보곤 했다. 아르메니아의 자랑거리인 세계 최초의 성당 '에치미아진'도 팅팅과 동행했는데, 둘 다 종교가 없는 무신론자라 객관적인 시각에서 종교에 대한 얘기를 나눴다.

"중국 사람들은 무슨 종교를 믿어?"

"음, 불교? 그런데 종교 없는 사람이 훨씬 많아."

불교나 기독교를 믿는 중국인들도 있지만 대다수가 종교 없이 살아간다고 한다. 이런 점은 우리나라와 비슷하다.

"아마 중국은 영원히 종교적인 국가가 될 수 없을 걸?"

"왜?"

"중국 사람들은 종교 자체에 별로 관심이 없어. 한국은 어때?"

"비슷해. 불교나 기독교를 믿는 사람도 많지만, 젊은 세대는 종교 없는 사람이 훨씬 더 많아."

전에 인도에선 만났던 카미와도 얘기를 나눠봤지만, 참 한중일 사람들은 대체적으로 종교에 무관심 한 거 같다. 특히 젊은 세대일수록 종교에 무관심하다는 특징이 두드러진다.

성당을 나오는 길에 현지인들이 우릴 보며 인사를 건넨다. 하나같이 "니하오!"나 "치나?"를 외치는데, 내가 유별나서 그런 건지 기분은 별로다. 가뜩이나 진짜 중국인이랑 동행하고 있는 터라 더 그렇다. 팅팅도 옆에서 내눈치를 보며 느꼈는지 먼저 나서서 나를 한국인이라고 소개한다.

"난 사람들이 나를 중국인으로 오해하는 게 싫었어. 특히 이란이나 파키스탄에서는 동양인이라고 하면 다 중국인이라고 생각해."

참다못한 내가 한풀이 하듯 말하자, 팅팅이 말한다.

"이란과 서아시아국가는 예전부터 우리나라(중국)와 교류가 많았어. 실크로드를 통해서 말이지. 그래서 이곳 사람들이 동양인이라고 하면 중국인이라고 생각하는 것도 무리는 아냐."

나는 그 말을 듣고 기분이 더 나빠졌다. 그 말은 한국은 오래 전부터 교류를 안 했으니 중국인으로 오해받아도 된다는 말 아닌가? 약간 과대하게 해석하는 것일지는 몰라도 팅팅의 말투가 그렇게 느껴졌다. 그녀도 자기가 실수했다고 느껴졌는지 바로 태도를 바꿔 말한다.

"나도 가끔 사람들이 한국인이나 일본인으로 오해해."

"에이 거짓말 아냐?"

"혼자 세계여행을 하는 사람은 한국인이나 일본인이 더 많잖아. 아, 그리고 여행할 때 중국인이라는 신분은 정말 최악이야."

"왜?"

"중국 여권은 정말 형편없거든. 거의 모든 나라에서 비자를 요구해. 넌 내일모레 조지아로 떠난다고 했지? 하지만 난 조지아 비자를 받으려면 앞으로 일주일이나 더 기다려야 해. 나도 얼른 조지아로 넘어가고 싶은데 갈수가 없어. 비자 때문에 발이 묶였거든."

"조지아에 가는 데 비자가 필요해?"

"화용, 우리는 한국이나 일본처럼 무비자로 해외여행을 갈 수 없어. 비자 받는 게 정말 스트레스야."

그녀는 한국과 일본 관광객이 정말 부럽다면서 이번엔 역으로 내게 한풀이를 한다. 중국인이 조지아를 여행하려면 100달러를 지불하고 이런저런 까다로운 서류를 제출해야 한다. 또 비자를 신청하더라도 항상 나오는 게 아니므로 팅팅으로선 당연히 불만이 생길 수밖에 없다.

"비자가 거절당하면 어떻게 해?"

"그럼 그 나라는 못 가는 거지. 그래서 나는 미리 비행기 표를 예약할 수도, 기차표를 끊을 수도 없어. 모든 여행 일정이 비자가 발급되느냐 안 되느냐에 따라 달라져."

우리나라는 워낙 여권파워가 강력하기 때문에 이런 애로사항에 대해서

한 번도 생각하지 못했다. 더구나 같은 중화권인 홍콩, 마카오, 대만의 여권 파워가 우리나라와 비슷한 수준이라는 걸 감안한다면 상대적으로 더 큰 박탈감을 느낄 수밖에 없을 것이다.

"나는 사람들이 매번 한국인이냐고 물어도 괜찮으니까 너희처럼 좋은 여권을 가졌으면 좋겠어."

팅팅은 세계 여행 도중 비자를 무사히 받을 때마다 안도의 한숨을 내쉰다고 한다. G2라고 불리며 미국과 어깨를 나란히 할 정도의 국력을 자랑하지만 중국의 여권파워는 아직까지 개발도상국 수준 그 이하다. 일부 중국 단체관광객의 매너 없는 행동과는 별개로 같은 세계여행자로서 그녀의 입장이 십분 이해가 갔다.

팅팅과 동행한 마지막 날까지 그녀는 호스텔의 모든 사람을 위해 요리를 한다. 내일 예레반을 떠나는 나를 위해 스페셜 요리를 해 주겠다고 한다. 그래서 선택된 오늘의 특별메뉴는 동파육! 삼겹살과 비슷한 요리를 먹고 싶다는 내 소망을 실현시켜 주고 있다. 이거 당장이라도 한국에서 여분의 화장품을 공수해 와서 선물해야 할 것만 같다. 혼자서 7인분의 동파육을 능숙하게 요리하는 프로페셔널한 솜씨에 여기저기 투숙객들의 경탄이 쏟

아져 나온다.

그녀의 요리 대접은 처음 본 날부터 지금까지 한결 같다. 인종, 국가, 성별에 상관없이 호스텔에 있는 사람이면 모두가 '팅팅 레스토랑'의 수혜자였다. 호스텔 주방과 냉장고를 독점하다시피 사용해도 누구 하나 뭐라고 하지 않는다. "왜 주방을 저 여자 혼자 사용하는 거야?"라고 투덜대던 손님들도 일단 팅팅의 요리를 맛보게 되면 순식간에 태도를 바꿔 그녀의 팬이 되곤 하였다.

중국 외교부가 팅팅을 본다면 진짜 훈장이라도 줘야 할 것 같다. 실제로 모두들 처음에는 그녀와 중국요리를 칭찬하다가는 갈수록 중국에 대한 호감으로 바뀌어 가는 게 눈에 보인다. 평범한 여행객이 외교관 이상의 역할을 하고 있는 것이다. 최소한 이 호스텔에서 반중 감정을 느끼게 되는 건 농구선수가 소개팅을 할 때 키 높이 깔창을 착용하는 것만큼 불가능한 일이었다.

다음날 아침 조지아 트빌리시로 떠나는 나를 팅팅이 배웅해 준다.

"너와 함께 지내게 될 모든 여행객은 행운아일 거야."

"나중에 조지아에 가면 연락할게. 비자 나오면 바로 뒤따라 갈 거야."

중국의 성모 마리아이자 최고의 여행 파트너 팅팅과 마지막 인사를 나

누는 동안 아무것도 바라지 않는 순수한 그녀의 선행에 흠모와 존경의 마음이 든다. 누가 월급을 준다고 해도 나는 쉽사리 못 할 일이다. 여행하느라 바빠 죽겠는데 내 음식도 아니고 투숙객 모두의 식사를 책임지다니. 이건 보통 정신력으론 할 수 없는 일이 아니겠는가?

팅팅은 자신이 만든 음식을 사람들이 맛있게 먹어주는 모습을 볼 때가 제일 행복하다고 한다. 그리고 그 행복을 계속 맛보고 싶어 사람들에게 요리를 해 준다고 한다. 어쩌면 그녀가 호스텔 사람들에게 베푼 것은 단순히 음식이 아니라 그녀의 따뜻한 사랑이 아니었을까? 그리고 그 사랑은 두 배, 세 배의 행복으로 돌아온다는 것을 알고 있는 게 아니었을까?

자신이 가지고 있는 재능으로 '널리 인간을 이롭게 하라.'라는 홍익인간의 정신을 몸소 실천하고 있는 팅팅. 그녀의 음식은 한참 전에 소화되었지만 음식에 담긴 고운 마음만은 여전히 가슴 속에 남아 울려 퍼지고 있다.

팅팅에게 보내는 한 줄 편지

네가 없을 때 게스트들끼리 모여서 너에 대한 이야기를 나눴어. 극찬이었지. 쌀밥을 먹는 같은 동양인으로서 내가 다 기쁘더라. 아르메니아의 혹한이 춥게 느껴지지 않았던 건, 기름지고 영양가 풍부한 너의 음식들 때문이었을 거야.

아르메니아 제노사이드

"지금, 아르메니아에 있어."

한국에 있는 친구들에게 메시지를 보내면 열에 아홉은 "거기가 어딘데?"라고 묻는다. 나 역시 이름만 들어보았지, 지구 어디에 붙어 있는 나라인지도 몰랐다. 애초에 이곳에 온 목적도 이란에서 터키로 넘어가는 동선에 있는 나라였기에 잠시 들린 거였다. 다만 저렴한 물가와 한파 때문에 의외로 열흘 이상 길게 머물게 되었고, 그 덕에 아르메니아의 문화와 역사를 조금이나마 알게 되었다.

내 관심을 사로잡은 건 아르메니아의 지정학적 위치다. 북쪽의 조지아를 제외하곤 동서남쪽 모두 이슬람국가들에 의해 둘러싸여 있다. 특히 아르메니아의 좌우에는 지구가 두 쪽이 나도 영원히 친해질 수 없는 두 개의 이슬람국가가 있다. 바로 터키랑 아제르바이잔이다. 이웃 국가라면 겪을 수 있는 최악의 쟁점들을 모두 가지고 있다. 이를테면 영토문제부터 종교, 자원, 역사논쟁 등이 그러하다.

터키랑 아제르바이잔이 같은 투르크 민족으로 구성된 형제국이라는 걸 감안하면 아르메니아는 그 사이에 끼여 외로이 고군분투하고 있는 중이었다. 더구나 아르메니아는 양국에 비해 인구, 영토, 경제규모 등 외적인 체급에서도 한참 밀리는 수준이다. 굳이 예로 들자면, 중국과 일본이 형제국이라는 가정 아래 양쪽에서 우리나라를 쉴 새 없이 쪼아대고 있는 상황이라고 보면 될 것이다.

오랜 기간 반목이 이어진 와중에, 20세기 초 터키 오스만투르크제국에 의해 자행된 아르메니아인 대학살은 반인륜적인 범죄였다. 유럽에서는 나치의 홀로코스트와 더불어 널리 알려져 있지만, 우리에게는 매우 생소한 역사적 사실이다.

아르메니아 수도 예레반에는 당시의 대학살, 제노사이드로 희생된 150만여 명의 아르메니아인들을 위한 추모비와 학살박물관이 있다. 이곳은 나치 독일이 유대인을 조직적으로 학살하기 위해 만든 아우슈비츠 수용소처럼 인류가 저지른 부끄럽고도 잔인한 역사를 확인할 수 있는 다크 투어리즘의 현장이다.

1월 16일, 아르메니아의 아침 기온은 영하 18도에 거친 눈발이 휘날리고 있다. 팅팅과 함께 택시를 타고 추모공원으로 갔다. 혹한의 날씨여서인지 우리 말고는 사람이 거의 없다.

공원 한가운데 삼각뿔의 기다란 추모탑이 서 있고 꼭대기에선 중저음의 어둡고 무거운 음악이 쏟아지고 있다. 추모관 내부로 들어가니 컴컴한 조명이 분위기를 더욱 무겁게 했고, 발자국 소리, 숨소리 하나 들리지 않는 적막한 침묵이다.

직원이 우리를 보고는 안내 카탈로그를 전해 준다. 관람을 시작하며 제일 먼저 눈에 띄는 건, 처형대에 올라 있는 사람들이다. 이미 죽음을 맞이한 듯 고개를 푹 숙이고 있다. 아래 영문 설명을 읽어보니 이들의 학살은 '사람을 죽이기 위한 방법'을 다방면으로 조사해 조직적으로 진행되었다고 한다. 남녀노소를 불문하고 아르메니아인이라면 모두 학살의 희생양이 되었다.

강간, 고문, 강제노역 등 학살과 함께 인간이 저지를 수 있는 잔인한 행동들이 모두 저질러졌다고 한다.

옆 전시관엔 3~5살배기 아기들이 옷도 제대로 걸치지 못한 채 죽어가는 사진이 보인다. 누가 찍었는지는 모르지만 죽어가는 아이들의 표정에는 원망하는 마음조차 드러나 있지 않다. 아무런 저항도 없이, 왜 희생되어야 하는지 의문조차 품지 못하고 있는, 그런 얼굴이다. 몇몇 어린 희생자의 인적사항도 보인다. 그곳에 적힌 8개 글자의 숫자는 1911~1915. 5살의 소년소녀가 처참한 학살극의 희생양이 되었다는 의미다. 오스만 투르크가 모든 아르메니아인들의 절멸을 목표로 이 대학살을 자행했다고 적혀 있는 설명을 보면서 인간의 잔혹한 광기에 대해 치 떨리는 절망이 느껴진다.

"화용, 난징대학살 알지?"

"응, 물론이지."

"우리 집이 난징에 있어…. 일본군에 의해 저질러진 절대 잊을 수 없는 전쟁 범죄지."

"한국도 마찬가지야. 일제강점기 동안 일본이 저지른 추악한 만행들은 절대 용납할 수 없어."

한·중 양국 모두 20세기 초 제국주의 범죄국가들에게 난도질당한 경험

이 있어서 더 공감이 가
는 것일까. 동서양을 막
론하고 어찌 사람이 이
렇게 잔혹해질 수 있는
지 치가 떨린다. 모두가
미쳐 있던 시대의 희생
양이라는 유대감에 나
와 팅팅은 울분을 감추
지 못한다.

　반대쪽 추모관에는 이 학살에 대한 세계 각국이 어떤 태도를 보이고 있
는지를 보여준다. 학살의 주체는 지금 터키의 전신인 오스만제국이다. 당시
오스만제국은 내리막길을 걸어가고 있었지만 어쨌든 유럽의 강대국이었
고, 세계를 둘로 쪼개 나눠먹던 제국주의시대의 일원이었다.

　동맹국들은 오스만제국을 자극하지 않으려고 이 처참한 행위를 애써 모
르는 체하였고, 적국들 역시 강대국인 터키를 건드리면 자기들에게 조금이
라도 손해가 올까봐 형식적인 비난만 해댈 뿐이었다. 그도 그럴 게 20세기
초는 제국주의 국가들이 약소민족을 상대로 약탈과 수탈이 빈번했던 시기
다. 홀로코스트와 난징대학살, 관동대학살도 다 20세기 초에 제국주의 국
가들에 의해 저질러진 학살이 아니었던가. 정도의 차이만 있었을 뿐 강대국
이 약소국을 처참히 짓밟았다는 점에선 똑 같은 놈들이었다.

　생판 모르고 있었던 나라에서 있었던 잔혹한 학살의 역사였지만, 20세
기 초에 철저히 유린당했던 약소국의 입장에서 들여다보면 많은 공통점이
있다. 추모관에는 몇몇 아르메니아인 정치인들이 유럽으로 가서 도움을 요
청했다는 설명도 나온다. 자국의 힘으로 대학살을 막을 길이 없으니 강대
국의 힘을 빌리고자 한 것이다. 비슷한 시기에 우리나라도 일제의 식민지배

에 항거하기 위해 헤이그로 특사를 파견한 적이 있다. 결과는 둘 다 처참한 묵인과 방조였다. 입장은 이해가 가지만 강대국 간의 철저한 이해관계가 약소국의 피해보다 중요하다는 거였다. 제국주의 국가들은 어디까지나 아르메니아를 이익에 따라 이용했을 뿐 이 잔혹한 인륜범죄에 대해선 일언반구도 없이 함구했고, 여전히 외면하고 있는 것이다.

그나마 무거운 마음에 위안이 된 것은 의로운 이들의 선행이었다. 이들의 생명을 건 의로운 행동에 대해서도 추모관 한쪽을 가득 채울 만큼 상세히 전시되고 있다. 정말 괴롭고 힘들 때 받았던 누군가의 도움은 절대 잊을 수 없는 법이다. 국가나 집단의 관계도 다를 바 없다. 아르메니아 민족이 말살 위기에 놓였을 때 자기 생명을 걸어가며 아르메니아를 도와준 의인들이 있었고, 아르메니아인들은 이들을 절대 잊지 않고 있다. 개중에는 학살의 주범인 터키인들도 있다. 몇몇 터키인들은 자신의 집에 아르메니아인을 숨겨주고 음식을 나눠주었다고 하며, 대학살을 반대하다가 죽은 터키 관료들에 대한 설명도 빼놓지 않고 있다. 흡사 2차 세계대전 당시 나치의 감시를 피해 몰래 유대인을 도와주던 의인들이 떠오른다. 영화 「쉰들러 리스트」에서 목숨의 위험을 무릅쓰고 주인공 쉰들러가 유대인을 지켜주었던 것처럼 말이다.

추모관을 나와 기념탑과 '영원히 꺼지지 않는 희생자의 불꽃'을 보러 간다. 혹한의 눈발 속에서도 불꽃은 꺼지지 않고 활활 타오르고 있다. 불꽃 주위에는 사람들이 놓고 간 꽃들로 빙 둘러싸여 있다. 한 바퀴 돌아보는 동안 망치로 머리를 한대 맞은 것처럼 기분이 멍하다.

한 아르메니아 가족이 꽃을 들고 오더니 묵념을 한다. 휠체어에 앉은 백발의 할머니는 힘들게 몸을 숙여 꽃을 놓는다. 그리고 가녀린 손으로 조용히 눈물을 훔친다. 옆에 서 있던 중년의 아들, 딸들이 그녀의 어깨에 손을

올리며 침묵의 위로를 해 주었고, 우리는 석고처럼 굳은 채 조용히 그들을 바라볼 뿐이다. 팅팅의 붉게 충혈된 눈은 금방이라도 눈물방울을 떨굴 것만 같다.

　역사에 관심이 많다고 생각하면서도 이토록 중대한 학살의 역사를 지금까지도 모르고 있었다는 게 새삼 부끄럽다. 100년이 지난 지금도 아르메니아는 약소국에서 벗어나지 못하고 있는 탓에, 잔혹한 학살의 진실이 묻혀버렸고 다른 나라들은 모르는 체 외면하고 있는 실정. 특히 영국 프랑스 독일로 대변되는 유럽 선진국들도 제국주의 시절 자신들이 저지른 짓이 있기에 쉽사리 이 대학살을 인정하지 않고 있다. 이를 인정하면 20세기 초, 자기들이 아프리카나 인도에서 벌였던 범죄도 똑같이 인정하는 셈이 되기 때문이다.

　유대인이 당한 홀로코스트에 전 인류가 공동 대응하는 것에 비해서도 정말 대조적이다. 전무하다고 할 정도로 말하는 사람이 없다. 150만 명이 학살된 제노사이드, 홀로코스트에 비해 결코 가벼운 문제가 아닌데도 말이다. 더구나 가장 충격적인 사실은 같은 학살 범죄를 당했던 이스라엘조차 이 학살에 대해서는 입을 다물고 애써 모른 척하고 있다는 점이다. 아르메니아의 적대국인 터키와 아제르바이잔의 눈치를 보고 있기 때문이다. 이스라엘의 주요 석유 공급원은 아제르바이잔이고 또 공군기지를 임대하여 사용하고 있다.

이런 이유로 동병상련이라 할 이스라엘은 그 누구보다 아르메니아를 감싸주고 응원해 줘야 할 판에 손가락만 쪽쪽 빨고 있는 셈이다. 가뜩이나 이스라엘 관광객에 대한 이미지가 개판이었는데 이런 사실을 알게 되니 더욱더 색안경을 끼고 그들을 바라보게 된다. 국가의 이득 앞엔 도덕이건 인류애건 다 허울 좋은 껍데기에 불과 한 것임을 뼈저리게 느낀다.

호스텔로 돌아와 숙소 주인 '스티븐'에게 추모관에 다녀온 이야기를 하자, 그 역시 이를 갈면서 절대 잊을 수 없는 역사적 사실이라고 말한다. 스티븐은 아르메니아 학살의 참상을 알게 된 나를 기특하게 여기는 듯하다. 지금이라도 알아서 다행이라면서 그는 이렇게 말했다.

"지금도 여전히 아르메니아인들은 이 대학살을 국제적으로 인정받기 위해 고군분투 하고 있는 중이야."

"학살의 증거가 넘쳐나는데도?"

"응. 슬프지만 학살의 증거가 대학살의 실체를 인정하는 결정적 요소로 작용하고 있진 않아. 명백한 증거가 있더라도 사람들이 관심을 가져주지 않으면 죽은 증거나 마찬가지이기 때문이지. 한 가지 더, 아르메니아 대학살 이전에, 아르메니아라는 나라 자체를 모르는 사람이 대부분이야. 그래서 우리는 이 비극적인 역사를 알리기 위해서라도 우리나라를 열심히 홍보해야 하는 사명감을 가지고 있지. 지금도 해외에 살고 있는 수 백 만 아르메니아인들이 과거 터키의 학살을 알리고자 열심히 활동 중이야."

천인공노할 국가범죄마저 힘의 논리와 대중성이 적용되는 거 같아 정말 씁쓸할 따름이다. 실제로 그의 말대로, 아르메니아는 이스라엘처럼 본국보다 타국에 더 많은 국민들이 살고 있는 대표적인 '디아스포라' 국가이기도 했다.

숙소 침대에 누워 아르메니아 학살 정보를 검색하니 프랑스의 알제리 학살, 벨기에의 콩고 민주공화국 학살이 연이어 나온다. 학살을 하지 않은 제국주의 국가를 찾기 어려울 정도다. 희생자는 대부분 아프리카나 아시아 국가들이다. 우리나라와 중국, 이스라엘만 빼면 대부분 지금도 가난하고 힘없는 나라들이다. 지금 이 아르메니아처럼 말이다.

남이 저지른 학살에 대해선 비인간적인 범죄라고 큰소리를 뻥뻥 치고 비난하지만, 자국이 저지른 반인륜범죄에 대해선 최대한 은폐하고 숨기기 급급하다. '내로남불'도 이런 철면피 같은 '내로남불'이 없다. 정말 과거 제국주의 국가들의 태도는 어쩌면 예나 지금이나 하나같이 판에 박은 것처럼 비열하기 그지없는지 모르겠다.

이런 추악한 행태를 보면 보편적인 인류애의 본질이 무엇일까 생각하게 된다. 진실한 인류애라는 게 존재하기는 한 건지 아니면 그저 추악한 약육강식의 본성을 그런 가면으로 가리고 있는 것뿐인지 나는 아르메니아에서 곰곰이 생각해보았다.

아르메니아 역사에게 보내는 한 줄 편지

우린 참 비슷한 점이 많은 거 같아. 수많은 외침을 받아온 것도, 비참하고 슬픈 근대사를 가지고 있다는 점도. 동병상련이라고 어려운 처지를 당해 보아야 남을 생각할 줄도 알게 되는 법인가 봐. 이제는 우리가 너희를 보듬어 줄게.

나는야 케이 팝 댄스그룹 심사위원

혼자 여행을 할 때 인터넷 펜팔은 카우치서핑과 더불어 현지 친구를 만들기에 좋은 옵션이다. 세계여행 초기엔 혼자 돌아다녀도 별로 외로움을 느끼지 못했는데 5개월을 넘기다보니 홀로 여행하는 단조로운 패턴이 지겨워지기 시작했다. 그래서 펜팔 사이트나 페이스북 같은 SNS를 통해 현지 친구를 적극적으로 만들기 시작했는데, 전 세계에 퍼져 있는 케이 팝의 인기 덕분에 한국인은 펜팔 사이트 어디서나 환영받는 존재였다.

가입하고 깨작깨작 사용하다가 장기체류 중인 아르메니아 예레반에서 처음으로 펜팔 친구를 만나기로 했다. 친구들의 이름은 엘렌과 아피, 역시 케이 팝을 사랑하는 열렬한 한류 팬이었다.

이곳은 예레반 광장, 맞은편 횡단보도에서 나를 보며 손을 흔드는 소년 소녀들이 보인다. 신호가 바뀌자마자 "오빠!" 하고 소리치며 달려오는데, 개중에는 나보다 키가 큰 남자 청소년들까지 오빠라고 부른다. 징그럽지만 한국의 호칭 문화에 익숙지 않은 외국인이기에 색다른 반가움이 느껴지기도 한다. 그들은 나를 만나자 마자 구소련 시절에 지어진 폐가와도 같은 건물로 안내하는데, 이곳이 자신들의 댄스그룹 연습장이라고 한다.

"우리는 케이 팝 커버댄스팀의 일원이야. 네가 한국인이라기에 이곳으로 초대하고 싶었어."

'영 라이프클럽'이라는 이름을 가진 이 케이 팝 커버댄스팀 멤버들은 예레반에 살고 있는 10대 청소년들이었다. 연습장에는 이미 5명의 팀원들과 매니저가 모여 있다가 나를 반갑게 맞이해 준다. 예상보다 많은 대규모 인원에 당황스럽다. 현지 친구들이랑 커피를 한 잔 마시고 숨겨진 명소를 가고 싶었던 나의 예상과는 180도 다른 전개다. 그들은 뜬금없이 나를 소파 한 가운데 앉히더니 단체로 댄스 대형을 갖춘다.

"화용, 우리가 춤을 출 테니 한번 봐 줄래?"

춤을 봐달라니? 알고 있는 케이 팝 댄스에 대해서는 하나도 아는 게 없는 내게 갑자기 춤을 보여주겠단다.

"나 춤 잘 모르는데…."

"괜찮아, 우리가 매일 추는 춤이야. 한번 보고 평가해 줘."

만난 지 얼마나 되었다고 느닷없이 춤부터 보여준다는 이 친구들이 살짝 부담스럽다. 하지만 모두들 한꺼번에 요청하는 바람에 거절하기가 난감하다. 분위기는 내 의사와 상관없이 이미 승낙이나 다름없다.

스피커랑 댄스곡이 완벽히 세팅되어 있는 걸 보면 애초부터 내게 케이 팝 댄스를 보여줄 참이었던 거 같다. 그렇다고 되레 부담을 가질 필요는 없었다. 그냥 이들의 댄스를 감상하기만 하면 되는 것이었다. 다행스럽게도 내게 케이 팝 댄스를 보여 달라고 몰아갈 것 같은 분위기는 아니었다.

이 친구들이 보여준 댄스곡의 이름은 BTS의 〈불타오르네〉. 역동적이고 파워풀한 군무가 일품인 BTS의 히트곡이다. 음악이 흘러나오자 이들은 순식간에 다른 사람이 된다. 자로 잰 것 같은 칼 군무는 바로 이런 거야! 라는 걸 보여준다. 〈불타오르네〉라는 노래제목에 맞게 친구들의 눈빛도 아주 이글이글 불타다 못해 폭발할 것만 같다. 테스트를 떠나 아르메니아 소년소녀들의 고품격, 엘레강스 군무에 벌써 이들의 팬이 되어 버릴 것 같다.

BTS, 빅뱅, 엑소로 이어진 3곡의 댄스 퍼포먼스가 끝났다. 10대로 이루어진 아마추어 댄스 팀이라고 믿기지 않을 정도의 하이클래스 무대였다. 말 그대로 브라보를 연신 외치며 물개박수를 친다. 하지만 단순히 박수소리를 듣기 위해 나를 이곳에 데려온 건 아님을 깨닫는다.

일순간 분위기가 조용해지면서 모두들 나를 주시한다. 내 평가를 기다리고 있는 것이었다. 자리가 사람을 만든다고, 이 친구들이 나를 심사위원으로 몰고 간 이상 나 역시 최대한 성심성의껏 평가를 해 줘야 할 책무가 있다.

오디션 프로의 YG나 JYP처럼 자못 진지한 표정으로 말을 꺼낸다.

"정말 최고였어. 실제 케이 팝 그룹들 이상이야."

사탕발림 칭찬이 아니었다. 정말로 내게 캐스팅 권한이 있었다면 당장이라도 계약서에 사인부터 받았을 것이다.

"진짜? 거짓말. 일부러 좋게 말 해 주는 거 아냐?"

영 라이프의 리더 엘렌이 의구심을 보낸다.

"전혀! 너희들의 댄스는 정말 감동적이었어. 케이 팝 그룹이 실제로 너희들의 춤을 본다고 해도 정말 놀라워 할 거야."

지금 이 친구들은 내가 뱉어내는 말 한마디 한마디에 온통 주의를 기울이고 있다. 평범한 여행자가 케이 팝 종주국에서 왔다는 이유만으로 강력한 발언권을 가진 심사위원이 된 것이다. '어설픈 평가질'을 했다가는 본전도 못 찾고 친구들에게 실망만 안겨줄 수도 있다. 칭찬 위주로 말하되 좀 더 노력하면 최고가 될 수 있을 것 같다는 식으로 평을 마쳤다.

"춤은 어떻게 배웠니? 댄스 스쿨 같은 곳을 다닌 거니?"

"아니, 유튜브 동영상 보고 배웠어."

"우와 진짜? 누가 가르쳐 준 게 아니라 직접 동영상 보면서 배웠다고?"

자기들끼리 동영상을 수 천, 수 만 번 돌려보며 동작 하나하나를 익혔다고 한다. 나도 한때 대한민국을 휩쓸었던 배슬기의 복고댄스를 배우려고 동영상을 보며 독학했던 적이 있다. 영상 속의 배슬기는 정말 쉽게 추는데, 막상 내가 시도해보니 어설프기 그지없었다. 그렇게 단 하나의 복고댄스 동작을 익히는 데 3일이나 걸렸던 기억이 있었다. 이 친구들 역시 말은 안 했지만 수많은 시간을 투자해서 이만큼 훌륭한 커버댄스팀이 되었을 것이다.

나를 중심으로 7명의 팀원들이 둘러앉아 그동안 자기들이 찍었던 댄스 동영상, 직접 부른 노래들을 하나하나 소개시켜 준다. 여름에는 공원에서 다른 케이 팝 커버댄스팀들과 경쟁을 하면서 함께 연습을 하기도 한다고도 한다. 마치 90년대 후반~2000년대 초까지 한국 비보이들이 댄스 배틀을 하듯이 말이다. 더욱 놀라운 점은 다른 나라 케이 팝 댄스팀들과도 서로 댄스 동영상을 공유한다는 점이다. '영 라이프클럽'도 러시아랑 조지아 커버댄스팀과 꾸준히 댄스 영상을 공유하면서 친목을 다지기도 하고 서로 보완할 점을 지적해 주고 있다고 했다. 문자 그대로 글로벌 케이 팝 시대다.

"아르메니아에 케이 팝 팬들 많아?"

"응, 엄청 많아. 우리 학교 애들 전부 케이 팝 노래 들어."

"너희들은 어떤 케이 팝 가수를 좋아하니?"

"종국 오빠!"

터보 김종국? 나는 이 친구가 런닝맨 김종국을 얘기하는 줄 알았다. '나이는 어린데 꽤나 올드 올드한 한국 가수도 알고 있구나.'라는 생각이 들었다. 하지만 그들이 말하는 건 방탄소년단의 멤버 정국이었다.

"지민!"

"뷔!"

"제이호오오옵~"

돌아가면서 자신들이 좋아하는 멤버를 말하는데, 하나같이 전부 BTS의 멤버들이다. 나는 이 고결하고 숭고한 세계적인 케이 팝 스타의 존재를 엊그제 만난 테헤란 친구 조흐레를 통해 겨우 알게 되었다. 그때만 해도 단지 그녀 혼자만 좋아하는, 수많은 케이 팝 그룹들 중 하나인 줄로만 알고 있었다.

하지만 이는 대단한 착각이었다. BTS의 인기는 상상 이상으로 어마어마했다. "케이 팝 팬들에게 어떤 가수를 좋아해?"라고 물어보면 열에 일곱 여덮은 BTS를 꼽을 정도니 말 다했다. 특히 1,500만 명이 넘는 BTS의 팬클럽 'ARMY'는 5대양 6대주를 뒤덮는 글로벌 활동 범위를 자랑하고 있다. 그간 의 족적을 봤을 때 케이 팝의 모든 역사를 새로 쓰고 있는 '한류의 본좌' 그 자체. 해외의 떠들썩한 센세이션에 비해 한국 언론들이 왜 이렇게 조용하 지? 라고 의문점이 생길 정도였다.

"만약 너희들이 실제로 방탄소년단을 만나면 어떨 거 같아?"

불가능에 가까운 일이었지만, 이 역시 아이들의 반응이 궁금해서 물어봤 다. 단지 질문만 건넸을 뿐인데 아이들은 괴성을 지르며 그대로 자지러진다.

"우린 그 자리에서 기뻐서 죽어 버릴 걸?"

"하하하… 그럼 나중에 한국 와서 BTS 콘서트에 꼭 가!"

친구들의 표정이 어두워진다. 그리고 우울한 목소리로 내게 말한다.

"오빠, 우리는 한국에 갈 수 없어."

"왜?"

"한국에 가려면 비자가 필요해. 그렇지만 아르메니아에는 한국대사관 조차 없거든. 비자를 받으려면 러시아 모스크바까지 가야 해. 게다가 한국 은 엄청 먼 나라잖아. 우리가 어떻게 갈 수 있겠어."

이 친구들에게 한국은 꿈의 나라다. 하지만 그 꿈의 나라에 갈 수 있을 거라는 일말의 작은 희망마저도 희미하다. 이들의 자조적인 한탄엔 나름 합 당한 이유가 있었다. 아르메니아에 한국대사관이 없다는 사실은 나조차도 몰랐다. 이렇게 한국을 흠모하는 청소년들이 많은데도 대사관조차 없다니! 당장이라도 외교부에 청원해서 아르메니아 예레반에 한국대사관을 설치해 달라고 요청해 주고 싶었다.

"왜 갈 수 없다고 생각하니. 너희들은 반드시 한국에 올 수 있어. 아직 18 살이잖아. 나도 18살 때는 세계일주할 거라고는 생각지도 못했어."

그리곤 말도 안 되는 뻥을 쳤다.

"너희가 한국에 오면 내가 BTS 멤버들과 셀카를 찍을 수 있게 해 줄게."

내 허세에 친구들은 기절하기 일보직전이다. "정말이지?"라는 말을 수차례 되묻는다.

"응. 그러니까 너희도 한국에 갈 수 있다는 희망을 꼭 가져. 간절히 원하면 꼭 이루어지는 법이야. 한국이 달에 있는 것도 화성에 있는 것도 아니잖아."

풀이 죽어 있던 친구들이 환호성을 지른다. 다른 사람도 아닌 한국에서 온 내가 하는 말이라서 이런 말도 안 되는 허세마저도 믿음이 갔나 보다.

내가 그들에게 할 수 있는 거라곤 이렇게 희망을 심어주는 것뿐이었다. 마음 같아선 한국에 초대해 주고 방탄소년단의 콘서트 티켓까지 선물해 주고 싶다. 내가 살아가는 조국을 꿈의 나라라고 선망하는데 그 누가 싫어할까?

그러나 아르메니아나 이란 등 '언더 독'과도 같은 나라들은 비행기 티켓에 앞서 비자문제부터 발목을 잡는다. 비자발급 과정도 얘기를 들어보면 보통 까다로운 게 아니다. 복잡한 비자 장벽을 세워 가뜩이나 멀리 떨어져 있는 한국여행을 더 힘들게 만들고 있다. 물론 비자를 요구하는 합당한 이유가 있겠지만 순수한 목적을 가지고 한국에 오고 싶어 하는 이들의 길까지 막아버리는 것 같아 아쉬울 따름이다.

엘렌이 자기 이모가 도넛 가게를 운영한다면서 나를 그곳으로 안내한다. 마침 출출하던 차에 간식이랑 따뜻한 아메리카노라도 마시고 싶었다. 가게에 도착하니 엘렌의 이모가 극진히 대접해 주시며, 시키지도 않은 도넛을 산더미처럼 가져다 쌓아놓는다. 영어를 한마디도 못하시지만 표정만 봐도 과분한 사랑이 팍팍 느껴진다. 끝끝내 돈도 받지 않으신다. 오히려 내게 아르메니아와 같은 작은 나라에 와줘서 고맙다고 하신다. 참 한없이 감사해야

할 건 난데 뭔가 거꾸로 된 것이 분명하다.

커피와 도넛을 먹으며 친구들에게 홍대축제 당시 왔었던 걸그룹 시스타 동영상과 사극 드라마에서 보조촬영 알바를 했던 사진을 보여줬다. 역시나 또 한 번 까무러친다. 이 순간만큼은 예수 부럽지 않은 인기다. 이럴 거면 BTS랑 찍은 합성사진이라도 하나 만들어 왔어야 했나 보다.

이 친구들로부터 재밌는 얘기도 들었다. 예레반에서 동양인이 지나가면 한국인인지 아닌지 자기들끼리 퀴즈를 낸다는 것이다. 그리고 한국인이라고 결론이 나면 서로 말을 걸라고 떠민단다.

"그래서 한국인처럼 보이는 사람들에게 말 걸어본 적 있어?"

"아니."

"왜?"

"부끄러워서. 그리고 한국인이 아닐 수도 있잖아."

"다음부턴 부끄러워하지 말고 꼭 말 걸어봐. 오히려 한국 사람들이 더 좋아할 거야."

친구들의 표정에는 한국을 향한 동경심과 애정이 묻어 있다. 대다수 한국인이 아르메니아가 어디 붙어 있는지 모르는 걸 감안하면 짝사랑도 이런 짝사랑이 없다.

한류 열풍 하나만으로 한국인은 세계일주를 하기에 가장 적합한 민족이다. 지금 이 순간도 한국인이라는 이유로 케이 팝 가수도 아닌 내가 스타 대접을 받고 있지 않은가. 일례로 카우치서핑을 할 때도 다른 거 다 제쳐두고 자신이 케이 팝 팬이라는 단 하나의 이유로 날 받아준 적도 있다.

이뿐만이 아니다. 길을 가다가 외국인이 내 국적을 물어볼 때 일본인, 중국인이라면 관심도 없다가 한국인이라면 급격하게 태세전환을 해서 셀카부터 찍자고 카메라를 들이댄다. 그리고 모바일에 있는 수많은 케이 팝 노래를 보여주며 자기가 얼마나 충성스런 케이 팝 팬인지 자랑한다. 그저 난 국적을 얘기했을 뿐인데 이들은 신이 나서 기쁨을 금치 못하고 자신의 케이 팝 사랑을 나와 공유하고 싶어 하는 것이다.

전 세계에서 이런 나라가 한국 말고 또 있을까? 문화 강국이라는 프랑스, 인도, 세계 문화를 선도한다는 미국인도 한국인과 같은 환대를 받을 거라곤 생각지 못한다. 오히려 우리가 우러러 봤던 이들 국가에도 케이 팝 팬들이 급격히 늘어나고 있는 실정이다. 비단 케이 팝뿐일까? 최근에는 한식과 패션 뷰티 분야도 한류의 큰 기둥으로 급성장하고 있다. 인형처럼 예쁜 동유럽 여자애들이 한국 스타일을 선호하고, 한국 여성들의 화장법과 패션을 따라하고 싶어 한다. 정말이지 동양인에 대한 섹스어필 이미지까지 바꾸어 놓는 한류의 가공할 만한 파괴력이다. 세계 어디에도 없는 독보적 문화 강국, 대한민국이 너무나도 자랑스러워 미치겠다.

엘렌과 영 라이프 클럽에게 보내는 한 줄 편지

케이 팝이라는 매개체 덕분에 탄생된 영 라이프클럽. 나를 첫 번째 한국인 멤버로 맞이해 줘서 정말 고마워. 앞으로 더욱 열심히 활동하는 에이스 멤버가 되도록 할게.^^

PS. : BTS, 그리고 소속사 여러분, 정말 감사합니다!

조지아

조지아는 주변 이슬람 국가를 여행했던 이들에게는 천국과도 같은 곳이다.
마음껏 술을 마실 수 있는 곳이기 때문에!
그래서 이웃국가인 이란, 터키, 아제르바이잔 사람들이 음주관광을 오기도 한다.
터키와 아제르바이잔에서도 술은 팔지만 가격도 비싸고 술의 종류도 다양하지 않다.
조지아에서는 아무 생각 없이 환상적인 풍경을 보는 것만으로
온몸이 치유되는 느낌이 든다.

술 좋아하세요? 그럼 조지아가 답이죠

"아저씨, 나 이번이 진짜 마지막 잔이에요."

웬만하면 술은 잘 안 빼는 성격이다. 회사 회식자리에서도 "술 좀 하네." 라는 말을 들으면 들었지 못 한다는 소리는 들어본 적이 없다.

하지만 지금 내 옆자리에 있는 조지아인들과의 술 배틀은 "너 자신을 알라."라는 소크라테스의 명언을 뼈저리게 느끼게 해 준다.

여기는 지금 아르메니아에서 조지아 수도 트빌리시로 가는 9인승 승합차. 난데없이 브랜디 파티가 벌어지고 있다. 차를 타자마자 조지 클루니를 닮은 아저씨가 2리터짜리 브랜디와 종이컵을 꺼낸다. 그리곤 버스에 있는 사람들에게 일일이 나눠주며 한 잔 가득 따라준다. 누구도 거부하지 않고 자연스레 술잔을 비운다.

"한국도 술 마시는 걸로는 세계 으뜸인 수준이야."

알코올 아저씨가 나를 미성년자 취급하며 술을 주지 않기에 약간 빈정이 상했었다. 괜히 오버를 떨며 술 좀 마신다는 티를 냈다. 게다가 히터가 잘 안 나오는 고물차에서 덜덜 떨고 있었던 터라, 뜨거운 알코올이 필요하던 참이었다.

처음 한 잔은 가볍게 '원샷'을 한다. 40도의 진한 알코올 향기가 코끝으

로 파고든다. 빈속이
어서인지 한 잔을 마
셨는데도 효과는 메
가톤급이다. 아저씨
는 잔을 비우기 무섭
게 다시 투명한 액체

를 채운다. 이렇게 석 잔을 연달아 마시자 머리는 띵해지고 몸은 뜨거워진
다. 기분도 살짝 올라간 상태다. 딱 여기까진 괜찮았다.

문제는 상대를 봐가며 술을 마셨어야 한다는 점이다. 이들은 바로 조
지아인, 러시아 사람들보다 술을 더 잘 마신다는 민족이다. 적당히 마시
고 끝날 줄 알았던 술 파티는 종점이 어딘지도 모른 채 무한질주하고 있는
중이다.

안주도 없이 마셔대다 보니 죽을 맛이다. 브랜디 한 잔 마시고 물 마시
고, 다시 브랜디 마시고 물 마시고를 반복했다. 게다가 버스는 꼬불꼬불 S
자로 달리는 바람에 당장이라도 흉측한 액체가 입 밖으로 나올 것만 같다.
심호흡을 반복하며 식도 언저리까지 올라온 액체를 다시 위 안으로 구겨 넣
는다. 좁은 봉고차 구석자리에 앉아 눈을 질끈 감고 거친 숨을 몰아쉰다.

나를 제외한 다른 승객들은 다들 멀쩡하다. 모두들 하이페이스다. 나와
비슷한 나이로 보이는 여자도 눈 하나 깜빡하지 않고 술잔을 비운다. 물을
마신다 해도 저렇게 편안하게 마시진 못할 것 같다.

그놈의 분위기가 뭐라고, 다들 시끌벅적 잔을 부딪치는데 나 혼자 샌님
처럼 앉아 있는 모양새가 영 맘에 들지 않는다. 한 번의 큰 위기를 넘긴 뒤
로 다시 꿀꺽꿀꺽 브랜디를 넘긴다. 알코올 아저씨도 생각보다 술을 잘 마
신다면서 하지 않아도 될 칭찬을 늘어놓는다. 하지만 공짜라면 양잿물도
마신다는데 최고급 아르메니아산 브랜디를 어찌 거절할 수 있겠는가? (아르

메니아는 브랜디로 유명한 나라다.)

결국 나는 대형 사고를 저지르고 말았다. 과유불급이라는 말이 이토록 적절한 때가 있으랴. 승합차가 휴게소에 도착하자마자 입 밖으로 거시기한 액체를 쏟아내고 만 것이다. 안주 없이 술만 마셔서 그런지 순도 100%에 가까운 액체다. 그나마 차에서 테러를 일으키지 않은 게 다행이라면 다행이랄까.

휴식이 끝나고 다시 차가 출발한다. 내 허세는 이미 구겨질 대로 구겨져 있었다. 조용히 앉아서 버스에서 벌어지고 있는 술자리를 구경한다. 이쯤 되면 그만 해도 될 법도 한데 이 친구들은 쉴 새 없이 달린다. 정말 징한 놈들이다.

알코올 아저씨가 운전기사에게도 한 잔 따라주자 기사는 또 그걸 마다하지 않고 벌컥벌컥 원샷을 때려버린다.

"야, 너희들 미쳤어?"

화들짝 놀라 외쳐도 아무도 신경 안 쓴다. 한 잔 정도는 아무것도 아니라며 걱정하지 말란다. 심각해 보이는 건 나 혼자 뿐이다.

"아, 코리안. 너에게 술 안 줘서 그래?"

아이고, 내 자존심을 박박 긁어 놓는다. 이런 독종들을 봤나. 조지아를 여행하기도 전에 조지아 사람들에게 질려 버린다.

"나 항복, 항복이요. 그만 마실 게요."

하룻강아지 범 무서울 줄 모른다니 그건 딱 지금 내 꼴을 보고 하는 말이었다. 알코올 아저씨는 다시금 자기 가방을 뒤적이더니 이번엔 와인을 꺼낸다. 무슨 일본만화 캐릭터 도라에몽처럼 끊임없이 가방에서 술이 나온다. 술을 전담하는 보부상이 따로 없다. 역시나 종이컵에 붉은 액체를 가득 따라주더니 한마디 한다.

"코리안, 조지아 처음이지? 우리나라 와인은 세계 최고야."

높은 알코올로 무장된 브랜디를 마시다 당도가 있는 와인을 맛보니 그나마 살 것 같다. 상대성이론을 적용시키자면, 브랜디가 술이라면 이건 이온음료 같은 느낌이다. 실제로 알코올 아저씨의 말대로 달콤한 향에 맛도 좋았다.

이미 아르메니아에서 간단히 조지아 여행정보를 조사한 터, 조지아 사람들에게 와인은 그 자체가 국격이자 자존심이라는 글귀가 생각났다. 실제로 세계 최초의 와인이 조지아에서 재배되었다는 기록이 있기도 했다. 종합해보면 조지아에서 '다른 건 몰라도 와인 하나는 우리가 최고!' 이런 마인드였다.

"와인이라고 하면 프랑스나 칠레 아니야?"

일부러 조지아 와인에 대해서 들어본 적 없다는 투로 물었다. 사실 내 말속에는 '너희가 사랑하는 조지아 와인을 맘껏 내 앞에서 자랑해 줘.'라는 의도가 깔려 있었다. 그들의 자존심을 건드리며 도발을 한 것이다.

"조지아는 세계에서 제일 먼저 와인을 만든 국가야, 격이 다르다고."

"프랑스 와인은 맛은 그저 그런데 비싸긴 엄청 비싸."

지금까지 한마디도 하지 않던 다른 승객들이 앞을 다투어 설명한다. 영어를 못하는 아저씨도 어떻게 내 말을 알아들었는지 조지아어로 혼신의 힘을 다해 반박하신다. 에고, 에고! 취소할게요, 조지아분들.

트빌리시에 도착하니 다들 거나하게 취한 상태다. 한껏 기분 좋게 나의 조지아 여행에 축복을 내려 주신다. 확실히 알코올은 사람을 기분 좋게 하고 장벽을 허무는 마법이 있나 보다. 무뚝뚝하고 웃음기 없던 조지아인들이 어느새 천방지축 까불이로 변해 있다.

호스텔에서 체크인을 하는데 또다시 황당한 시츄에이션이다. 숙소에서 무료 와인을 제공해 주는 게 아닌가. 그것도 첫날은 무한리필. 기가 찬다, 기가 차. 1박에 5,000원짜리 숙소인데 와인이 무료라니. 이건 배보다 배꼽이고, 자선사업가도 못할 짓이다. 어쨌든 공짜라는데 어찌 안 마실 수 있을까? 짐을 풀자마자 혼자서 자체 와인파티를 연다. 주방의 찬장부터 빈 병들이 층층이 쌓여져 있다. 항아리 모양의 나무통 와인 저장고도 보인다. 호스텔인지 와인 스토어인지 구분이 안 될 정도다. 더욱 놀라운 점은 내가 묵는 숙소만 그런 게 아니라 트빌리시에 있는 상당수 숙소들이 와인을 서비스로 제공해 준다는 것이다.

취기가 오르니 흥도 오른다. 총총걸음으로 안주거리를 사러 숙소 근처의 슈퍼마켓에 갔다. 역시나 들어가자마자 눈에 띄는 건 술 코너. 20평 남짓 작은 슈퍼마켓의 절반이 술로 도배돼 있다. 평범한 슈퍼마켓에서 술을 파는 건지, 아니면 알코올 전문매장에서 식품을 부가적으로 파는 건지 헷갈릴 정도다. 정말 두 손 두 발 다 들었다.

가격표를 보니 상상할 수 없을 정도로 저렴하다. 놀라지 마시라, 고급스러운 와인 한 병이 5천 원 수준. 와인 빼고 병 값만 해도 그 정도는 나올 것 같다. 1리터짜리 유명한 맥주 브랜드도 단돈 1,500~2,000원 언저리다.

평소에 사지도 않던 와인을 세 병이나 사고 호스텔 냉장고에 가지런히

정렬시켜 놓았다. 매끈한 와인 병을 보니 함박웃음이 절로 꽃핀다. 설령 다 마시지 못한다더라도 괜찮다. 다음 여행객에게 기증하면 되니까. 저렴한 술 값 덕에 경제적 여유가 생기고, 경제적 여유는 넓은 아량으로 진화하는 것 같다. 아아, 술값의 나비효과여!

와인 얘기만 한다면 아마 조지아의 낭만적인 자연이 정말 섭섭하다고 할 것이다. 조지아의 국토는 평균 4,000미터를 웃도는 봉우리들이 병풍처럼 둘러싸고 있고, 그 사이를 유유히 흐르는 강과 계곡, 초원이 멋지게 펼쳐진 낙원이다.

조지아의 자연은 이미 유럽과 러시아에선 최고의 절경으로 알려져 있는데, 특히 눈으로 뒤덮인 산맥 덕분에 알프스를 품은 스위스와 자주 비견되기도 한다. 그래서 조지아를 흔히 물가 싼 스위스라고 말하기도 한다. 최근에는 조지아의 절경이 동아시아 국가에도 많이 알려져서 배낭여행자들의 핫플레이스로 이름값을 올리고 있는 중이기도 하다.

수도 트빌리시를 조금만 벗어나면 어디서나 환상적인 설산과 호수를 맛볼 수 있다. 게다가 클래식하고 기품 있는 조지아의 교회는 이런 아름다운 자연에 화룡점정이다. 교회의 위치 선정도 탁월해서 산 정상이나 호숫가에서 제일 좋은 로얄석에 자리를 잡고 있다. 한국으로 비유하자면 명산이 잘 보이는 절벽에 정자가 서 있는 것과 같다.

이곳 조지아 여행의 하이라이트는 카즈베기산과 사메바성당이다. 해발 2150미터에 위치한 사메바성당의 그림엽서 같은 풍경은 조지아뿐만 아니라 코카서스 관광의 심장과도 같았다.

화창한 날을 택일하여 카즈베기로 가는 승합차에 몸을 싣는다. 이란을 떠나고 나서는 계속 봉고차를 타고 돌아다니게 된다. 타임머신을 타고 초등학교 시절로 돌아가 속셈학원을 가는 기분이다. 히터 때문에 김이 서린

창문을 옷매무새로 **빡빡** 닦아본다. 창문 너머로 새하얀 설산과 계곡이 끝도 없이 펼쳐진다. 만년설이 녹아 흘러내리는 계곡물은 영롱한 옥빛을 띠고 있고 이름 없는 산봉우리는 구름 모자를 멋들어지게 썼다.

　카즈베기 마을에 도착하니 어느덧 시간은 오후 5시. 겨울이라 그런지 이른 시간임에도 슬금슬금 해거름이 지기 시작한다. 서둘러 숙소를 찾기 시작했다. 비수기인 탓에 마을에는 관광객이 거의 눈에 띄지 않았고 간판을 따라 숙소를 찾아 들어가면 주인장이 없거나 문이 잠겨 있는 경우가 태반이다. 이리저리 영업 중인 숙소를 찾아 길거리를 헤매는데 갑자기 80년대 고물 머스탱 한 대가 **빵빵**거리며 내 옆에 멈춰 선다. 창문이 열리며 30대 아저씨가 내게 말을 건넨다.

　"어이, 중국인! 우리 숙소 갈래?"

　"나를 보고 중국인이라고?"

넌 가격을 묻기도 전에 서류 탈락이다.

"마음에 안 들면 우리 숙소 말고 다른 숙소에 가도 돼."

계속 돌아다녀도 영업 중인 숙소를 찾기가 힘든 거 같다. '일단 보고나서 결정하자.'라는 생각으로 아저씨를 따라 숙소를 한번 둘러본다. 시설은 나쁘지 않았는데 방이 1층이어서 전망이 너무 좋지 않았다. 설산이 잘 보이는 곳에 가고 싶다 하니 이번엔 발코니가 있는 호텔로 데려가 준다. 모든 게 다 좋았지만 이번엔 가격이 발목을 잡는다. 1박에 50달러다. 너무 비싸다.

내 까탈스런 입맛에도 이 친구는 아무 불평 없이 날 인도해 준다. 고물차를 몰며 내가 마음에 드는 숙소를 찾을 때까지, 그는 기꺼이 카즈베기 마을의 길잡이가 되어 준다.

삼고초려 끝에 드디어 맘에 쏙 드는 호스텔을 찾았다. 가격은 1박에 20라리(9달러)로 굉장히 저렴했고, 옥상 테라스로 나가면 설경이 파노라마처럼 펼쳐졌다.

"아, 이곳에서 담배 한 대 피우면 죽여주겠구만."

금연 5년째지만 눈앞에 펼쳐지는 장관을 마주할 때마다 담배 생각이 난다. 허파 깊숙한 곳에서부터 날숨을 끄집어낸다. 자욱한 겨울 안개 때문인지 마치 담배연기처럼 길다란 뭉게구름이 피어오른다.

날 도와준 아저씨에게 팁을 주려고 했더니 마다한다. 어차피 이 숙소주인이랑 아는 사이라 괜찮다는 거다. 그래도 도움을 받고 어찌 그냥 넘어갈 수 있으랴. 근처 슈퍼마켓에서 작은 위스키를 하나 사서 선물하니 그건 또 좋다며 받으신다. 명불허전 조지아 아저씨답게 팁보다 술이 더 좋은가 보다.

다음날 아침 체크아웃을 하고 바로 카즈베기 사메바성당 트레킹을 시작했는데, 동쪽 하늘에서 해가 천천히 솟아오른다. '오늘의 날씨는 맑음'이라는 일기예보를 직접 해 주는 셈이다. 그러나 며칠간 계속되는 폭설로 산길은 전부 생크림 눈으로 뒤덮였고 덕분에 길 찾기가 쉬웠다. 입구부터 헤매

다가 앞서 걸어간 발자국을 복사하고 붙여넣기 하듯 그대로 따라 올라갔다. 이미 해는 쨍쨍하지만 혼자 가는 산행이라 분위기가 영 썰렁하다. 요란한 바람소리 때문에 한낮인데도 으스스한 느낌마저 든다.

그때 내 뒤를 따라오던 유럽 여행자들을 만났다. 카즈베기에 도착한 이후 처음 만난 여행자다. 반가움에 자연스럽게 인사를 건넨다.

"너희는 어디에서 왔어?"

"슬로바키아, 들어본 적 있어?"

"브라티슬라바!"

브라티슬라바는 슬로바키아의 수도다.

아는 거라곤 체코슬로바키아에서 분리되었다는 것과 수도 이름뿐이었다.

수도만 말했는데도 굉장히 좋아하며 내게 하이파이브를 시도한다. 이 친구 말뜻을 들어보면 "알려지지 않는 동유럽의 작은 나라를 네가 어떻게 알고 있어?"라는 뉘앙스다.

"우리나라를 알아?"

'안드라'라는 이름을 가진 슬로바키아 친구가 뜬금없는 질문을 던진다.

"슬로바키아, 당연히 알지! 거기 엄청 아름다운 곳이잖아. 나도 꼭 가보고 싶어."

고맙게도 슬로바키아 친구들이 밑밥을 깔아 주니, 띄워주기 스킬이 빛을 발휘할 타이밍이었다. 가본 적도 없으면서 이미 초등학교 시절부터 알고 있었다는 희대의 사기극을 펼친다. 이런 잘 알려지지 않은 나라에서 온 친구들은 자기 나라 이름만 아는 척해도 엄청 기뻐한다. 한편으로는 얼마나 많은 외국인들이 "거기 어디에 있는 나라야?"라고 되물었으면… 하는 측은한 생각도 든다. 이 친구들은 낯선 동양인이 자기 나라에 대해 알고 있다는 게 반가우면서 의아한 생각이 들었나 보다. 내게 재차 묻는다.

"한국 사람들은 슬로바키아 잘 알아?"

난감한 질문이다. 내가 슬로바키아를 알고 있다 하더라도 보통의 한국인들이 모두 알고 있다고 말하기엔 잘 알려지지 않은 나라였기 때문이다. 하지만 자국의 인지도를 묻는 친구 앞에서 "솔직히 모르는 사람들도 많아."라고는 도저히 말할 수 없더라.

"물론이지, 한국 사람들에게도 잘 알려져 있는 나라인걸."

어쨌거나 단순히 아는 척 한마디의 효과는 엄청났다. 친구들은 달라고 하지도 않은 초콜릿과 비스킷을 선뜻 나눠주기도 하고, 정성스레 사진을 찍어주기도 한다. 이럴 줄 알았으면 어젯밤 카즈베기 트레킹 대신 슬로바키아에 대한 조사를 더 하는 건데 하는 아쉬움이 묻어날 정도다. 금세 친해진 우리는 앞서거니 뒤서거니 사메바성당을 향해 사이좋게 걷는다.

정상에 가까워지니 햇볕이 뜨거워지고 바람은 더욱 세차게 분다. 중용의 철학이 없는 날씨다. 한쪽은 뜨겁고 한쪽은 칼바람이라니. 오르막길이 끊어지고 평평한 지대가 나온다. 고개를 들어보니 눈앞에 환상적인 사메바성당이다. 드디어 정상에 도착한 것이다. 순간 온몸에 소름이 쫘악~ 끼친다. 새하얀 카즈베기 봉우리를 배경으로 사메바성당이 미친 존재감을 뽐내고 있다. 정신이 멍해질 정도로 매혹적인 풍경에 입이 다물어지지 않는다. 성당의 아름다움도 그렇지만 그걸 더욱 빛나게 해 주는 우아한 배경이 가히 압권이었다. 사메바성당의 완벽한 위치 선정에 그저 혀를 내두를 뿐. 우리 집 3층짜리 연립주택을 이곳으로 옮겨놓으면 매매가 60억짜리 한남동 저택이 될 것만 같았고, 다 쓰러져 가는 초가삼간이라 해도 신선이 머무는 집이 될 것 같다. 무엇을 가져다 놔도 폐급 쓰레기를 플래티넘으로 만들어 줄 배경이다.

그 배경에 어울리는 주인공이라고, 600년 전에 지어졌다는 사메바성당의 위용 또한 가히 압도적이다. 누가 시키지 않아도 어느새 두 손 모아 기도를 올리게 된다. 성스러운 곳에서 기도를 하면 하느님이 더 잘 들어줄 것만 같은 느낌이다. 같이 올라왔던 슬로바키아 친구들도 눈을 감은 채 조용히 기도하고 있다. 바간에서 부처의 자비로움을, 그리고 이란과 파키스탄에서 알라의 광휘를 봤다면, 지금 이 순간은 여호와의 전능함이 느껴진다.

카즈베기 일정을 마치고 슬로바키아 친구들과 다시 수도 트빌리시에 돌아왔다.

"두 달 후쯤에 아마 동유럽을 여행할 거야. 슬로바키아에도 갈 예정이니까 꼭 연락할게."

"우리 대학교에 꼭 와야 해! 학생들이 엄청 좋아할 거야."

슬로바키아 친구들은 대학에서 관광업을 전공하는 친구들이었다. 슬로바키아에 오게 되면 꼭 자기 대학교에서 하루 동안 강의를 해달라는 영광스런 제의다.

"너희가 교수님도 아닌데 날 강의에 초대해도 괜찮아?"

"교수님도 분명 두 팔 벌려 환영할 거야."

우리는 트빌리시 버스터미널에서 다음 만남을 기약하며 이별의 인사를 나눴다.

카즈베기에서 한번 성당을 보고 전율을 느끼게 된 뒤로는 그동안 무심하게 지나쳤던 크리스트교 문화들이 새롭게 보인다. 특히 내 눈길을 강하게 끌었던 건 조지아인들의 깊은 신앙심이었다. 이들은 눈앞에 교회만 보이면 약속이나 한 듯 삼위일체 모션을 취한다. 양손에 무거운 짐이 있으면 짐을 바닥에 내려놓고 기도를 하고, 노래를 듣고 있던 이어폰을 귀에서 빼고는 경건하게 기도를 한다. 운전 중인 버스기사도 창밖의 성당을 만나면 한 손으로 운전대를 잡고 한 손으로 삼위일체 동작을 취한다. 승객들도 마찬가지다. 모두가 한마음 같은 동작으로 차창 밖의 교회를 향해 짧게 기도를 한다. 오직 나 혼자만 신기한 듯 멀뚱멀뚱 그들을 바라볼 뿐이다. 파키스탄이랑 이란에서 금요일만 되면 온 동네가 기도의 장이 되었듯이, 조지아에서는 일요일만 되면 그 수많은 성당이 사람들로 북새통을 이룬다.

'막상 세상에 종교가 없었다면 내 세계일주는 어땠을까?' 분명 볼거리는 반 토막이 났을 것이고 종교와 쇠사슬처럼 이어진 철학, 미술, 건축도 줄줄이 그 특색을 잃었을 것이다. 여행을 하면서 종교의 위대함에 수없이 감탄했지만, 한 번 굳어진 무신론에 대한 신념이 쉽게 바뀌지는 않는다. 다만 바뀐 게 있다면 종교를 좀 더 사랑하게 된 것 같다. 어찌 되었든 신을 향한 인간의 무한한 갈망이 세상의 볼거리를 더 풍부하게 해 줬으니 말이다.

승합차 알코올 아저씨에게 보내는 한 줄 편지

선뜻 고급 브랜디를 나눠줘서 정말 고마웠어요. 혹시 나중에 한국 오면 대한민국 정치부 기자님들이나 건설현장 반장님들과 술 한잔 하는 건 어떨까요? 아저씨를 절대 실망시키지 않을 겁니다.

황천길로 이어지는 스키장 슬로프

조지아는 겨울 레포츠의 천국이다. 조지아를 병풍처럼 둘러싸고 있는 코카서스산맥의 자연설과 산봉우리들은 겨울 스포츠를 즐기기에 천혜의 조건을 제공해 준다. 더구나 물가 비싸기로 유명한 북유럽, 스위스 스키장에 비해 조지아 스키장의 은혜로운 가격은 그야말로 신의 축복이기도 하다. 그래서 매 시즌마다 겨울 스포츠를 즐기려는 수많은 유럽 여행객이 조지아로 온다고 한다. 2014년 동계올림픽이 열린 러시아 소치도 조지아와 이어진 코카서스 산맥의 끝자락에 있는 도시이다.

나는 강원도에서 중고등학교를 보낸 터라 어렸을 때부터 스키장에 자주 갔었다. 그 덕에 운동 젬병인 나도 유일하게 잘 하는 스포츠가 스노우보드였다. 매번 유명 관광지만 둘러보는데 슬슬 매너리즘을 느끼던 터, 오늘은 특별히 시간을 내어 혼자 스키장에 가보기로 한다.

트빌리시에서 가장 가까이 있는 구다우리 스키장에 도착했다. 광활한 슬로프에 젊은 스키족들이 우아하게 S자를 그리며 내려온다. 스키를 타는 조지아인의 모습을 보니 모두 아웃도어 모델들이 따로 없다. 아, 그런 광경을 지켜보자니 온몸이 달아오른다. 쫄쫄 굶은 상태에서 먹방을 보는 기분이랄까. 애초에 출동 준비는 끝난 상태다. 당장 스키장 주변에 있는 렌탈샵에 들어가 보드 장비를 빌린다.

의구심이 들었던지 '다비드'란 이름을 가진 베테랑 렌탈샵 사장이 내게 묻는다.

"이봐, 너 스노우보드는 탈 수 있어?"

"응, 물론이지."

다비드는 고개를 저으며 계속 의심의 눈초리를 보낸다.

"이 구다우리 스키장은 슬로프 경사도 심하고 고도도 높아. 네가 잘 탈 수 있을지 걱정이 되네?"

"한국에서도 보드 많이 타봤어. 걱정 안 하셔도 돼."

"차라리 강사를 고용하는 건 어때?"

"그건 싫어, 돈도 없고 혼자 타는 게 더 자유로워."

렌탈샵 사장이 강사 호객행위를 하는 거 같아 단칼에 거절했다.

'스키장이 다 거기서 거기지 뭐 조지아 스키장이라고 뭐 특별한 게 있겠어?'

"그럼 내 왓츠앱 번호를 줄 테니까 무슨 일이 생기면 나한테 메시지 줘."

다비드는 그래도 걱정되었는지 자신의 비상연락처를 남겨주며, 보드랑 옷 모두 가장 상태 좋은 걸로 내 준다.

"응, 고마워. 내 옷이랑 귀중품 잘 보관해 줘. 하나라도 없어지면 보드고 스키복이고 반납하지 않을 거야."

"걱정 말고 재밌게 즐기다 와."

보드, 스키복 렌탈에 종일 리프트 티켓까지, 도합 100라리, 한국 돈으로 약 4만 3천 원 정도였다. 매혹적인 코카서스의 맛있는 겨울 풍경에 비해 아주 착하디 착한 가격이다.

'자… 이제 출동해볼까!'

총총걸음으로 곤돌라에 바로 탑승한다. 보통 안전요원이 있는 우리나라

스키장과 달리 이곳은 직원이 아무도 없다. 슬로프도 경사에 따라 나눠져 있기보단 초급부터 고급코스까지 다 섞여서 이어져 있다. 리프트만 제거한 다면 자연 상태의 설산으로 착각할 정도였다.

"우와!"

구름바다를 뚫고 3000미터 정상에서 바라보는 코카서스 산자락은 겨울 왕국 그 자체다. 동서남북 어디를 봐도 온 세상이 곱고 하얀 파우더를 뿌려 놓은 것만 같았다. 굳이 스키를 타지 않더라도 곤돌라에서 내려다보는 뷰 자체가 조지아의 훌륭한 관광 포인트였다.

보드를 부착하고 슬로프를 활강한다. 영하의 날씨에 칼바람까지 불었지 만 라이딩의 짜릿함에 전혀 추위를 느끼지 못했다. 카메라에 밀려 찬밥 신 세를 면치 못하던 액션캠도 이때만큼은 빛을 발휘한다.

"야호~"

정오를 넘어가니 슬슬 눈이 내리기 시작한다. 처음엔 '스키장엔 눈이 와 야 제맛이지!' 하며 천방지축으로 신이 났을 뿐 크게 개의치 않았다. 하지만 금세 쓰나미처럼 먹구름이 밀려오더니 눈발이 폭설로 바뀐다. 하필이면 안개까지 끼어서 시야가 급격히 흐려지기 시작한다. 이 동네 눈은 알갱이가 커서 그런지 얼굴에 딱밤을 맞는 것처럼 아프다. 고개를 들고선 보드를 타기가 힘들다. 하는 수 없이 머리를 푹 숙이고 엉덩이로 눈을 쓸다시피 천천히 슬로프를 내려갔는데, 얼마나 달렸을까? 고개를 들어 주변을 둘러보니 나 말고는 아무도 없다. 앞에 가는 스키어가 하나도 없다보니, 제대로 맞는 방향으로 내려가고 있는 건지 불안해지기 시작한다.

'이쪽 길이 맞나?'

슬로프가 어느 방향인지 판단이 안 선다. 일단 계속 가던 방향으로 가본다. 좌우를 둘러보며 안전 펜스가 있는지 확인한다. 이런… 펜스는 둘째 치고 곤돌라나 리프트도 어디 있는지 분간이 안 된다.

10미터 앞쯤에 기둥이 보인다. 안내판인 것으로 보인다. 얼른 보드를 타고 내려가 확인해본다. 알고 보니 가지가 하나도 달려 있지 않은 나무 기둥이다. 설상가상으로 내리막길이 끊어지고 갑자기 오르막이 나타난다. 길을 제대로 잃었다. 슬로프를 벗어나 외딴 곳에서 헤매고 있는 게 분명했다.

점점 불안감을 넘어 공포감에 휩싸이기 시작한다. 있는 힘껏 소리를 질렀다. 역시나 아무 대답이 없다. 바람소리가 너무 시끄럽게 울어서 누군가 대답을 해도 들릴 것 같지 않았다.

오르막길이어서 보드를 벗고 손으로 든다.

"이런 제기랄…."

허리춤까지 푹 빠진다. 보드를 신고 있어서 눈이 얼마나 쌓여 있는지 몰랐던 것이다. 깜짝 놀라서 잡고 있던 보드를 놓쳤고, 보드가 반대편 내리막을 따라 저 혼자서 쏜살같이 활강한다. 제기랄! 이때만큼 간절하게 염력이 있었으면 하고 원했던 적이 없다. 한 걸음 한 걸음 최대한 발이 빠지지 않으려 애를 쓰며 보드를 향해 기다시피 걸어간다. 상의, 하의, 허리틈새, 양말과 바지 사이로 눈이 파고들어 너무 뼈가 다 시리다. 미칠 지경이다.

아… 여기서 정말 죽을 수도 있겠구나, 하는 생각이 들었다. 극심한 두려움으로 손발이 벌벌 떨렸다. 이젠 추위조차 느껴지지 않는다. 문득 렌탈샵 사장, 다비드 아저씨가 떠올라 그에게 얼른 전화를 시도했다. 젠장… 추운 날씨 때문인지 모바일이 저절로 꺼진다. 다시 껐다 켜도 폭설 때문에 액정이 금세 물바다가 된다. 간신히 재부팅에 성공했지만 이번엔 또 신호를 잡지 못한다.

'침착해야 한다. 침착해야 한다.'

입으로 수십 번씩 되뇌고 있는 중이다.

"길을 잃은 지 얼마 되지 않았어. 마지막으로 보았던 사람이 제대로 내려간 거라면 나도 그 근처에 도착할 거야…."

다행히 약간의 오르막이 끝나자마자 다시 내리막 슬로프가 나온다. 다시 보드를 신고 기어가듯 천천히 내려가기 시작한다. 산더미처럼 쌓인 눈 때문에 스키나 보드를 탄 흔적은 전혀 보이지 않는다. 어제까지만 해도 호스텔에서 와인을 한 잔 하고 따뜻한 이불을 덮고 잤는데, 새하얀 어둠의 길에서 헤매고 있다니… 지금 이 순간이 믿겨지질 않는다. 절망적이다.

갑자기 얼굴이랑 손이 열이 나는 것처럼 화끈거린다. 가만히 있는데도 통증이 느껴진다. 손으로 얼굴 피부를 건드려보니 아무런 느낌이 없다. 혹시라도 동상이라도 걸릴까봐 목도리와 스키복으로 온몸을 최대한 꽁꽁 싸맨다. 렌탈샵 아저씨가 튼튼하고 따뜻한 스키복을 준 게 그나마 천만다행이다.

손을 입에 대고 따뜻한 입김을 불어보지만 효과는 별로 없다. 안개라도 걷히면 앞이라도 보일 텐데, 이 빌어먹을 안개는 더 심해지기만 한다. 30분 정도 더 내려갔을까? 눈앞에 작은 막대기가 보인다. 얼른 그쪽으로 다가가 보니 17이라고 숫자가 적힌 푯말이 보인다. 문명의 흔적이다. 뭐라도 발견

한 게 천만다행이다. 이제 앞으로 20미터 가량 더 전진하니 수북하게 쌓인 눈 대신 아스팔트가 보인다. 길을 헤맨 끝에 도로까지 내려온 것이다.

"하, 살았다…."

그 자리에 주저앉았다. 안도감에 다리가 풀린 것도 있겠지만 두 시간 가까이 모든 에너지를 소비해버린 탓에 서 있을 힘도 없다. 터질 듯한 심장박동이 목구멍에서도 느껴진다. 무거운 보드를 한동안 들고 다녔던 탓에 손은 심하게 떨렸고, 핸드폰이 들어 있는 주머니 지퍼를 열려고 했지만 오른손 하나로는 열 수가 없다. 힘이 다 떨어진 탓이다. 양손으로 겨우 지퍼를 당겨서 핸드폰을 꺼내 구글맵과 시간을 확인했다.

지나가는 자동차를 히치하이킹 했는데, 내 몰골이 말이 아니게 불쌍했는지 바로 차 한 대가 내 앞에 멈춰 서더니 인상 좋은 아저씨가 흔쾌히 스키장 입구까지 태워다 주겠단다. 안개가 심한 탓에 차들도 대낮에 라이트를 번쩍이며 거북이 운행을 하고 있다. 입구까지 가는 방향을 보니 완전히 반대편 길로 내려왔음을 비로소 깨달았다. 아저씨께 감사인사를 하고 렌탈샵 쪽으로 터벅터벅 걸어갔는데, 오전까지만 해도 꽤나 많았던 사람들이 지금은 아무도 안 보인다. 텅 빈 스키장에 삐그덕 삐그덕 스산하게 리프트 기계음만 들릴 뿐이다.

약간은 진정이 되었지만 아직도 심장이 쿵쾅거려 미칠 지경이다. 렌탈샵

에 도착하니 다비드가 화
들짝 놀라 나에게로 다가
온다.

"너 어디 있었어? 폭설
때문에 손님들은 한참 전
에 다 떠났어."

"…."

차마 말할 힘도 나지
않는다. 샵 거울에 비친
내 모습을 보니 스키복은
인절미 가루마냥 눈 범벅
이 되어 있었고, 얼굴은 빨
갛게 익어 있었다. 동상이
안 걸린 게 다행이었다.

다비드가 몸을 좀 녹이라면서 따뜻한 차 한 잔을 내 준다.

"이 망할 조지아 스키장에는 도대체 왜 펜스도 안내문도 없는 거야?"

다짜고짜 다비드에게 화풀이하듯 따진다. 차마 날씨를 비난할 수는 없
기에 애꿎은 스키장 탓으로 돌리고 있는 거다. 좋게 말해서 자연 친화적인
스키장이었지, 내게는 안전요원도 슬로프 안내도 제대로 안 되어 있는 멍텅
구리 스키장이다.

"오늘은 안개 때문에 아무것도 보이지 않아서 그래. 펜스가 있었어도 못
보는 게 당연해."

아저씨는 내가 오지 않아서 굉장히 걱정하고 있었다고 했다. 조금 더 기
다리다가 오지 않으면 신고할 생각이었다고 한다. 어린애처럼 나를 다독여
주는 그에게 2시간 동안 혼자서 슬로프를 헤맨 스토리를 하소연하듯 이야

기했다.

"네가 혼자서 탄다고 할 때부터 마음에 걸렸어."

다비드는 날 혼자 보낸 자기 책임도 있다는 식으로 나를 위로한다.

"아냐, 보드 좀 탄다고 자만한 내 탓이지."

시체 같은 몸을 이끌고 숙소에 도착했다. 다비드가 퇴근하는 김에 고맙게도 날 숙소까지 바라다 주셨다. 이틀 동안 아무것도 못하고 몸과 정신을 회복하는 데 집중했다. 팔다리의 근육통이야 금방 회복되었지만, 정신적 트라우마가 상당히 컸다. 계속해서 눈앞에 안개가 자욱한 스키장이 그려졌다. 억지로 잊으려고 영화를 보고, 트빌리시 시내를 돌아다녀도 머릿속엔 그날의 악몽이 맴돌았고, 밤에는 극심한 불안감에 자다 깨다를 수없이 반복했다.

평소와 같으면 넓은 방에 혼자 있는 걸 쌍수를 들고 환영했겠지만 이 순간만큼은 혼자인 게 싫었다. 도미토리도 일부러 사람이 가장 많은 방으로 옮겼다. 대화를 나눌 수 있는 누군가가 필요하기도 했지만, 슬로프에 혼자 고립됐던 공포감이 아무도 없는 방에까지 쫓아오는 것만 같았기 때문이다. 시간이 지날수록 악몽 같은 기억이 희미해지긴 했지만, 그 당시 충격이 너무나도 커서일까, 지금도 그때 이후로 스키장에 가본 적이 없다.

다비드에게 보내는 한 줄 편지

저 때문에 한국이 겨울 스포츠 강국임을 알게 되었다고 했죠? 나중에 한국 스키장에도 꼭 놀러오세요. 제가 할인카드로 대신 결재해 드릴게요!

쿠타이시에서 만난 장애인 소녀

조지아 제2의 도시 쿠타이시. 조지아에 오기 전까지는 들어본 적 없는 생소한 도시였다. 수도 트빌리시처럼 크고 화려한 맛은 없지만 평화롭고 고즈넉한 도시였다. 오래된 성당 이외에는 딱히 볼 게 없는 도시지만 다음 여행지인 터키까지 한 번에 가기에는 거리가 멀어서 잠깐 들린 터였다.

호스텔에 도착하니 일가족이 맞이해 준다. 부부와 딸이 함께 운영하는 호스텔이었다. 주인아저씨는 한 덩치 하시는 분이었는데 외형만큼이나 성격도 호탕하고 웃음소리도 쩌렁쩌렁 하셨다. 딸은 10대 중반 정도로 된 앳된 소녀였는데 몸이 많이 불편해 보였다. 아저씨는 체크인을 하다가 내 여권을 보더니 흥미를 보인다.

"너 한국인이니?"

"응, 왜?"

"우리 딸이 너희 나라 노래를 좋아해."

"아, 그래? 그거 반가운 소식이네."

이젠 생판 듣지도 못했던 시골마을에서 케이 팝 팬을 만난다고 해도 아무렇지 않다. 그만큼 어딜 가나 케이 팝을 사랑하는 소녀들이 존재했기 때문이다. 특히나 외국 시골마을에 사는 케이 팝 팬이 한국인을 만나면 언제나 극적인 반응을 보여준다. 이들에게는 나처럼 평범한 한국인을 만나는 것조차 굉장히 드문 기회이기 때문이다. 전 세계로 광범위하게 퍼진 한류에 비해 대다수 국가에서는 여전히 한국 여행자들이 거의 드문 수준이랄까?

부부의 눈치를 보니 내심 딸과 한국 가수 얘기를 나눠달라는 것 같았다. 간단히 딸에게 눈인사를 하니 수줍은 듯 고개를 돌린다.

짐부터 풀고 쿠타이시 시내를 돌아다기기로 하고, 이 동네 랜드마크인 바그라티대성당을 가기 위해 버스를 탄다. 버스가 갑자기 좌회전을 하더니 도시 동쪽에 위치한 바그라티성당의 반대편으로 간다. 사람들에게 물어보니 뒷자리에 앉은 50대 아저씨가 친절히 가르쳐 주신다.

"მე კიცი, სად არის"

알아들을 수 없는 조지아어로 말했지만, 자기도 그 근처에서 내리니 같이 가자는 의미 같았다. 다행히 버스는 성당 앞에 멈춰 섰다. 아저씨는 성당으로 향하는 나를 붙잡더니 따라오라며 손짓을 한다. 그리곤 재래시장으로 이끌더니 젤리와 포도 한 송이를 사 주신다. 다음엔 시내 광장에 위치한 허름한 맥주집으로 나를 안내한다. 처음 보는 한국 관광객을 동서남북 끌고 다니는 아저씨도, 의심 없이 쫄랑쫄랑 따라다니는 나도 어째 자연스럽다.

테이블엔 맥주 두 잔이 놓였다. 건배도 하기 전에 벌컥 벌컥 들이마신다. 아저씨가 술이 무척 고팠는데 혼자 마시긴 싫었나 보다. 굳은살 가득한 손으로 젤리를 잘라서 내 앞에 놓아주신다. 그리곤 다시 초스피드로 맥주만 벌컥벌컥 들이킨다. 서로 마주보며 테이블에 앉아 있지만 음소거 기능을 켜 놓은 것처럼 한마디 대화조차 없다. 분명히 나 말고도 불특정 다수랑 술자리를 많이 해본 게 분명하다.

일전에 인도에서 만난 네덜란드 친구가 서울을 여행하면서 경험했던 이야기를 들었던 적이 있었다. 등산을 좋아하는 그는 혼자 북한산을 등반하

러 갔다가 산 초입에서 한국인 50대 아저씨들을 우연히 만나 정상까지 동행하게 되었다고 한다. 그때 아저씨들은 산 중턱의 평상이 깔린 음식점에 들러 그에게 막걸리, 삼계탕, 파전까지 배불리 먹이더니 등반을 마치고 게스트하우스로 돌아가려고 하자 다시 그를 붙잡아 그냥 가면 섭섭하다면서 소주에 갈비찜까지 푸짐하게 먹였다는 것이다. 물론 그에게는 돈 한 푼 내지 못하게 했다. 그리곤 거나하게 취한 청년은 이태원에 있는 게스트하우스로 돌아와 룸메이트들에게 그날 있었던 에피소드를 들려주면서 세계 각국에서 온 친구들과 다음날 북한산 등반을 한 번 더 했단다. 그는 그때의 기억이 너무 좋았다면서 서울에서 본 어떤 관광 명소보다 아저씨들과 함께 했던 북한산 등반이 제일 기억에 남는다고 했다.

지금도 그 네덜란드 청년의 눈빛이 초롱초롱 빛나던 기억이 떠오른다. 한국 아저씨들의 환대와 친절함에 어지간히 감동한 모양이었다.

지금 내가 그런 상황을 겪고 있는 것만 같다. 푸근한 인상과 이질감 없는 행동 덕에 아저씨에 대한 어떤 경계감도 느껴지지 않는다. 젤리가 다 떨어지니 주방에서 포도를 직접 씻어와 테이블에 올려놓는다. 구글 번역기로 성함을 여쭤보니 'Davit'이란다. 난 한국인이라니까 나보고 북한 사람이냐고 묻는다.

"당연히 싸우쓰 코리안이지!"

조지아는 예전 구소련에 속한 나라여서 그런지 유독 노스, 사우스를 물어보는 사람들이 많았다. 신세대들이야 한국이라고 하면 모두 우리나라를 떠올리지만 조지아 어른들은 반대로 북한부터 떠올리는 경우가 많다.

순식간에 500cc 두 잔을 비운 아저씨는 굿바이 인사도 없이 문을 열고 나가신다. 참 성격 무지하게 급하신 양반이다. 애초부터 내가 어느 나라의 사람이고, 이름은 무엇인지 알고 싶어 하지도 않은 눈치였다. 지금 시각은 오후 1시, 아저씨가 떠나고 나니 허름한 주막에서 근본 없이 혼술을 마시는 모양새가 되었다. 마저 남은 술을 다 들이켜고 계산을 하려는데 주인아줌마가 웃으며 그냥 가라고 하신다.

"방금 너랑 술 마신 사람이 내 오빠야. 그냥 가도 괜찮아."

아니 왜 남매인데 서로 인사도 안 하지? 그나저나 아주머니의 반응마저 아무런 이질감도 느껴지지 않고 굉장히 자연스럽다. 분명 오빠가 수차례 손님들을 데리고 와 공짜 술을 먹였을 것 같은 확신이 든다. 아저씨께 제대로 된 감사의 말도 못했기에 주인 아주머니에게 대신 고마움의 인사를 남긴다.

원래의 목적지인 성당에 가니 결혼식이 열리고 있다. 화려한 순백색의 드레스와 면사포를 입은 신부와 턱시도를 입은 신랑이 키스 포즈를 잡고 있다. 가뜩이나 아름다운 조지아 여인들인데 화려한 드레스를 입으니 영락없이 만화영화 속에 나오는 천사의 모습이다. 그 옆에는 말끔하게 나비넥타이를 맨 신랑이 미소를 짓고 있다. 세상 가장 아름다운 여자를 보는 눈빛이었다.

성직자 앞에서 사랑의 맹세를 한다. 웅장한 성당 안에 사람들의 박수소리로 쩌렁쩌렁하다. 그들 틈에 끼어서 누군지도 모르는 새 부부에게 축복의 기도를 올려준다. 격식은 있되 허례허식은 없다는 게 이 짧은 결혼식의 느낌이었다.

'크… 나도 결혼하고 싶다.'

바야흐로 친구들이 하나둘 청첩장을 보내기 시작하는 세대라 남일 같지가 않다. 성당을 나오니 갑자기 바람은 왜 이렇게 세게 부는지 오늘따라 옆구리가 더 시리다.

행복한 일정을 끝내고 다시 숙소로 돌아왔다. 벨을 누르니 주인 부부의 딸이 문을 열어준다. 부모님이 자리를 비운 모양인지 그녀 말고는 숙소에 아무도 없었다. 자연스럽게 로비에 앉아 서로 얘기를 나누기 시작했다.

"이름이 뭐니?"

"마리암."

로비로 걸어가는 그녀를 보니 다리가 많이 불편해 보였다. 내성적이고 낯을 가리는 성격인 듯하지만, 다행히 영어는 어느 정도 가능해서 의사소통을 하는 데는 크게 무리가 없었다.

"케이 팝 좋아해?"

"응, 빅뱅 좋아해."

천만다행으로 내가 아는 가수이자 제일 좋아하는 그룹이 나왔다. 어린 나이에 나와 같은 세대 케이 팝 스타를 좋아한다니, 쿵짝이 잘 맞았다. 빅뱅뿐만 아니라 내가 좋아하는 소속사 YG 그룹의 가수들을 모두 좋아했다.

"방탄소년단이나 엑소는?"

"빅뱅이 가장 좋아."

"어떤 멤버가 가장 좋아?"

"GD(지드래곤)."

"하하 그럴 줄 알았어. 난 대성이 가장 좋아. 마리암 그거 알아? YG 사무실이 내가 다니던 학교 옆에 있었어."

마리암이 화들짝 놀란다. 그녀에게 예전 내가 다니던 홍익대학교와 홍대 앞 번화가의 사진을 보여줬다. 지금까지 조용하던 마리암이 입을 다물지 못한 채 격한 반응을 보여준다. 연타석 필살기를 보여줄 차례다, 대학 축제에 출연해서 공연했던 시스타의 무대, 사극 드라마에서 아르바이트를 할 때 찍은 사진을 연이어 보여줬다. 마리암은 입 꼬리가 귀에 걸린 채 모바일 스크린을 뚫어져라 쳐다본다.

마리암의 소망 역시 한국을 여행하고, 케이 팝 스타들의 공연을 보는 게 가장 큰 꿈이라고 한다. 우리에겐 일상적인 문화생활일지 몰라도 이 소녀에게는 평생 간직하고 있는 염원일지도 모른다. 더구나 마리암은 누구의 도움 없이는 혼자서 움직이기 쉽지 않은 상태다. 보통의 평범한 소녀들보다 꿈을 이루는 데 두 배 세 배의 에너지와 끈기를 필요로 할지도 모른다. 그런 그녀에게 지금 내가 당장 할 수 있는 건 한국에 올 수 있다는 희망을 심어주는

일이었다. 우연의 일치인지는 몰라도 마리암이 가장 좋아하는 노래는 빅뱅의 '붉은 노을'이었다. 활기찬 분위기의 멜로디가 마리암의 소망과 잘 어울리는 빅뱅의 히트송이다.

호스텔 도어가 열리더니 마리암의 부모님이 들어오신다. 방금 전까지 나랑 신나게 떠들던 마리암은 부끄러운 듯 조용해진다. 주인 부부는 함박웃음을 지으며 딸과 내게 서구식 키스 인사를 건네준다. 처음 왔을 때부터 딸이 케이 팝을 좋아한다는 이유로 나를 VIP 취급을 해 주셨던 분들이다. 재래시장에서 사 오신 스낵이랑 과일을 꺼내더니 이내 내 앞 알록달록한 다과상을 차려주신다. 딸과 오순도순 한국 문화 얘기를 나눠준 것에 대한 포상의 의미 같았다.

하지만 가는 게 있으면 오는 게 있어야 하는 법. 나는 주인 부부께 마리암 칭찬을 아낌없이 해 주었다. '좋은 말을 베푸는 것은 따뜻한 비단 옷을 입히는 것보다 따뜻하다.' 라는 말도 있지 않은가.

"마리암은 진짜 똑똑하고 사랑스러워. 태권도도 배우고 있다니 완전 놀라웠어. 능숙하진 않지만 한국어도 할 줄 알던데?"

주인 부부의 딸 사랑에 방아쇠를 당긴 셈이다. 세상에 자기 자식을 예뻐하지 않는 부모님이 어디 있을까? 마리암 아버지는 어느새 촉새로 변하셨다. 딸이 장애가 있지만 보통 애들보다 영어도 잘하고 그림도 잘 그린다고 쉴 새 없이 칭찬을 늘어놓으신다.

"암요, 나중에 마리암을 한국에 꼭 초대하고 싶어. 한국 돌아가면 카우치서핑을 할 예정이야. 그러니 비행기 값만 준비해서 와. YG 사무실도 내가 구경시켜 줄 거야."

립 서비스가 아니라 진심으로 하는 말이었다. 남들보다 힘든 조건이기에, 과분한 호의를 베풀어주신 이들에게 보답하고자 한국에 오면 특별 환대를 해 주고 싶은 마음뿐이었다.

주인 부부는 호스텔이 떠나갈 듯 크게 감격하신다. 언젠가 기회가 되면 온 가족이 한국에 놀러갈 계획이라고 하신다. 예전에는 한국이라고 하면 분단국가라는 점 이외에 아무 지식도 없었지만 딸 덕분에 덩달아 한국 제품, 한국 음식에 빠지게 되었다는 훈훈한 얘기도 빼놓지 않으신다. 그리고는 온 가족이 삼성 모바일 쓰고 있다며 너스레를 떠신다.

다음날 체크아웃을 한다. 1박의 짧은 시간이었지만, 호스텔 주인 가족의 따뜻한 사랑을 느낄 수 있어서 정말 만족스러웠다. 백팩을 바리바리 싸들고 호스텔을 나가는 찰나, 마리암이 나를 콕콕 찌르며 접혀진 종이를 건네준다. 종이를 펴보니 나를 꼭 닮은 초상화가 그려져 있다. 그녀가 나 몰래 내 모습을 그린 거였다. 온몸에 짜릿짜릿한 전율이 흐른다. 누군가가 날 위해 그림을 그려주다니! 서른한 살 인생에 한 번도 겪어보지 못한 일이었다.

그녀의 표정을 보니 내가 혹시라도 맘에 안 들어 할까봐 긴장하는 모습이 역력해 보인다. 촐싹촐싹 온갖 미사여구를 붙여가며 최고의 극찬을 날려

준다. 마리암을 봤다가, 그림을 봤다가 흐뭇한 삼촌 미소를 지으며 수십 번씩 고개를 왔다 갔다 한다. 그 어떤 유명 화가가 내 모습을 그려준다고 해도 내 손에 있는 마리암의 그림만큼은 못하리라. 주인 부부도 감격스러운 미소를 지으며 우리를 바라보고 있다. 세상 가장 행복한 모습으로 그녀에게 부탁을 한다. "마리암, 언제 이렇게 멋진 초상화를 그렸니?"

"어제 저녁."

"오빠가 이 그림 평생 간직해도 될까?"

"으응…."

조용히 고개를 끄덕이는 그녀의 정감 어린 모습에 내 마음이 따스함으로 터져버릴 것만 같다.

마리암과 그녀의 부모님께 보내는 한 줄 편지

하루 동안 한국에 있는 가족과 지내는 줄 알았어요. 덕분에 이 도시는 제게 행복한 기억밖에 떠오르질 않네요. 다음에 또 가게 되면 마리암이 좋아하는 한국 과자 많이 사가지고 갈게요!

터키

터키인들은 자신들의 뿌리를 몽고 쪽이라고 생각한다.
하지만 터키인들에게 "터키는 유럽 국가야, 아시아 국가야?"라고 묻는다면
열에 일곱은 유럽이라고 대답한다. 특히 이스탄불 친구들은.
터키어는 놀라울 정도로 한국어와 문법구조가 유사하다.
발음도 어려운 편이 아니어서 한국인이 가장 쉽게 배울 수 있는 외국어 중 하나이고,
반대로 터키 친구들도 금방 한국어를 배우는 편이다.

터키대학교 기숙사에서

"화용아, 네가 갔던 나라 중에서 어디가 제일 좋았어?"

한국으로 돌아온 후 지인들이 항상 내게 물었던 질문이다. 질문자의 나이나 성별 또는 그때의 분위기에 따라 답변이 달라지곤 하지만, 그 중 단 하나의 나라를 뽑자면 주로 '터키'라고 대답한다. 그 이후의 꼬리 질문은 답변하기 더욱 까다롭다.

"왜 좋았어?"

솔직히 한마디로 표현하기 힘들다. 뭐든 그렇든 먼저 좋아지고 나서 이유를 갖다 붙이기 때문이다. 사람을 처음 봤을 때 아무 이유 없이 끌리는 것처럼 나라도 다를 바 없다. 좋다는 감정이 선행되고 나서야, 멋진 유적지가 많아서, 사람들이 친절해서, 음식이랑 디저트가 맛있어서 등등 이유를 찾기 시작하는 것이다. 앞으로 펼쳐질 터키 에피소드가 왜 좋았냐는 까다로운 질문에 대한 답변에 힌트를 주지 않을까 생각해본다.

"응, 걱정 말고 와. 이미 친구들이 오빠 방까지 다 만들어 놨어."

터키 친구 '에제'는 내 카우치서핑 신청을 거절했다. 집이 곧 이사를 할 예정이라서 게스트를 받기 힘들다는 이유였다. 대신 친구들이 지내고 있는 대학교 기숙사로 초대할 테니 꼭 와달라고 한다. "나 같은 외부인이 기숙사에 들어가도 괜찮아?"라는 질문에 이미 친구들이 내 전용 룸을 따로 만들어 놨다고 한다.

"아니 그렇게까지 할 필요는 없었는데, 난 저렴한 호텔에서 자도 괜찮다구."

"아냐, 아냐. 원래 우리 집에 꼭 초대하고 싶었는데, 그럴 수가 없어서 정말 미안했어."

자기가 초대할 수 없으니 인맥을 동원해서라도 어떻게든 게스트를 챙기려는 이들의 적극성에 성은이 망극할 지경이다. 혹시라도 안 가면 누군지도 모르는 터키 대학생들로부터 평생 원망을 받을 게 분명하다. 에제의 제안에 흔쾌히 오케이 답변을 전송한다. 그녀의 훈훈한 초대 덕분인지 터키로 출발하는 발걸음이 한없이 가볍다.

첫 번째 터키 여행지는 리제. 생소한 도시였다. 여행이 길어지면서 덜 알려진 도시, 작은 도시에 매력을 느끼기 시작했다. 반대로 말하자면 유명한 랜드마크만 보고, 알려진 도시만 가는 게 슬슬 지겨워졌다.

치킨도 일주일에 한번 정도 먹으면 아주 맛있지만 매일같이 쉬지 않고 먹으면 점점 물리게 되지 않는가. 장기여행도 마찬가지다. 처음에는 무엇을 봐도 설레고 격한 감동을 받지만, 6개월 쯤 시간이 지나니 점점 감흥이 떨어졌다. 일상이 되는 것이다. 그래서 터키 일정부턴 여행에 변화를 주기 시작했다. 이름값이 높은 여행지 사이에 알려지지 않은 소도시 한두 개씩을 끼워넣기 시작한 것이다. 여행의 두근거림을 처음 여행을 떠날 때처럼 끌어올리기 위한 전략이었다.

리제 시티에 도착하니 에제가 나를 바로 카페로 데려간다. 무려 6명의 대학생 친구들이 자리에서 벌떡 일어나 환영해 준다. 동시에 기립하는 모습이 꼭 주간회의 시간에 본부장님을 맞이하는 대리, 사원들의 모양새 같다. 일면식도 없는 나를 위해 마련된 자리라 쑥스럽고 황공하기 그지없다. 전부 같은 학과 친구들이었고, 남자 셋 여자 셋이 옹기종기 테이블에 앉아 나를 기다리던 참이었다. 아이고, 남자 셋 여자 셋이라니… 훈훈한 미팅 자리를 동방에서 온 아저씨가 방해한 거로구나….

젊은 시절 톰 행크스를 빼닮은 친구가 내게 다가오더니 갑자기 얼굴을 들이민다. 나는 화들짝 놀라 뒷걸음질 친다. 이란에서 알리를 만난 이후로 남자가 얼굴을 들이미는 것에 거부감이 생긴 터였다. 다행히도 이 친구는 내 입술 대신 옆통수를 살짝 박치기 하듯 인사를 한다.

"이게 터키 식 인사야, 터키에 온 걸 환영해."

그의 이름은 오칸, 20살이라고 보기엔 도저히 믿을 수 없는 액면가지만 활짝 웃으며 나를 반겨주는 폼이 꽤나 다정다감하다. 모두의 열렬한 환대에 어색했던 분위기는 금세 공중분해된다.

친구들은 나를 남자 기숙사로 안내했다. 사실 기숙사라기보다는 대학생

셋이 함께 생활하는 렌트형 자취집이었다. 방이 2개였는데 하나는 통째로 내게 주고, 나머지 방에서 하우스 메이트 셋이 함께 지냈다. 정말로 침대와 소파까지 옮겨가며 내 전용 방을 만들어 준 것이다. 형제의 정이 이런 건가. 예상치 못한 어마 무시한 호의에 눈물이 핑 돌 지경이다.

"화용, 잠깐만 나 좀 도와줄래?"

눈 폭탄이 쏟아지던 조용한 밤, 갑자기 하우스 메이트 오칸과 타이푼이 내게 도움을 요청한다. 그는 노트북으로 터키 여자랑 화상 채팅을 즐기고 있는 중이었다.

"이 여자가 한국 드라마랑 노래를 좋아한대. 지금 내가 우리 집에 한국인이 와 있다니까 도저히 믿질 않더라고, 한마디 해 줄 수 있어?"

오칸의 부탁이든 뭐든 간에 내가 먼저 궁금해서 바로 화면을 붙잡고 "안녕하세요!"를 외친다. 모니터 속에서 터키 여자들이 입을 쫙 벌리며 괴성을 지른다. 거짓말임을 확신하고 있다가 진짜 한국인을 보고는 더 놀란 것만 같았다. 실상 한두 마디 나눈 게 전부지만 나의 뜻하지 않은 활약(?) 덕에 오칸은 그녀의 왓츠앱 아이디를 딸 수 있었다. 오칸은 이상형의 번호를 땄다며 나를 은인이라며 격하게 껴안는다. 외출하지도 않으면서 왜 헤어 젤을 바르고 수염을 정리하더라니, 나름 합당한 이유가 있었던 셈이다.

그때 이후로 터키 친구들은 나를 마그넷이라고 부르곤 했다. 일부 한류 팬이긴 했지만 자석처럼 터키 여자를 끌어당긴다는 거였다.

혹시나 해서 친구들에게 여자 친구를 사귀어본 적이 있는지 물어봤더니 오칸과 타이푼은 고개를 절레절레 흔들며 한 번도 없다고 한다. 아, 이 무슨 재앙이란 말인가. 한창 연애 에너지가 용솟음치는 갓 20살의 친구들이 모태솔로라니. 형제의 나라에서 온 내가 책임지고 반드시 만들어 주겠노라 약속하고 그때부터 화상채팅을 더욱 열심히 도와줬다.

하지만 고양이에게 생선을 맡긴 격이랄까? 어느 순간부터 친구들보다 더 즐기고 있는 나를 발견했다. 구차한 변명이지만, 웹상일지라도 한국인이라면 케이 팝 스타를 만나기라도 한 것처럼, 무작정 호감부터 보이는 터키 여자들이 정말 많았기 때문이다.

그러나 친구들의 절대적 신뢰를 얻게 도와준 촉매제가 있었으니 그건 바로 컴퓨터 게임이었다. 당시 세계를 휩쓸고 있던 인기 게임 「리그 오브 레전드」는 한국뿐만 아니라 터키에서도 굉장히 인기가 많았다. 터키 친구들도 다음날 수업이 있든 없든 간에 언제나 밤늦게까지 게임을 즐기곤 했다.

"화용아, 우리 팀이 불리한데, 네가 대신 플레이 해 줄 수 있어?"

친구들은 위기에 처할 때마다 나를 불렀고 그때마다 나는 운 좋게 역전승을 이뤄낸다. 실제로 내가 기적적인 역전승을 이뤄내면 친구들은 나를 술탄처럼 전지전능한 존재로 떠받들어 준다. 호랑이 없는 곳엔 늑대가 왕이라고, 한국에선 게임 못 한다고 친구들에게 서러운 구박만 받다가 터키에 오니 임요환이라도 된 듯한 느낌이다. 새삼 대한민국 청년들의 게임 실력이 얼마나 대단한지 다시 한 번 느끼게 된다. '게임'이라는 카테고리로만 따지자면 우리는 미국을 앞서는 세계 초일류 강대국이 틀림없다. 나아가 프로 게이머의 역사는 모두 한국에서 쓰이고 있을 정도로 게임 한류는 케이 팝 이상의 '지존급 존재감'을 보여준다.

"너희 한국 프로 게이머 FAKER 알아?"(FAKER는 당시 LOL 세계랭킹 1위의 한국인이었다.)

"당연하지! 히 이즈 어 갓, 알라!"

모두들 이구동성으로 대답한다. 그리고는 그에 대한 찬양을 서슴지 않는다. 게임계의 메시, 우샤인 볼트라며 절대자의 칭호를 붙여준다.

"페이커뿐만 아니라 모든 한국인들은 정말 미친 듯이 게임을 잘해."

이들은 게임을 잘하는 한민족에 대한 경외심을 쉴 새 없이 내비친다. 게임

을 잘 하는 게 뭐가 대단하냐는 나의 겸손에 그들은 오히려 노발대발이다.

"게임을 잘 하는 게 얼마나 대단한 건데! 나는 한국인이 정말 존경스러워."

전 세계 소녀들은 케이 팝 덕분에 한국을 좋아하더니, 이 젊은 청년들은 절대적인 게임 실력을 가진 한국을 찬양한다. 진심으로 대한민국 젊은이들은 한국 빼곤 다 잘 나가는 거 같다.

"화용, 그나저나 너는 터키에 왜 왔어? 유럽이나 지중해에 아름다운 나라들도 많잖아."

"나 세계 역사를 좋아하거든. 터키는 세계에서 제일 역사가 오래된 나라 중 하나잖아. 그래서 터키에 꼭 오고 싶었어. 특히 오스만제국은 내가 제일 좋아하는 나라야."

어느 민족이나 그렇듯 이 친구들도 자기들 역사에 대한 자부심이 엄청났다. 내가 살짝 이들의 역사를 띄워주니 아주 살판이 났다.

타이푼이 목에 힘이 들어간 채 터키의 역사를 자랑한다.

"중국 만리장성 알지? Greatwall, 그것도 중국이 우리가 무서워서 만든

거야. 그리고 투르크 민족 전성기 때는 흑해부터 시베리아까지 다 우리 땅이었어."

이거, 이거, 자부심이 심해도 너무 심한 거 아냐? 내가 알고 있는 역사랑은 좀 다르다. 중국이 투르크가 무서워서 만리장성을 쌓았다고? 내가 알기로는 투르크가 아니라 흉노족이 무서워서 쌓은 걸로 알고 있었는데? 꼭 자기들이 흉노족인 것처럼 말을 한다. 하지만 타이푼의 말도 정말 신빙성이 있다. 그날 저녁 인터넷을 찾아보니 터키는 몽골고원에서 유래한 투르크족의 후예로, 최초 국가는 흉노라고 불린다고 나와 있다.

"지금 중앙아시아에 있는 모든 국가들은 다 우리 형제국가들이야."

"뭐라고? 우리만 형제국가가 아니었어?"

"응 터키는 형제국가가 많아. 아제르바이잔이나 투르크메니스탄, 우즈베키스탄… 중국 서쪽에 사는 사람들 모두 우리 투르크 민족이야."

그 말을 들으니 좀 배신감이 들었다. 무슨 놈의 형제가 이렇게 많아. 우리만 특별한 형제국인 줄 알았는데, 약간 김이 빠진다.

"한국은 몇 번째 형제야?"

"당연히 첫 번째지!"

오칸과 타이푼은 한국이 투르크 민족이 아닌 유일한 형제 나라라면서 한껏 띄워준다. 삐진 척 계속 못마땅한 표정을 지으니 2002년 월드컵부터 6.25전쟁까지 한국과 터키의 모든 인연을 죽 나열한다.

"한국은 터키 좋아해?"

"무… 물론이지!"

사실 이런 질문이 제일 난감하다. 일반적인 한국인의 기준과 내 생각이 같을 수는 없기 때문이다. 하지만 바로 앞에 터키인이 있는데 어찌 고깝게 얘기 할 수 있으랴! 적당히 객관적으로 시작하되 최후에는 띄워주는 쪽으로 대답을 해 준다.

다음날, 터키 여자 친구들이 나를 초대한다. 에제와 그녀의 친구 푸나르, 나까지 포함해 우리 셋은 흑해가 훤히 보이는 해안가의 레스토랑으로 놀러 갔다. 두 미녀가 잘 짜놓은 데이트 코스처럼 나를 리드해 주는데 참으로 감개무량할 지경이다. 창밖의 흑해는 검은 바다라는 별칭과 달리 한없이 푸르고 맑기만 하다.

그녀들은 바다에서 제일 가까운 예약석으로 나를 안내한다.

맞은편에 앉아 있는 에제랑 푸나르의 확연히 다른 복장이 내 호기심을 자극한다. 에제는 히잡을 쓰고 검은 단색의 옷을 입었고, 푸나르는 캐주얼한 서구식 스타일이다.

"왜 에제만 히잡을 쓰고 있어?"

"난 알라를 사랑해서 그분께 더 가까이 가고 싶거든."

"푸나르는 그럼 알라를 덜 사랑해?"

나의 무식한(?) 질문에 친구들이 포복절도한다. 에제는 자기가 말실수했다고 자책하며 방금 전 멘트를 취소한다. 터키는 세속주의 이슬람국가다.

터키에선 히잡을 써도 되고 안 써도 된다. 히잡을 쓰고 안 쓰고는 누구도 강요할 수 없는, 전적으로 개인의 선택사항이다. 강제로 모든 여자가 히잡을 착용해야 하는 이란과 확연히 대비되는 점이다.

"화용, 너는 종교 있어?"

"아니, 난 종교는 없지만 여행을 하면서 신이 있다고 확신하게 되었어."

"왜?"

"여행하면서 너무나 좋은 사람들을 만나고, 그들로부터 믿을 수 없는 호의를 받았거든. 처음에는 우연이겠지 했는데, 매번 과분한 사람들만 만나는 걸 보며 하늘의 뜻임을 확신하게 되었지."

"오. 정말? 종교는 없는데 신이 있다고 확신하는 거 보면 신기하네."

"응, 지금 너희 같은 천사와 함께 있는 걸 보니 다시 한 번 신의 존재를 확신할 수 있지. 하하…."

지극히 밥맛 떨어지는 멘트에도 친구들은 폭소를 터뜨리며 아주 좋아한다. 어째 새로운 사람들을 만날수록, 칭찬 스킬만 업그레이드되는 느낌이다.

주문했던 케밥이 나왔다. 코끝을 간질이는 고기 냄새도 그렇지만 비주얼부터 굉장히 화려하다. 고기요리가 이렇게 잘생기고 예뻐도 되나 할 정도였다. 사실 그동안 경험한 나라들의 음식이 나쁘진 않았지만 그리 만족스럽지도 않은 터였다. 하지만 확실히 터키 요리는 달랐다. 한 점을 입속에 넣었더니 닭고기가 사르르 녹는다. 친구들은 '아이란'이라는 터키 국민음료도 소개해 준다. 한국에 비유하자면 식혜가 좀 더 대중적으로 널리 사랑받는 음료라고 생각하면 될 듯싶다. 아이란은 요거트 맛이 나는 음료였는데 요거트라고 하기엔 너무 짰다. 얼마나 짠지 한번 들이키면 식욕이 떨어질 정도다.

"와, 이거 피자랑 똑같이 생겼네."

친구들이 주문한 음식은 '피데'라는 음식이었다.

"원래 이탈리아 피자도 피데에서 유래되었다는 설이 있어."

먹어보니 피자보다 맛있으면 맛있었지 덜하진 않았다. 동그란 피자를 길게 늘어뜨린 모양새였는데, 그 안에 다진 고기랑 치즈를 넣고 화덕에 구운 음식이다.

식사를 하고 난 후엔 카페로 자리를 옮겨 차를 마셨다. 인도에서부터 이어지는 차 문화는 터키에서 절정을 이루었을 정도로 터키 사람들의 차에 대한 사랑은 남다르다. 하루에 3~5잔씩 시도 때도 없이 들이킨다. 원래부터 차 문화가 발달된 터키지만, 음주를 거의 하지 않는 무슬림들에겐 차 자체가 술의 훌륭한 대체재였다. 이들에게 있어 차의 존재감이란 한국인이 매일같이 마셔대는 아메리카노와 소주를 합친 비중과도 같았다.

한창 젊은 여자 친구들이라 그런지 외모에 대한 관심도 대단했다. 특히 한국 문화를 사모하는지라 한국 여자의 미에 대한 경외심도 엄청났다. 처음에는 한국 여자의 뽀얀 피부를 칭찬하더니 난데없이 낮은 코를 칭찬한다.

"그거 놀리는 거 아냐? 한국 사람들은 코 높이려고 수술까지 하는 마당인데?"

내가 깜짝 놀라는 반응을 보이자 그녀들은 눈을 휘둥그레 뜨며 정말이라고 한다. 터키 사람들에게 코가 높다고 하는 말은 모욕으로 들릴 수도 있다면서 특히, 흑해 연안에 위치한 지역 사람들에게 그렇게 얘기하면 굉장히 화를 낼 수도 있으니 장난으로라도 그런 말은 입 밖에 내지 말라고 했다.

"한국에선 그 반대야, 코가 낮다고 하면 사람들이 싫어해."

낮은 코를 좋아하는 친구들은 처음 봤다. 내친김에 눈에 대해서도 물어봤다.

"한국인처럼 작은 눈은 어때? 쌍꺼풀 없는 눈처럼."

동시에 셋 다 입을 다물었고, 둘은 마주보며 묘한 미소만 짓는다. 방금 전까지 한국인의 작은 코를 칭찬할 땐 언제고!

리제의 마지막 날 6명의 친구들과 함께 다 같이 리제캐슬로 올라갔다. 리제 시티의 상징이자 이 작은 도시의 유일한 관광자원이다. 전날 눈 폭탄이 내린 까닭에 성벽 위로는 하얀 눈이 수북이 쌓여 있다. 성 꼭대기에 올라가니 뒤쪽으로는 광활한 산맥이 솟아 흘렀고 앞쪽엔 파르댕댕한 흑해 바다가 펼쳐져 있다. 꼭 내가 학창시절을 보낸 강원도 강릉시와 비슷한 동네였다. 도시의 랜드마크답게 나들이를 나온 수많은 현지인들이 보인다. 청아한 날씨 덕분에 저 멀리 조지아의 풍경이 손에 잡힐 듯하다.

"화용, 한국에선 눈 오는 날 뭐 해?"

기숙사에서 3일 동안 동고동락했던 타이푼이 묻는다.

"눈 오는 날? 밖에서 눈 구경하거나 눈사람 만들지."

"아아, 그래? 터키에선…."

타이푼이 허리를 굽히더니 이어서 미처 끝내지 못한 말을 뱉는다.

"바로 이런 걸 하지!"

아뿔싸! 하고 눈치를 챘지만 이미 늦어버렸다. 눈덩어리가 내 눈앞으로 날아온다. 갑작스레 당한 터라 피하지 못하고 왼쪽 턱에 정확히 명중했다.

"네 이놈! 선전포고다."

바야흐로 전쟁이 시작되었다. 피를 나눈 혈맹은 오늘로서 결렬되었다.

눈에 들어오는 친구들은 누구나 다 나의 적이었다. 눈덩이를 뭉쳐서 닥치는 대로 던졌다. 투르크 민족의 강인함에는 남녀의 구분이 없다. 특히 최선봉에는 초록색 눈동자의 투르크 여전사 에제가 당당한 태도로 서 있다. 그녀의 목까지 길게 드리워진 히잡이 마치 묵돌선우의 투구 같았다.

5명의 전사들이 3팀으로 나뉘어졌다. 남성팀은 오칸과 타이푼, 여성팀인 에제와 푸나르, 그리고 나는 단일팀이었다.

갑자기 빠르게 날아온 눈덩어리가 내 오른쪽 눈두덩을 정통으로 가격한다. 오칸이 걱정스런 표정으로 내게 달려온다. 괴로운 척 신음소리까지 내며 고통스러운 연기를 펼친다. 오칸이 당황하며 내게 천천히 다가오자 숨겨둔 눈덩이를 그의 광대뼈에 명중시킨다.

"명중이다, 속았지롱!"

말이 끝나기 무섭게 오칸이 입고 있던 자켓을 벗어 던진다. 마치 "지금부터가 본 게임이다." 라고 선전포고 하는 것 같다. 천천히 뒷걸음질 치면서 방어태세를 갖추고 있는데 타이푼이 뒤에서 내 자켓 속으로 얼음 덩어리를 집어넣는다. 그리곤 뒤를 돌아보기도 전에 내 얼굴을 하얀 비빔밥으로 만들어 놓는다.

주거니 받거니 치열한 공방전이 계속된다. 얼른 성벽 위로 올라가 좋은 자리를 선점한다. 갑자기 머리 위로 눈 폭탄이 쏟아진다. 비닐하우스에 쌓여 있던 눈이 무게를 이기지 못하고 한꺼번에 떨어지는 것만 같았다. 휘핑크림을 얹은 모카 프라푸치노 마냥 머리통과 어깨가 새하얘진다. 위를 올려다보니 푸나르와 에제가 보인다. 친구들이 내가 서 있던 성벽보다 더 위로 올라가서 한꺼번에 눈덩어리를 쓸어내린 것이었다.

유목민족이 공성전을 이용할 줄 알다니! 이건 반칙이나 다름없었다. 위에서 높은 자리를 선점한 여성 팀은 쉴 새 없이 눈사태를 일으켰고, 나는 남성 팀과 급히 동맹을 맺고 밑에서 눈덩이를 던져보기도 하고, 높은 고지를 탈환하려 얼음 계단을 올라가기도 했지만, 여성 팀의 방어에 번번이 저지된다. 가히 안시성 급이다. 누가 뭐래도 전 유럽을 공포에 몰아넣었던 오스만 투르크의 후예들다웠다.

30분의 하얀 전쟁은 승자도 패자도 없이 막을 내렸다. 언제 치고 박으며 싸웠느냐는 듯 단체로 셀카도 찍고 엉덩이에 묻은 눈도 털어준다. 어느새 서쪽 산맥 너머로 붉은 노을이 이부자리를 펴신다. 눈싸움이 끝나고 우리는

다 같이 성벽에 걸터앉아 매혹적인 일몰 쇼를 보기 시작한다. 친구들과 보는 마지막 날이라 오늘따라 진한 여운이 느껴지는 노을이다.

"너희가 한국에 있는 내 친구들 같아. 같이 있는 동안 정말 편했어."

3일 동안 동고동락한 친구들과 내일이면 헤어져야 한다니 끝없는 아쉬움이 몰려온다. 이들과 함께 버무려진 3박 4일의 시간, 잠시나마 10년 전, 꿈 많던 대학 1학년 시절로 돌아간 것만 같았다.

"넌 우리의 형제야, 너를 우리에게 인도해 준 알라께 진심으로 감사해."

"나 역시 너희와 함께하는 추억을 만들어 준 알라께 감사해."

오렌지 빛 수평선이 끝없이 펼쳐진다. 귓속엔 갈매기가 끼룩거리고, 그 순간 터키 친구들과 동고동락했던 꿈같은 시간이 파노라마처럼 스쳐 지나간다. 짧았지만 정이 쌓였나 보다. 따뜻하고 포근한 추억의 파편들 덕에 행복의 기운이 넘쳐난다.

나보다 열 살이나 어린 대학생들이지만 친구들은 성숙한 태도에 배려심이 넘쳤다. 자신들의 일상을 손님인 나를 중심으로 항상 맞춰주고자 노력했다. 함께 웃고 떠들다가도 내가 잠을 자러 들어가면 금세 합죽이가 되어 줬고, 아침에 수업을 들으러 나갈 때도 내가 깰까봐 쥐도 새도 모르게 조용히 나갔다. 또한 수업이 끝나면 친구들은 자기들끼리 스케줄을 맞춰가며 매일같이 완벽한 플랜을 선사해 주었으며, 나중에는 나를 두고 서로 경쟁하듯 대접해 주었다. 오칸이 차를 사 주면 다음날 타이푼은 최소한 밥을 사줘야 직성이 풀렸으니까.

생면부지 한국인 여행자가 온다는 말 한마디에 기숙사에 내 전용 방을 만들어 주고, 숙식 제공에 소중한 추억까지 만들어 주었다. 보잘 것 없는 나를 매 순간 특별한 존재로 만들어준 친구들이었다.

은혜를 갚는 것보다 더한 의무는 없다고 했던가. 또 한 번 상식을 깨버리는 절대적 호의에 어떻게 감사를 표해야 할지 모를 지경이다.

가난한 배낭여행자인 나로서는 어설픈 물질적 보상보다 진솔한 감사인 사로 보여주고 싶었다. 해서 생각해낸 아이디어가 자필 편지! 친구들에게 진실한 감정을 가감 없이 글로 표현하는 건 꽤나 자신 있는 일이었다.

리제에서의 마지막 밤, 기숙사 방에서 정성스레 5통의 편지를 써내려 간다. 구글 번역기를 열심히 돌려가며 한국어와 터키어로 마음 깊은 곳까지 가득 채워진 고마움을 하얀 노트에 옮겼다.

다음날, 5명의 친구들이 전부 터미널까지 동행하며 나를 배웅한다.

"화용, 터키에서 여행하다 무슨 일이라도 생기면 언제든지 연락해. 그리고 우리 기숙사는 항상 너를 위해 기꺼이 문을 열어 줄 준비가 되어 있어."

"인샬라!"(인샬라는 신의 뜻대로 라는 아랍어로, 이슬람 문화권에서 굉장히 자주 쓰이는 표현이다.)

친절의 끝은 향후 완벽한 AS 서비스를 제공해 주는 걸로 마무리된다. 버스가 출발하기 1분 전, 나는 가방에서 주섬주섬 편지를 꺼내 친구들에게 나눠 주었다. 오글거리는 내용이 많았기에 내가 떠난 후에 읽어보기를 바라는 마음이었다. 모두에게 뜨거운 포옹과 함께 터키 식 박치기 인사를 나눈 뒤 이내 버스는 출발했고 나는 뒷자리 창문을 통해 점점 멀어져만 가는 친구들을 바라본다. 모두들 편지를 소중하게 손에 들고는 내게 손을 흔들어 준다.

리제 친구들에게 보내는 한 줄 편지

너희들의 친절은 일반적인 친절이 아니었어. 매너가 넘치는 친절, 책임감 있는 친절, 분위기 있게 친절했지. 매일 매일 시트콤 같은 대학생활을 보내는 너희들! 시간이 아무리 흘러도 너희와 함께한 대학 라이프는 절대 잊혀지지 않을 거야. 정말 고마워. 테세큘 에데림!

국부國父를 대하는 두 숙녀의 엇갈린 태도

"대한민국의 국부는?"

아마 한국인들에게 이런 질문을 한다면 쉽게 대답을 내놓지 못하는 사람들이 많을 것이다. 정말 국부로 연상되는 사람이 없어서 그럴 수도 있고, 그 인물의 이름을 대면 상대와 정치논쟁이 일어날까봐 쉽게 말하지 못하는 수도 있을 것이다.

각 나라에는 국부로 떠받드는 위대한 인물들이 있다. 미국이라고 하면 워싱턴이 떠오를 테고, 중국이라고 하면 쑨원, 인도인들은 간디를 떠올릴 것이다.

지금 내가 여행하는 이 터키에도 모든 터키인들이 마음 깊은 곳으로부터 존경을 표하는 국부國父가 있다. 그의 이름은 바로 무스타파 케말, 아타튀르크라는 존칭으로 불리는 인물이다. 그는 1차 세계대전에 패배한 터키를 다시 일으켜 세우고, 터키공화국을 수립한 근현대사의 전설적인 인물이다. 나는 그의 흔적과 혼을 느껴보고 싶어서 터키 수도 앙카라에 왔다.

앙카라는 관광자원이 거의 전무한 곳이다. 터키의 경제, 문화 중심지는 앙카라가 아닌 이스탄불이고 실제로 모든 볼거리가 이스탄불에 집중되어 있다. 그런 연유로 많은 여행객들은 한 나라의 수도임에도 불구하고 앙카

라는 그냥 접고 가는 경우가 많다. 오죽하면 터키 친구들까지도 앙카라에 간다는 내게 볼 것도 없는 도시라면서 말릴 정도였다.

앙카라에 도착하니 카우치 호스트 빌게와 그의 룸메이트들이 두 팔을 벌려 환영해 준다. 이들 역시 집 한 채를 빌려 다 같이 쉐어 하는 대학생 친구들이었다. 역시나 내가 오자마자 모든 친구들이 대뜸 물음표를 던진다.

"화용, 앙카라에 왜 왔어?"

이런 질문은 분명 터키에는 수많은 관광도시가 있는데 왜 하필이면 볼 것도 없는 앙카라에 왔느냐는 의미일 것이다.

"터키의 아버지 아타튀르크 묘에 가보고 싶었거든."

"오, 정말? 네가 아타튀르크에 대해 알아?"

터키에선 3살배기 꼬마아이부터 80살 노인네까지 다 아는 국부이지만 객관적으로 볼 때 그의 세계적인 인지도는 워싱턴이나 간디에 비한다면 거의 미미한 수준이었다. 그들 역시 그런 사실을 알고 있었기에 내가 그를 알고 있다는 것에 놀라움을 느낀 것 같았다.

고맙게도 이 친구들이 자진해서 완벽한 찬스를 만들어준다. 나는 이를 놓칠 새라 특유의 띄워주기 스킬을 여과 없이 발휘한다. 답변을 하기도 전에 이 친구들이 내게 호감을 가질 것만 같은 확신이 든다. 한 나라의 국부를 띄워준다는 데 그 누가 싫어할까?

"아타튀르크는 터키의 영웅이잖아. 위대한 군인이자 터키의 국부로 존경받는 그를 어떻게 모를 수가 있겠어. 나는 터키인만큼 그를 존경해!"

앙카라로 오는 길에 버스에서 간단히 찾아본 내용이었지만 이미 오래전부터 알고 있었다는 듯이 그의 화려한 업적을 구구절절 늘어놓으며 찬양한다. 친구들의 환대와 칭찬을 짜내고자 세 치 혀를 놀려 뱉어내는 내 멘트는 예상보다 엄청난 호응을 불러 일으켰다. 모두들 나를 보는 눈빛부터 달라진다. 나의 정의로운 앙카라 행에 대해 칭찬을 늘어놓더니 이내 쉴 새 없이 아타튀르크의 업적을 칭송한다.

"1차 세계대전 때 터키는 정말 큰 위기였어. 다행히 그가 우리나라를 되살렸지. 그는 나라를 부강하기 만들기 위해 자신을 희생한 사람이야. 우리 터키 사람들은 모두 그를 존경해."

이미 달아오를 대로 달아오른 빌게였다. 이번엔 그녀의 친구들도 돌아가며 그의 업적을 칭송했고, 나중에는 자기들끼리 티격태격하며 나에게 설명해 준다. 하나가 그의 업적에 대해 설명하면 옆에 있는 애가 "왜 이건 빼먹고 설명해?"라고 성난 맹수처럼 끼어드는 식이다. 기세가 어찌나 거세든지 새삼 터키인들이 아타튀르크를 얼마나 사랑하고 있는지 생생하게 느껴진다. 조금만 맞장구를 쳐 주면 명예 터키 시민증이라도 줄 것만 같은 기세다.

다음날 친구들은 수업을 받으러 학교에 가고 나는 아타튀르크 영묘로 갔다. 운이 좋게도 앙카라의 한국문화원에서 만난 현지 친구 메르베가 가이드를 자처한다. 메르베는 8년 동안 한국어 공부를 했고, 굉장히 유창한 한국어 실력을 가지고 있었다. 일전에 한국을 방문해 유시민 작가와 인터뷰

를 가졌을 만큼 한국의 인맥도 화려한 친구였다.

아타튀르크 영묘로 들어가니 제일 먼저 수많은 터키 국기가 날 반겨준다. 깃대에 펄럭이는 초대형 깃발부터 어린 학생의 가방에 꽂혀 있는 미니 사이즈 깃발까지 사방팔방이 빨간 터키 깃발의 향연이다.

영묘의 입구에는 총칼로 무장한 장신의 군인들이 곳곳에 배치되어 있었다. 옅은 황토색을 띠고 칼처럼 각진 건물은 한 치의 빈틈도 용납하지 않는 아타튀르크의 성격을 대변하는 듯 했다. 하지만 영묘의 분위기는 결코 음산하게 가라앉아 있지 않았다. 재잘재잘 뛰어다니는 초등학생들이 동네 놀이터처럼 광장에서 뛰고 뒹굴었고, 가족들과 함께 온 방문객들은 아이를 목마를 태우고 군인들과 사진을 찍기도 한다. 터키 제일의 성지인 동시에 앙카라 시민들이 편히 쉴 수 있는 공원의 역할도 하는 훌륭하게 해내고 있었다. 영묘의 위치도 앙카라 시내를 한눈에 조망할 수 있는 언덕에 있다.

우리는 그가 묻혀 있는 영묘의 심장부터, 그의 일대기를 보여주는 박물관까지 찬찬히 둘러보았고, 메르베는 그의 생애와 업적에 대해 한국어로 자세히 설명해 주었다. 더불어 아타튀르크를 기리기 위해 매년 그가 서거한

날인 11월 10일 아침 9시 5분에는 전 국민이 5분 동안 묵념을 한다고 한다. 길을 걷는 사람도, 공부를 하고 있던 학생도, 터키 시민이라면 모두가 하던 일을 멈추고 그를 애도하는 시간을 갖는다고.

그만큼 터키에서 아타튀르크에 대한 국민들의 애정은 종교에 가까울 만큼 열성적이다. 실제로 길거리 노점상에도, 버스 터미널에도 아타튀르크의 초상화를 걸어두는가 하면 터키 관공서 건물과 인터넷 홈페이지에서도 아타튀르크의 모습을 확인할 수 있다.

하지만 메르베의 관점은 일반적인 터키 시민들과는 달랐다. 그녀는 아타튀르크를 제국의 수호자라는 면에서는 극찬을 하면서도, 종교인으로서의 아타튀르크에 대해서는 부정적인 태도를 가지고 있었다.

"사실 난 아타튀르크를 별로 좋아하지 않아."

"왜? 그는 터키 국부잖아. 터키 사람인 네가 그를 싫어한다고?"

메르베의 말은 중국인이 쑨원을 싫어하고 프랑스인이 샤를 드골을 싫어한다는 말과 같았다. 충격을 받은 듯한 나의 반응에도 불구하고 그녀는 아랑곳 하지 않은 채 담담하게 자신의 의견을 이어간다.

　"맞아, 그는 위대한 군인이자 터키를 지킨 사람이지만 세속주의 터키를 만들기 위해 반 이슬람적인 행동을 많이 했어. 나라를 되살리는 건 좋았지만 터키는 어디까지나 무슬림의 나라야."

　그녀의 주장을 정리하자면 이랬다. 아타튀르크는 터키를 근대국가로 만들기 위해 서구식 개혁을 단행하는 과정에서 이슬람 규율이 가지고 있는 가치를 훼손했다는 것이다. 즉 터키의 수호자로서의 아타튀르크는 존경하지만 종교적인 면에서는 좋아할 수가 없다는 생각이다. 그녀의 머릿속에서 터키는 투르크 민족의 나라이기 전에 이슬람의 나라라는 마인드가 깔려 있는 것이다.

　"나와 같이 독실한 터키 무슬림들은 그를 좋게 평가하지 않아. 하지만 터키에선 그에게 나쁜 말을 할 분위기가 아니지. 나도 터키 사람들에게는 그에 대해서 나쁘게 말하지 않아. 오빠가 한국인이니까 내 생각을 말하는 것뿐이야."

　메르베는 아타튀르크에 부정적인 입장을 가지고 있었지만 말 한마디 한마디를 꺼낼 때마다 매우 조심스러웠다. 대놓고 싫다는 말 대신 그가 펼쳤던 반 이슬람정책에만 정확히 집어내서 비판했다. 어제까지만 해도 카우치 호스트 빌게와 그녀의 친구들로부터 무한에 가까울 정도로 극찬을 들었던 터라 나는 메르베의 의견이 신기하게 느껴졌고, 점점 호기심이 생겨났다.

"아타튀르크도 무슬림 아니었어?"

"응, 맞아. 하지만 난 그를 진정한 무슬림으로 생각하지 않아."

"왜?"

"무슬림인데 무슬림에 반하는 정책을 시행했으니까."

메르베는 그의 빛나는 업적은 인정하지만 그 업적에 묻혀 이슬람 가치를 소홀하게 여기고 훼손한 과오를 잊어서는 안 된다는 입장을 끝까지 고수했다.

"근데 너도 터키 사람이잖아. 아타튀르크가 반 이슬람 정책을 펼쳤더라도 그는 투르크 민족과 터키를 위해 모든 걸 다 바친 사람인데?"

"오빠 말이 맞아. 그래서 내가 말했잖아. 정치가와 군인으로서의 그는 존경하지만 무슬림으로서의 그는 싫어한다고."

외국인의 입장에서 한 나라의 국부에 대해 함부로 왈가왈부하는 것은 실례일 수도 있다. 호기심이 일더라도 적당한 선에서 마무리 짓는 게 나은 선택이었다. 더 이상 꼬치꼬치 캐묻기보단, 그녀의 의견에 고개를 끄덕여 주었다.

오늘의 일정을 마치고 호스트 빌게의 집으로 돌아오자 그녀와 하우스메이트들은 나를 둘러싸고는 아타튀르크 영묘를 다녀온 소감을 묻는다. 나는 멋쩍은 미소를 지은 채 다시 한 번 박쥐처럼 태세전환을 했고, 친구들은 숙제를 잘 해온 모범생을 대하듯 나를 기특하게 여긴다.

같은 터키인이라는 게 믿기지 않을 정도로 아타튀르크에 대한 빌게와 메르베의 평가는 너무나도 다르다. 게다가 이 둘의 외형적인 모습도 국부의 평가만큼 확연히 달랐다. 빌게는 보통 유럽 여성들처럼 캐주얼한 옷을 입고 술, 담배도 자유롭게 즐기는 친구였고, 메르베는 히잡을 쓰고 술은 평생 입에도 대지 않은 독실한 무슬림이었다. 비슷한 점이라곤 둘 다 앙카라에 살고 나이가 똑같다는 점이었다. 그래서 두 친구의 극명한 성향이 더 흥미롭게 다가왔는지도 모르겠다.

메르베의 의견도 존중하지만 확실히 터키에서 아타튀르크에 대한 사랑은 어마어마했다. 그의 초상화는 터키 국기만큼이나 터키의 상징 그 자체였으며, 터키 사람이라면 누구나 그의 어록 하나는 암기하고 있을 정도였다.

미국에서 초대 대통령 워싱턴의 이름을 딴 도시, 광장, 대로를 쉽게 볼 수 있는 것처럼 터키에서도 아타튀르크의 이름을 딴 지명이 곳곳에 흩어져 있다. 터키에서 제일 큰 공항인 이스탄불 제1공항의 이름이 아타튀르크 국제공항이고, 수많은 도시의 광장도 아타튀르크의 이름을 달고 있다. 심지어 터키의 모든 화폐는 앞면에 아타튀르크를 모델로 사용하고 있을 정도다. 설령 그에 대해 한 푼의 지식이 없는 사람일지라도 터키에 한번이라도 다녀오게 되면 알게 모르게 그의 발자취를 느끼게 된다.

혹시 터키를 여행하게 된다면 터키 시민들에게 아타튀르크에 대해 얘기를 꺼내보라. 그리고 그의 찬란한 업적에 대해 한두 마디만 해본다면 당신의 앞에 어느새 맛있는 터키 음식과 달콤한 디저트가 대접받게 될 가능성이 높다.

빌게와 메르베에게 보내는 한 줄 편지

빌게는 2017년부터 한국 지스트(광주과학기술원)에서 유학하고 있고, 메르베는 여전히 앙카라 한국문화원의 에이스로 활약하고 있다지? 자신의 가치관이야 어떻든 한국을 사랑하는 마음만은 그 누구보다 따뜻한 거 같아.

이스탄불, 5천 년 인류 역사 최고의 주연

이 도시에 대해 말문을 열자면 먼저 극찬으로 시작할 수밖에 없을 것 같다. 5000여 년 동안 한 번도 주역을 놓치지 않았던 도시, 세계 최대의 여행 가이드 사이트인 「트립 어드바이저」가 뽑은 "죽기 전에 꼭 가봐야 할 도시" 1위. 바로 터키 이스탄불이다.

"에이… 이스탄불이 세계 1위라고? 그럼 파리나 로마는?"

이렇게 반문하는 이들도 있을 것이다. 물론 개개인의 생각이야 다르겠지만, 문화유산이라는 관점에서 도시를 평가한다면 이스탄불은 세계 어떤 도시에도 꿇리지 않을 것이다.

그럼 어째서 이스탄불이 세계에서 가장 볼거리가 많은 도시일까? 그 근거를 간단히 얘기해볼까 한다.

이스탄불은 원래 고대 그리스인들이 만든 도시였다. 흑해와 에게해를 잇는 지정학적인 위치 때문에 그리스인들은 이 도시를 굉장히 중요하게 생각했었다고 한다. 이를 증명하듯 이스탄불과 터키 서쪽 해안에는 수많은 그리스 유적지들이 흩어져 있다. 예를 들어 저 유명한 '트로이 목마' 유적지도 그리스가 아닌 이스탄불 근교에 있는 차낙칼레라는 도시에 있다.

로마제국 유적지 역시 이탈리아 로마에 버금간다. 우리가 익히 알고 있

는 것처럼 동로마제국의 수도는 콘스탄티노플이었다. 이스탄불의 상징이
자 세계에서 가장 유구한 역사를 지닌 성당인 소피아성당은 바로 동로마제
국 시절에 만들어졌다. 굳이 이탈리아까지 가지 않더라도 이스탄불에서 찬
란했던 로마제국의 향기를 충분히 느낄 수 있다. 특히 가톨릭과 다른 동방
정교의 문화유산을 보고자 한다면 이스탄불은 더 없이 완벽한 최적의 여행
지가 될 것이다.

한발 더 나아가 이스탄불은 이슬람 역사상 가장 강력했던 오스만제국의
수도다. 제국의 총본산답게 이스탄불에선 이슬람 문화유산들의 절정을 눈
으로 볼 수 있다. 터키를 대표하는 술탄 아흐멧 모스크, 미켈란젤로와 비견
되는 세기의 천재 건축가 미마르시난의 걸작들이 이 영예로운 도시를 빛내
준다.

무엇보다 이스탄불에서는 성경과 코란에서만 보던 성물이 전시되어 있
는데, 놀라지 마시라! 선지자 무함마드의 망토와 칼, 요셉의 터번과 모세의
지팡이 같은 신성한 유물을 친견할 수 있는 곳이 바로 이곳 이스탄불이다.
정리하자면 다음과 같다.

고대 그리스 문화유산 + 로마제국의 문화유산 + 오스만제국과 이슬람
세계의 문화유산

전 세계에 이스탄불처럼 복합적인 문화유산을 가지고 있는 도시는 없다.
도시 자체가 살아 있는 역사 교과서이며 거대한 박물관이다. 세계사라는 영
화를 상영한다고 하면 당당히 최고 주연이 될 만한 곳이고, 한편의 소설로
만든다면 독보적 주인공이 될 도시가 바로 이곳일 것이다. 설령 당신이 역
사 유적지에 관심이 없다 해도 이스탄불은 사랑스러울 수밖에 없는 도시다.
지구에서 가장 맛있다고 소문난 터키 요리, 그보다 더 달콤한 디저트와 음
료, 그리고 친절한 터키 시민들이 살고 있는 도시이기 때문이다.
　이런 이유로 세계일주를 시작할 때부터 내가 가장 가보고 싶었던 도시는
바로 이스탄불이었다.

　앙카라에서 고속열차를 타고 이스탄불에 도착하자마자 유럽과 아시아
를 경계 짓는 보스포루스 해협으로 갔다. 수많은 이스탄불 사람들이 이
해협을 건너 유럽으로 출근하고, 일이 끝나면 아시아로 퇴근한다. 우스개
로, 이스탄불 시민들은 낮에는 유럽피언 밤에는 아시안이라는 말이 있을
정도다.
　단돈 700원을 내고 아시아에서 유럽으로 가는 페리에 타서 쉴 새 없이
이스탄불의 마경을 카메라에 담는다. 해안가에서부터 붉은 집들이 층층이
겹쳐져 있고, 언덕의 꼭대기에는 웅장한 모스크가 수호신처럼 서 있다. 연
필심처럼 하늘을 찌를 듯 솟아 있는 첨탑들이 과거 이곳이 이슬람의 심장이
었음을 느끼게 해 준다.
　고개를 돌리자 꼬깔콘처럼 생긴 타워가 눈에 들어온다. 바로 이스탄불의
상징인 갈라타타워이다. 마법의 성을 연상시키는 디자인은 당장이라도 해

리포터가 빗자루를 타고 날아올 것만 같다.

페리에서 내려 갈라타타워 쪽으로 향한다. 이 구간은 세계에서 가장 짧은 기차이자 두 번째로 오래된 지하철을 이용한다. 당장 철도박물관에 가져다 놔도 전혀 이질감이 느껴지지 않을 만한 '올드 올드함'과 '깜찍함'이 완벽하게 조합을 이루고 있는 단칸 열차다.

타워 주변에는 수 백 년의 세월을 품고 있을 듯한 돌담길이 여러 갈래로 뻗어나가고 좌우로 터키식 케밥집이 줄지어 들어서 있다. 갈라타타워에 도착하니 놀랍게도 태극기가 걸린 안내판이 보인다. 다가가서 보니 한국어 설명이 보인다.

'실크로드의 마지막 종착지인 이스탄불과 경주의 우정을 위하여.'

이거 참, 누가 형제의 나라가 아닐까봐 한국의 '고도 경주'를 챙겨주는 건 터키밖에 없는 것 같다. 카메라를 꺼내 한국과 터키 사이에 서린 우정의 증거를 기록한 뒤에 타워 북쪽으로 이어진 오르막길을 올라간다. 알록달록한 잡화점과 유명 브랜드샵이 몰려 있는 이스티클랄 대로가 나온다. 활기찬 분위기의 거리는 걷기만 해도 에너지가 솟아난다. 길거리 곳곳에는 오랜

역사를 자랑하는 레스토랑과 카페가 즐비하다. 코끝을 자극하는 터키 식 케밥의 유혹에 저항해볼 생각조차 접고 넘어간다. 이탈리아 젤라또보다 맛 있다는 터키 식 아이스크림도 먹어본다. 쫄깃쫄깃한 아이스크림을 맞이한 혀가 황홀하다.

오후에는 이스탄불 여행의 하이라이트라고 할 수 있는 소피아성당과 술 탄아흐멧 모스크(일명 블루모스크)를 방문했다. 크리스트교의 상징인 소피아 성당과 이슬람의 대표적 걸작 블루모스크가 좌청룡 우백호처럼 서로를 바 라보고 있다. 먼저 좌청룡 소피아성당은 현존하는 최고의 비잔틴양식의 건 축물이다. 그 예술적 가치는 수 십 개의 모자이크, 엄청난 사이즈의 대리석 기둥과 돔을 통해 확인할 수 있다.

이스탄불을 정복한 오스만제국은 이 위대한 문화유산을 파괴하는 대신 이슬람사원으로 사용했고 터키공화국 이후에는 박물관으로 탈바꿈시켜 관 광객을 불러 모으고 있다. 그리고 맞은편 우백호 블루모스크는 오스만제국 의 영광을 보여주는 성지 같은 곳으로, 터키를 넘어 전 세계에서 제일 유명

한 모스크다.

누가 더 웅장하고 아름다운지 뜨거운 신경전을 벌이는 듯한 걸작들. 나는 햄버거 패티처럼 그 사이에 끼어 수도 없이 좌우로 고개를 돌려가며 바라본다. 우열을 가리기 힘들다. 오랜 갈등의 역사를 보여주는 두 종교의 상징물이지만 마주보고 있는 모습은 한 쌍의 커플이라고 해도 좋을 만큼 잘 어울린다.

종교를 초월한 보편적 아름다움에 대한 경탄이 이곳저곳에서 쏟아진다. 이곳에선 코란을 들고 있는 무슬림이 소피아성당을 예찬해도, 십자가 목걸이를 쥔 기독교인이 블루모스크를 찬양해도 괜찮다. 인류의 위대한 문화유산에 대한 경의는 모두가 한 마음 한 뜻이기 때문이다.

이스탄불에서 나를 반겨준 건 사랑스런 터키 커플이었다. 그들의 이름은 엠레와 제이넵. 제이넵은 앙카라에서 만난 메르베의 친한 친구이기도 했다. 이 둘은 터키 내 한류 커뮤니티에서 알게 된 사이였고, 메르베의 소개로 이 사랑스런 터키 커플을 만날 수 있었다. 엠레와 제이넵 모두 이스탄불 대학

교에서 올해부터 교직원으로 일하는 중이었다.

"이스탄불에 오면 꼭 이스탄불 대학교로 놀러와, 우리가 소개시켜 줄게."

"난 학생도 아니고 교직원도 아닌데 가도 돼?"

"물론이지, 언제든 와."

우리나라로 치면 서울대학교 교직원으로 근무하는 한국 친구가 (그것도 말단 신입사원) 사무실로 터키 친구를 초대한 것이나 마찬가지다. 현지 유명 대학을 구경하는 건 나로서는 즐거운 일이었지만, 그 친구들의 안위가 걱정되기도 했다. 이들은 이제 갓 이스탄불 대학교에서 일하게 된 신입직원이다. 외부인인 나를 불러들이면 상사가 분명 눈치를 줄 게 분명해 보였기 때문이다.

하지만 이는 기우였다. 이스탄불 대학교 행정실에 들어가자마자 자리에 있던 직원들이 동시에 기립하며 환영해 준다.

"이스탄불에 온 걸 환영해."

선한 인상의 행정실장님이 내 두 손을 꽉 잡으며 살갑게 맞이해 준다. 그리곤 나를 바로 사무실 한 쪽으로 안내를 해 준다. 엠레와 제이넵이 미리 언질을 했던 탓인지 내 자리가 말끔하게 세팅되어 있었고 책상에는 터키 디저트와 차가 준비되어 있다. 신입직원의 친구로서 잠깐 방문한 것일 뿐인데 무슨 교육감을 대접하는 것 같다. 정말이지 터키의 친절함은 때와 장소를 가리지 않고 언제나 나를 특별하게 만들어 준다.

이스탄불 대학교 행정실의 모습은 우리나라와 크게 다를 바가 없다. 책상에는 서류가 한 움큼씩 쌓여 있고 직원들은 업무를 하거나 인터넷 뉴스를 보곤 했다. 탕비실에는 젊은 직원들이 커피나 차를 마시면서 자유롭게 휴식시간을 가졌다. 나는 근무 중인 그들을 방해할까봐 내 자리에서 잠자코 앉아 있었다. 몇몇 외향적인 친구들이 내게 말을 걸어온다.

"어이 친구, 여기 가만히 앉아서 뭐해? 뭔가 불편한 점 있어?"

"아니 전혀. 과분한 대접에 감사할 따름인걸. 업무를 보는 데 방해할까봐 조용히 앉아 있는 중이야."

"오… 노! 이봐 친구, 우리가 널 초대한 건 자유롭게 대학교를 보여주기 위함이었지. 돌덩어리 마냥 가만히 앉아 있으라는 의미가 아니었어."

내 딴에는 방해될까봐 조용히 앉아 있었는데, 교직원들은 이런 내 모습이 불편한 눈치다. 그들 눈엔 내가 지루하고 심심한 줄 알았나 보다.

행정실장님이 바쁜 업무가 없는지 내 자리로 와 이런 저런 질문을 쏟아내기 시작한다. 개중에는 터무니없는 질문도 섞여 있다.

"너희는 진짜로 벌레를 먹어?"

"뭐, 벌레? 뭔 말 같지도 않은 소리야? 짜증나게!"

마치 한국의 음식문화를 멸시하는 듯한 태도 같아서 살짝 화가 났다.

"예전에 TV 프로에서 한국인들이 벌레를 먹는 모습을 본적이 있거든."

"한국인은 벌레 안 먹어. 중국이랑 착각한 한 거 아냐? 그 TV 프로그램 사진 있으면 보여 줘봐."

나는 조금 흥분한 목소리로 쏘아 붙였다. 속에서는 부글부글 화딱지가 났지만 초대를 받은 입장이다 보니 나름 점잖게 대응했다. 행정실장은 내게 모바일 화면을 보여준다.

"봐봐, 이거 진짜 벌레 먹는 사진이잖아."

나는 중국인이 전갈을 먹는 사진이겠거니 했지만 정말로 그가 보여준 사진에는 한국인이 벌레를 먹고 있는 사진이었다. 그 음식의 정체는 바로… 번데기였다. 생각해보니 진짜 벌레로 오해할 만도 하다.

"이봐, 이게 얼마나 맛있는 음식인데… 보기에는 좀 징그러워 보이지만 먹어보면 진짜 고소하고 맛있다고."

그리곤 그에게 번데기는 영양소가 풍부해 건강에도 좋은 디저트라며 한껏 자랑을 해 주었다. 교직원들은 나의 LTE 급 태세전환에 모두들 폭소를 터뜨린다. 쑥스러웠지만 나도 그들을 따라 멋쩍은 웃음을 짓는데, 엠레와 제이넵은 나름 진지한 표정으로 맛있는 음식이라며 적극적으로 나를 변호한다.

이스탄불 대학교의 근무 분위기는 매우 자유롭다. 직원들은 퇴근시간이 되면 따로 상사에게 보고 없이 각자 알아서 퇴근한다. 복장과 스타일도 자유로웠다. 히잡을 착용한 직원이 있는가 하면 문신에 피어싱까지 한 직원도 보였다. 상사와 말단 직원 간에 대화하는 모습을 보더라도 위계질서를 가진 문화는 전혀 느껴지지 않았다. 엠레와 제이넵은 신입직원이었지만 행정실장에게 장난을 치고 가벼운 스킨십도 하는 등 친구처럼 편하게 대한다. 한국에서는 도저히 상상하기 힘든 모습이다. 유럽이나 미국도 아닌 이슬람 국가인 터키의 직장문화가 생각보다 오픈돼 있다는 점이 더 놀라웠다. 남녀가 길거리에서 스킨십도 제대로 못하는 보수적인 나라지만 직장문화는 완전히 웨스턴 스타일이었던 것이다.

쉬는 시간에는 젊은 직원들과 연륜 있는 직원들 사이에 피 터지는 토론이 벌어지기도 했는데, 몇몇 젊은 직원들은 나이 많은 상사에게 삿대질을 하고 고래고래 소리를 지르기까지 한다. 최소한 내 관점으로 본다면 하극

상이 분명했다.

"저 사람들 왜 저렇게 흥분하면서 토론을 하는 거야?"

궁금증을 이기지 못하고 제이넵에게 물어본다.

"지금 저들은 터키 대통령 선거를 두고 토론하고 있는 중이야."

당시, 터키에서는 에르도완 대통령이 대통령의 권한을 강화하려는 개헌을 놓고 국민투표가 실시될 예정이어서 국민적인 논쟁이 벌어지고 있었다. 이스탄불 대학교 교직원들도 헌법 개정을 찬성하는 파와 반대파로 갈라져 토론이 불을 뿜었다. 대체로 나이가 좀 있고 연륜 있는 직원들이 찬성파, 젊고 진보적인 사람이 반대파였다.

"그런데 부하직원이 상사에게 저렇게 대드는 것처럼 얘기해도 돼?"

"터키에서는 괜찮아. 어차피 업무와 관련된 주제도 아니니까. 한국에선 저런 게 불가능하지?"

"응. 어떻게 알아?"

"한국드라마 미생을 봤거든. 한국에서는 진짜 직장생활이 그 드라마 같아?"

"전부 그런 건 아니지만 그런 경우도 있지."

이거 난감한 질문에 어떻게 답변을 해야 할지 모르겠다. 솔직히 말해서

나 같은 세대들 입장에서 본다면 한국의 직장문화가 그다지 마음에 들지는 않다. 업무와 별개로 우리를 고달프게 하는 건 질식할 것만 같은 직장문화가 아니었던가. 마음 같아선 이참에 한풀이라도 하고 싶었지만 내 나라에 대해 나쁘게 말하기는 싫었다. 대신 터키처럼 자유로운 분위기가 부럽다고 우회적으로 대답했다.

젊은 직원 몇몇은 토론의 장으로 나를 끌어들이기도 했다. "저 답답한 꼰대에게 시원하게 욕을 한 사발 날려줘."라는 뉘앙스였다. 아무래도 나이 많은 과장급? 이상인 직원에 비해 젊은 직원들은 영어가 가능했고, 그 점을 십분 활용해 나를 끌어들이려고 했던 것이다. 하지만 남의 나라 정치 얘기에 함부로 의견을 꺼내는 건 득보다 실이 많은 일. 그저 나는 터키를 너무나도 사랑한다며 동문서답으로 상황을 피해갔다.

토론이 끝나고 업무가 시작되면 언제 으르렁댔느냐는 듯 조용해진다. 각자 자기 일에만 집중하고 또 일이 끝나면 누구의 눈치도 보지 않고 알아서 퇴근한다. 최소한 이스탄불 대학교에서 '칼퇴근'이라는 말은 마지막 퇴근시간을 의미했다. 오후 5시 퇴근시간이 되자 사무실에 남아 있는 직원은 하나였다. 그 직원은 바로 행정실장님이다.

이스탄불! 볼거리로는 둘째가라면 서러운 도시. 그 대신 관광객을 상대로 사기 치는 놈들이 득실거리는 곳이기도 하다. 어딜 가나 99명의 좋은 사람이 있으면 1명의 나쁜 놈들도 있는 법이다. 비단 이스탄불뿐만 아니라 바르셀로나, 로마, 파리 등 이름값이 좀 있다는 관광도시엔 사기꾼들이 넘쳐난다. 특히 나처럼 1. 혼자 돌아다니는 2. 동양인 여행객은 그들에게 가장 좋은 먹잇감이다.

나는 이스탄불에서 사기꾼의 꼬임에 넘어갈 뻔했던 아찔한 경험이 있다. 장소는 앞에서 말했던 소피아성당 앞이었다. 혼자서 자유를 즐기며 야경을 촬영하고 있는데 남자 둘이 자연스럽게 인사를 건넨다. 개인적인 정보를 물어보기도 하고, 싸이와 박지성을 좋아한다며 친근하게 군다. 요청을 하지도 않았는데 내 사진을 능숙하게 찍어주기도 한다.

고개 숙여 감사 인사를 하고 떠나려는 순간, 이 친구들이 대뜸 술 한 잔하러 가자고 제안한다. 그것도 자기들이 쏘겠다고. 여행을 오래해서 득도의 경지에 오른 걸까. 아니면 이 친구들의 흑심이 너무 티가 나서일까. 뭔가 찜찜한 기분이 든다. 대뜸 다가와서 친근감을 표시하는 것도 그렇고, 만난 지 5분 만에 술을 마시러 가자고 하는 것도 그렇다. 숙소에서 친구가 기다린다는 핑계로 정중히 거절했다. 그랬더니 이 친구들의 반응이 가관이다. 조금 전까지 그렇게 친절했던 모습은 어느새 사라지고 표정이 얼음처럼 차가워지더니 나의 굿바이 인사도 못 들은 척 무시하고 가버린다.

집으로 돌아와서 인터넷을 찾아보니 전형적인 술값 사기꾼들의 행동양식이라고 한다. 혼자 돌아다니는 여행객에게 친근감을 표시한 후 자연스레 술자리로 유도하는 게 이들의 수법이다. 특히 한국과 일본 관광객은 이들의 가장 큰 목표물이었다. 사기꾼들은 1차 술자리는 자신들이 사고 2차는 피해자에게 술값을 내게끔 분위기를 유도한다고 하는데, 바로 이 2차 술집이 이들의 범행 장소다. 사전에 사장과 짜고 싸구려 보드카 한 병에 100만 원, 저질 안주를 50만 원이라는 말도 안 되는 가격으로 바가지를 뒤집어씌우는 것이다. 술자리가 끝나고 나서 술값을 계산하려고 하면 100~200만원이 적힌 계산서를 내민다. 만약 술값을 안 내려고 하면 강압적인 태도로 돈을 가로채는 수법이었다. "그냥 도망가면 안 돼?"라고 의문을 품을 수도있으나 술값을 내기 전까진 문을 잠그고 어깨 형님들이 빈 방으로 끌고 가서 공포 분위기를 조성하고 협박까지 한다는 것이다. 단순하기 이를 데 없는 수법이지만 이미 많은 한국인, 일본인 여행객들이 이런 사기꾼들의 꼬임에 넘어가 술값으로 100~500만 원에 달하는 금액을 뜯겼다고 한다.

하마터면 이런 사기에 걸려들 수도 있었던 터라 그날 이후로는 낯선 사람의 접근에 더욱 주의를 기울였다. 하지만 나의 순수한 바람과는 달리 사기꾼들은 다음날도 그 다음날도 매번 같은 수법으로 계속 달라붙는다.

그들이 품고 있는 검은 속마음을 알고 있는 터! 한번은 큰맘을 먹고 그들을 골려주기로 작정했다.

여느 때처럼 블루모스크 야경을 열심히 찍는데 남성 2인조가 달려든다.

"안녕, 담배를 피우려고 하는데 혹시 라이터 있어?"

인터넷에서 보았던 대로 접근하는 게 아주 정석이다.

"아니 나 담배 안 피워."

"아, 그래? 넌 어디서 왔어? 야경사진을 찍기에 아주 좋은 포인트가 있는데 내가 가르쳐 줄까?"

본격적으로 내 환심을 사기 위해서 입을 털기 시작한다. 사기꾼이라는 타이틀만 빼놓고 본다면 너무나도 친절한 애들이다. 인생 샷에 버금갈 만한 사진도 찍어주고, 형제의 나라라며 한국에 대한 극찬을 늘어놓기도 한다. 능수능란한 말솜씨에 분위기도 화기애애하다. 어느 정도 분위기가 무르익었다고 생각했는지 이 친구들이 본심을 꺼내기 시작한다.

"우리는 숙소로 가는 길인데, 괜찮은 술집이 하나 있어. 같이 가서 한잔할래?"

언제 나오나 목 빠지게 기다렸던 말인데 이제야 꺼내다니. 과정은 자연스러웠다만 진행이 너무 더딘 거 아니었니? 화색을 지으며 단번에 오케이를 했다. 사기꾼 녀석들의 표정이 활짝 펴진다. 제 딴에는 오늘도 멍청한 동양인이 덫에 걸렸구나, 100만 원 벌겠네! 라고 행복회로를 돌렸을 것이다.

작전대로 사기꾼 두 명과 나는 근처 술집으로 걸어간다. 그 순간 나는 '아차!' 하면서 무언가 잊은 듯한 행동을 하고, 사기꾼들이 나를 보며 걱정하듯 묻는다.

"왜 그래 친구, 무슨 일 있어?"

"아, 잠깐만. 직업 신분증을 찾고 있었어. 내 직업이 경찰관이거든."

사기꾼들의 표정이 순식간에 일그러진다.

"아, 찾았다. 이게 내 경찰 신분증이야."

사실 내가 꺼낸 건 경찰 신분증이 아니라 대학시절 학생증이다. 이 멍청한 사기꾼은 학생증을 보지도 않고 완전히 속아 넘어갔다. 그 자리에서 얼음장군이 된 것처럼 굳었다. 난 그들의 얼빠진 모습에 혼자 신이 난 터, 말도 안 되는 허세를 부리며 그들을 약 올린다. 터키 경찰관이 내 친구라는 둥, 한국에서 사기를 전문적으로 담당하는 경찰이었다는 둥, 사기꾼 놈들이 제일 듣기 싫어할 만한 멘트를 계속해서 날리며 역 사기를 쳤다. 실컷 떠든 후에 그들의 반응을 다시 살펴보니 자기들끼리 터키어로 쏙닥쏙닥 거리더니, 갑자기 날 버리고 반대편으로 유유히 걸어간다. 아무런 인사도 없이 말이다!

"야! 너희 나랑 술 안 마셔?"

사기꾼들의 등 뒤에 대고 크게 소리치자, 나를 그냥 버리고 가던 판에 이제는 귀머거리 행세까지 한다. 진짜 5G급 태세전환이다.

혼자서 실컷 욕을 한 뒤에 다시 사진이나 찍자고 광장으로 갔다. 만족스런 야경사진을 찍고 트램을 타러 가는 도중에 아까 나를 꼬드기려 했던 사기꾼들을 다시 만났다. 분명 나와 눈이 마주쳤는데도 계속 모르는 척 한다. 둘만 있는 걸로 봐서 아직까지 사기를 칠 대상을 찾지 못했나 보다.

"야, 너희들 아까 술 마시러 가자고 하더니 여기서 뭐하는 거야?"

"…."

그들은 이제 대놓고 날 투명인간 취급한다. 나는 더 크게 소리치며 친한 척을 한다. 맨 처음 내게 보여줬던 그 친절함은 어디로 갔는지, 본성이 들어

나니 아주 교활해진다.

한번 사기꾼들을 놀려먹는 데 재미가 붙어서 그때부터 다양한 방법으로 그들을 골탕 먹였다. 술집 문 앞에서 바로 슬쩍 사라지는 것도 해보고, 유튜브에서 유행했던 몰래카메라 영상처럼 사기꾼 앞에서 난데없이 마임 공연을 하기도 했다. 한번은 사기꾼들의 신앙심을 시험해보고자 알라 앞에서 진실을 말할 수 있느냐고 유도심문을 하기도 했다.

단 술집에 들어가면 어떻게든 술값을 강탈한다는 인터넷 후기들을 보았기 때문에 술집 안으로는 절대 들어가지 않았다. 사기꾼들의 반응도 가지각색이었다. 어떤 놈은 끝까지 친절한 척 매너 있는 태도를 유지했고, 어떤 놈은 핑계를 대고 빠져나가는 내게 곧바로 욕부터 하는 놈도 있었다. 머리 좋은 사기꾼 놈은 자기가 역으로 당했다는 걸 알아차리기도 했다.

한 가지 공통점이 있다면 이들은 절대 자기들을 터키 사람이라고 하지 않는다는 것이다. 제 딴에는 자기 나라 얼굴에 먹칠을 하기는 싫어서 거짓말을 하는 건지, 아니면 진짜 두바이나 스페인에서 온 애들인지 무척이나 궁금했다. 터키를 사랑하는 나로서는 후자이길 바랐지만.

하지만 어쩌겠는가! 사기꾼들의 터전은 바로 터키 이스탄불인데…. 짝사랑했던 도시인만큼 이들의 사기행각에 대한 실망감도 여간 큰 게 아니었다. 돈 앞에선 피를 나눈 형제의 나라가 아니라 피눈물을 흘리게 하는 나라가 되기도 하는 것이다.

엠레와 제이넵 커플에게 보내는 한 줄 편지

터키인들을 위한 한국어 교재를 만드는 건 잘 돼가고 있어? 한국어 녹음이 필요하면 언제든지 말해! 평범하기 그지없는 목소리지만 최선을 다해서 도와줄게.

터키 시골마을에서 선생님이 되다

이스탄불 시샤 카페에서 혼자 물 담배를 뻐끔뻐끔 피우고 있을 때, 옆에 앉아 있던 남녀 가운데 하나가 살갑게 말을 건넨다. 알리와 루루. 터키 동부에 사는 쿠르드족이었다. 혼자 여행을 하고 있는 나를 호기심 어린 눈으로 바라보더니, 대뜸 자기 집으로 나를 초대한다. 원래 이스탄불에서 그리스로 넘어가려던 계획이었지만 알리와 루루가 워낙 강력하게 초대를 하는 바람에 터키 남동부 일정을 추가하기로 하고, 서로의 연락처를 교환한 뒤에 다음 주에 알리와 루루의 집이 있는 터키 바트만에서 만나기로 약속했다.

터키 남동부 지역은 세계에서 가장 많은 폭탄 테러가 일어났던 곳이다. IS의 활동 지역과 가깝기도 했고, 수니-시아파 간의 전쟁과 쿠르드족의 분리 독립운동 등으로 하루가 멀다 하고 사건 사고가 터지는 곳이다. 일전에 리제 시티에서 만났던 오칸과 타이푼도 터키 남동부 쪽은 위험하니 절대 가지 말라고 경고하기까지 했었다. 그럴수록 두 달 전 파키스탄에서 받았던 기막힌 환대가 새록새록 떠올랐다. 그때도 가기 전에는 엄청난 고민을 했었지만 적어도 내가 만난 파키스탄은 친절하고 착한 사람들이 살아가는 곳이었음을 깨닫지 않았던가. 파키스탄, 이란을 여행하면서 수많은 자극적인 언

론 보도의 허와 실을 직접 걸러내게 되면서 어떤 정보든 두 눈으로 확인하기 전까지 쉽사리 믿을 수가 없었다. 항상 그렇지만 판단은 내가 하는 것이다. 위험을 무릅쓰고 가는 것도 그에 대한 책임도 온전히 나의 몫이다.

지중해 휴양도시 안탈리아에서 비행기를 타고 터키 동부 쿠르드족의 도시 바트만에 도착했다. 영어로는 'batman'. 영화 배트맨과 철자가 똑같다. 확실히 유럽 냄새가 나는 이스탄불이나 에게해를 마주하고 있는 터키 서부와는 달리 을씨년스러운 아랍 분위기가 물씬하다. 대다수 건물은 누런 빛깔에 문양 없는 단조로운 디자인이었고, 황갈색의 민둥한 고원은 황량함마저 느껴진다.

그러나 우려와는 달리 전쟁이나 폭탄이 터지는 살벌한 분위기는 전혀 느껴지질 않는다. 여느 작은 도시처럼 차분하고 평화로운 분위기다. 오히려 동양인이 거의 없는 탓에 지나가는 사람들 모두 호기심 가득한 눈으로 나를 바라본다.

루루 집에 도착하니 엄청난 수의 가족들이 벌떡 일어나 나를 반겨준다. 얼핏 둘러봐도 15명은 훌쩍 넘기는 대가족이다. 오랜만에 집으로 돌아온 자식을 맞이해 주는 것 같은 환대에 따뜻한 온천에 몸을 담근 것처럼 포근함이 느껴진다.

나를 초대해 준 루루는 무려 7명의 형제자매가 있었다. 나와 같은 한국의 80, 90년대생들이 외동이거나 하나 둘 정도의 형제자매를 가진 것과는 정말 대조적이다. 그야말로 향후 10년간, 저출산에 대해서는 고민할 필요가 없는 동네다.

하필이면 루루가 다른 도시에서 근무 중이었기에 여동생인 누르셸이 가족을 대표해서 나를 반겨준다. 그녀는 가족들 중에서 유일하게 영어가 가능했으며, 직업 또한 영어 선생님이었다.

"화용, 우리 가족을 소개할게."

그녀의 어머니, 언니, 남동생 등을 차례차례 소개하는데 대가족이라서 한 명 한 명 기억하기가 쉽지 않다. 그나마 후세인, 오스만, 알리 등의 친근한 이름은 금세 머릿속에 각인된다.

집안의 기둥은 누르셸의 형부 로크만 부부였다. 로크만은 우리 식대로 얘기하면 처가살이를 하는 남편이자 이 대가족을 이끄는 가장이었다.

이들 부부는 나를 방으로 안내해 주면서 원하는 만큼 지내라고 한다. 그런데 어떻게 된 것이 방은 전부 핑크빛에 엘사 공주가 그려져 있는 커튼이다. 알고 보니 13살짜리 첫째 딸의 방을 내게 내 준 거였다.

"사춘기 딸의 방을 빼앗을 수는 없어. 나 소파나 거실에서 잘게."

"화용, 그 말은 우리에게 정말 실례되는 말이야. 우리 쿠르드인은 절대로 손님을 허투루 대하는 일이 없어."

파키스탄부터 똑같은 레퍼토리다. 손님을 함부로 대하는 건 자신이 용서할 수 없다며 노발대발이다. 막무가내로 딸의 방을 나에게 안내해 주는 로크만 부부에게 나는 딸의 의견을 물어보고 결정하겠다고 물러섰다. 딸은 환하게 미소 지으며 동생들 방에서 자면 된다고 얘기한다. 차라리 사춘기 남자 아이 방이라면 납득이라도 했을 테지만 셋이서 나를 둘러싸고 파죽지세로 몰아붙이니 어쩔 도리가 없다. 너무 과도하게 거절하는 것도 예의가 아닌 것 같아 결국 받아들였다. 아무리 그래도 30살 아저씨가 조카뻘 되는 소녀의 방을 강탈한 느낌이라 너무 미안하다.

테이블에 앉아 터키 차를 마시고 디저트를 먹으며 가족들과 이야기꽃을 피웠다. 누르셀이 중간에 통역을 해 준다. 이 사랑스러운 가족들은 이미 나를 위해 일주일치 스케줄을 다 짜놓고는 내게 원하는 걸 선택하도록 배려했는데, 그 중에서 '학교 견학하기'라는 항목이 눈에 띈다.

"학교 견학하기? 이게 뭐야?"

"우리 학교로 초대하고 싶어서. 학생들도, 선생님들도 다 너를 보고 싶어 해."

"아아… 그래? 이거 재밌겠는데? 터키 학교에 한번 가보고 싶었어."

"그럼 당장 내일 가자. 사실 네게 한 가지 제안하고 싶었던 게 있어."

"뭔데?"

"학교에서 하루만 선생님이 돼 줄 수 있어?"

그녀는 자기와 같이 하루 동안 영어 선생님이 되어달라고 한다. 이 머나먼 터키 동남부 시골 마을에서 선생님이라니…. 생각지도 못한 일이었다. 지금까지 누굴 가르쳐본 적이 없거니와 가르칠 생각조차 안했다. 교육이라는 명제는 내게 있어 언제나 딴 세상 이야기였다. 흥미로운 경험일 것 같으면서도 부담스러웠다.

"나는 누굴 가르칠만한 영어 실력은 아닌데?"

"화용, 걱정하지 마. 우리가 가르칠 학생들은 4~8살 정도야. 네 영어 능력이면 전혀 문제없어."

누르셀은 내가 가지고 있는 걱정과 부담감을 덜어주며, 학생들을 위해 좋은 추억을 만들어 주자고 설득한다. 외국인이라고는 한 번도 본적 없는 학생들이라면서 나와 같은 외국인과 대화를 나눈다면 그들에게 소중한 경험이 될 거라면서. 아이들에게 소중한 경험을 줄 수 있을 거라는 말에 마음이 흔들려 선뜻 누르셀의 제안을 수락했다.

누르셀은 어린아이처럼 신이 나서 연신 고맙다고 하면서 곧장 "내일 한국인이 학교에 갈 거"라고 동료 교사들에게 전화를 돌린다. 에고, 그런 누르셀을 보면서 부담이 더 커진다. 하지만 이미 수락한 마당에 되돌리는 건 불가능하다. 혼자서 밤을 설쳐가며 근심 반 설렘 반으로 이불 킥을 날렸는데, 누르셀 말로는 어린 학생들과 인사말 정도만 해 주면 된다고 했지만 내 딴에는 계획 없이 마냥 학생들을 가르칠 순 없다. 이불 속에서 어떤 식으로 어린 친구들에게 다가갈지 작전을 세워보지만 뭐….

다음날 학교로 가니 아이들이 나를 외계인이라도 보는 것처럼 쳐다본다. 운동장에서 놀고 있던 아이들부터, 창문으로 얼굴을 빼꼼 내미는 학생들까지 모든 아이들 시선이 내게 고정되어 있다. 몇몇 개구쟁이 어린아이들은 "헬로, 헬로!"를 외쳐대며 내 뒤를 졸졸 따라다녔고, 선생님들은 학교 정문까지 나와 정중하게 나를 맞이해 준다. 새삼스럽게, 오버하자면 연예인은 아무나 할 수 있는 직업이 아닌 것 같다는 생각이 든다. 주목받는 걸 싫어하는 성격은 아니지만 그렇다고 사방팔방에서 나만 쳐다보니 심장이 폭발할 것 같은 긴장감이 느껴진다.

　누르셀은 부담스러워 하는 내 모습을 눈치 챘던지, 나를 곧장 교무실로 안내한다. 개인적으로 학창시절 교무실은 선생님에게 호출돼 맞으러 가거나 청소를 하러 가거나 둘 중 하나의 목적 외에는 없었다. 그다지 좋은 기억이 남아 있는 곳은 아니었다. 그러나 터키 선생님들의 진심 어린 환대는 한 남자의 교무실에 대한 기억마저 잠시나마 기쁜 장소로 화장을 해 주었고, 멋진 콧수염을 기른 인자한 인상을 풍기는 교무부장 선생님이 직접 차를 끓여다 내어 준다.

　"귀한 손님이 이렇게 와 주어서 정말 고마워. 어젯밤 누르셀이 급히 전화해서 자초지종을 설명해 주었어. 하루 동안 학생들을 위해 봉사해줘."

　"나야 말로 고마워요, 최대한 열심히 할게요."

　누르셀은 교무부장님의 팔짱을 끼고 어린 딸처럼 고마움과 친근감을 표시한다. 한국에서 말단 교사가 교무부장님께 팔짱을 끼는 건… 아마 불륜 관계 아니면 힘들지 않을까? 정말 가정 분위기나 남녀관계에 있어서는 우리나라 성리학자 저리 가라고 할 정도로 보수적인 터키지만 직장 분위기는 유럽 이상으로 자유로운 나라다. 도저히 적응이 안 될 지경이다. 이런 걸 보

면 터키가 동서양의 접점에 위치해 있다는 이름값을 하는 것 같다.

　교무실 밖에는 나를 한 번이라도 보겠다고 학생들이 떼를 지어 몰려와 있다. 한번 눈이라도 마주치면 걸그룹을 만난 병사들처럼 열렬한 환호성을 날려준다. 이 순간만큼은 대한민국 유치원생들의 '뽀통령' 부럽지 않은 환대다. 겉으로는 애써 밝게 웃고 있었지만 속은 아주 새까맣게 타 들어간다. 선생님들의 과분한 대접도 평상시라면 웃으며 받아들였을 텐데, 이것마저도 내 수업 기대치를 높여만 가는 느낌이다. 수업시간이 점점 다가올수록 주위 반응 하나하나가 점점 나를 부담스럽게 하고 걱정된다.

　오전 9시, 드디어 누르셀과 함께 1교시 수업에 들어간다. 교실에 들어가니 칠판 위에 걸린 국부 아타튀르크의 초상화와 터키 국기가 제일 먼저 눈에 띈다. 아이들은 터키 국기 색깔처럼 새빨간 교복을 입고 있다. 놀랍게도 학생은 단 8명뿐이다. 아이를 적게 낳는 나라도 아닌데 교사 한 명당 학생 수가 현저히 적다는 게 의아할 정도다.

　7살, 초등학교 1학년 학생들이 우뢰와 같은 함성으로 나를 맞이해 준다. 열기가 넘치다 못해 폭발할 것 같다. 반갑게 손을 흔들며 학생들의 인사에 일일이 화답해 준다. 나의 손짓 몸짓 하나하나에 학생들이 함성을 지르며 열광한다. 긍정의 에너지는 쉽게 전달되는 법일까? 조금 전까지 긴장으로 짓눌렸던 부담감이 눈 녹듯 스러지고 학생들과 교감을 나누기 시작한다.

수업은 행복한 표정과 불행한 표정을 그림으로 묘사하는 내용이다. 어린 학생들의 수준에 맞게 영어 수업에 그림 요소를 넣어 흥미를 가지게끔 유도하는 것이었다. 돌아가면서 학생들의 그림을 칭찬해 주고, 부족한 아이들의 그림은 직접 도와주기도 했다. 유독 한 아이가 너무나도 그림을 잘 그려서 내가 극찬을 했더니 옆에 있던 누르셸이 옆구리를 콕콕 찌르며 넌지시 조언을 해 준다.

"여기 학생들은 모두 네 반응을 기다리고 있어. 한 아이만 칭찬하면 다른 학생들이 질투하니까 골고루 칭찬해줘."

아이고, 개구리 올챙이 적 생각 못한다고, 나 역시 어렸을 때 선생님의 관심을 끌기 위해, 유별난 행동을 많이 했었던 기억이 떠오른다. 저 어린 친구들은 어른들의 사랑을 먹고 커야 할 나이 아니던가. 돌아가면서 진심 어린 칭찬을 해 주었다. 비록 말은 통하지 않았어도 오버스러운 제스처를 날려주면 까르르 좋아하는 천진난만 아이들이다.

멜리사라는 이름을 가진 여학생은 내가 다가가기만 하면 자신이 그린 그림을 꼭꼭 숨긴다. 부끄러워서 보여주기 싫었던 모양이다.

"다 그리면 보여줄 수 있겠니?"

멜리사는 고개를 끄덕인다. 그리곤 다시 온몸으로 그림을 숨긴 채 아무에게도 보여주질 않는다. 모든 학생이 그림을 전부 제출하고 한참 후에야 멜리사가 그림을 제출한다. 정성들여 그린 흔적이 듬뿍 묻어나는 그림이었다. 수줍은 표정으로 나의 반응을 기다리고 있는 멜리사에게 영어와 짧은 터키어를 섞어가며 아낌없이 칭찬해 주었다. 푹 숙인 멜리사의 얼굴에 희미하게 화색이 도는데, 그 모습이 너무나도 사랑스럽다.

"오늘 우리를 위해 애써준 '정' 선생님께 인사드리자."

수업이 끝날 때쯤 누르셀은 학생들에게 일일 교사로 애쓴 내게 포옹하라고 시킨다. 말이 끝나기 무섭게 8명의 학생들이 벌떼처럼 달려와 내 품에 안긴다. 어린 학생들이 수줍어 할만도 한데 상당히 저돌적이다. 어린아이라곤 해도 자기표현이 확실한 걸 보니 스스로 생각하고 추진하는 자기주도적인 교육을 받아온 것만 같다. 천사 같은 어린아이들이 계속 내 허벅지와 손을 끌어당기며 안아달라고 달라붙는다. 내가 이렇게 아이들에게 사랑받을 만한 존재였던가? 아이들의 포옹 세례에 허둥지둥 얼이 빠져버릴 것만 같다.

어린 학생들은 부끄러운 표정으로 다가와 내게 선물을 건네기도 한다. 멜리사는 말없이 주먹을 내게 내밀더니, 손을 펴보라는 시늉을 한다. 영문을 모른 채 손을 펴보니 헬로 키티 캐릭터 모양의 지우개가 수줍다. 사내아이들은 허겁지겁 색종이로 돛단배를 접어서 주기도 한다.

아이고, 저 멀리 동방에서 온 삼촌의 하트에 불을 지르는구나. 세상에서 가장 고귀한, 아니 값을 매길 수 없는 선물이 바로 이런 게 아닐까 싶다. 왜 어린 딸이 낙서한 종이쪼가리를 20년 동안 지갑에 넣고 다니는 아버지의 모습이 화제가 되지 않았던가. 나는 이름조차 제대로 알지 못하는 어린아이들로부터 지금 그런 감정을 느끼고 있다.

한없이 맑은 아이들을 보니 이곳이 내전으로 얼룩진 위험한 곳이라고는 도저히 믿겨지지 않는다. 저 순수하고 사랑스런 아이들과 함께 있는 것만으로도 내 마음 또한 깨끗하게 정화되는 것만 같다. 아이들에게 사랑을 주고자 노력했는데 오히려 내가 아이들로부터 사랑을 받은 느낌이다. 하루의 수업이 끝나고 나의 소감을 묻는 교장 선생님의 말에 나는 솔직한 대답을 내놓았다.

"순수한 아이들이 있는 이곳은 천국과도 같아요. 솔직히 이곳이 위험한 곳이라는 게 도저히 믿겨지지 않아요."

"맞아, 우리들이 아이들을 가르치는 이유도 행복한 세상을 물려주고 싶기 때문이야."

"선생님, 말대로 이곳이 정말 평화롭게 변했으면 좋겠어요."

"걱정 마. 앞으로 이 땅엔 전쟁 대신 평화만이 있을 거야."

"정말 그렇게 되겠죠? 이곳이 평화로워진다면 여기서 한 번 더 무료로 영어 선생님을 하고 싶어요!"

인자하고 자애로운 이 학교의 선생님들은 수많은 테러와 전쟁을 목격한 증인이기도 했다. 그리고 그들은 믿고 있었다. 공포와 폭력이 판치는 이 지역을 바꾸기 위해선 교육이 최고의 무기라는 것을 말이다. 상처투성이의 땅일지라도 이곳의 미래는 밝다고 감히 단언해본다. 참다운 스승과 올바른 교육을 받은 학생이 있는 한 어찌 이곳의 미래가 행복하지 않을까!

학생과 선생님에게 보내는 한 줄 편지

아이들에게 영어 가르치러 갔다가 아이들로부터 사랑만 잔뜩 얻고 갑니다. 이거 미안해서라도 무보수로 한 번 더 일일교사 해야겠어요!

시리아 국경 탐험기 : 아름다움의 마지막 퍼즐은 사람

"누사이빈이라는 도시로 가고 있는 중이야."

이 한마디에 이스탄불과 리제에서 만난 터키 친구들이 모두들 경악을 한다. 나를 보고 당장 그곳에서 빠져 나오라며 소란스럽다. 왜냐고 물어보니 누사이빈은 작년까지만 해도 쿠르드 반군, IS 세력들이 서로 얽혀서 수차례 전쟁이 일어났던 곳이라고 설명해 준다. 한때 자국민들조차도 통행이 엄격히 금지되었을 정도로 악명 높은 치안을 자랑한다고 한다. 애초에 내가 터키 남동부에 가는 걸 극구 말렸던 친구들인데 시리아 국경도시까지 간다고 하니 아예 정신 나간 놈으로 취급한다. 몇몇 소수의 터키 친구들은 PKK 조직원들이랑 같이 지내는 거 아니냐고 의심어린 눈초리를 보낼 정도였다. PKK는 터키 내에 있는 쿠르드 반군 조직으로 이스탄불에 테러를 일으킨 적도 있는 쿠르드족 급진 과격주의자들이었다.

'절대 아냐. 여기 있는 쿠르드 친구들은 테러를 일으키는 사람들이 아냐. 터키인들과 허물없이 잘 지내는 사람들이야.'

이들을 변호하는 메시지를 보내면서도 씁쓸함이 밀려온다. 민족이 다르다는 이유로 같은 나라 사람을 테러 조직원으로 몰아붙이는 게 너무 충격적이었기 때문이다.

터키에 살고 있는 대다수 쿠르드족은 터키어를 쓰고 터키인들과 사이좋게 지내고자 하며, 터키 친구들 역시 쿠르드 족을 엄연히 같은 국민으로 생각하고 있다. 몇몇 소수의 터키인들과 쿠르드인들 끼리 서로를 미치도록 혐오하고 있을 뿐이다.

양쪽의 혐오주의자들은 늘 자신들의 생각이 진리인 양 나를 세뇌시키려 했다. 하지만 이미 수많은 사람들에게 과분한 사랑을 받아온 터라 내 머릿속엔 혐오라는 키워드가 끼어들 자리는 존재하지 않았다.

일부 터키 친구들의 입장을 이해하지 못하는 것은 아니었다. 자기 나름대로 합당한 이유를 대며 자신의 주장을 관철시키려고 했다. 그들 모두 터키에서 20년 넘게 살아오며 이곳의 문화와 언어를 습득하고 주변 사람들과 교류하며 성장해 온 현지인이었다. 혼자 성자라도 된 것처럼 "다르다는 걸 이유로 혐오를 해서는 안 돼." 라는 성자 같은 내 말이 그들에겐 한없이 거북하게 느껴질 수도 있다는 생각이 들었다. 개인적으로도 민감한 정치 쟁점들을 얘기하는 건 내가 가장 원치 않는 일이다. 그러기에 영혼이 빠진 긍정의 답변을 남기며 한쪽 귀로 흘려버린다. 터키인, 쿠르드인 양쪽 모두로부터 분에 넘치는 호의를 받아왔던 터라 어느 한 쪽으로 추를 기울도록 놓고 싶지는 않았기 때문이다. 내게는 모두 천사같이 착한 사람들이었을 뿐이다.

누사이빈은 메소포타미아 문명의 흔적을 보기 위해 선택한 도시였다. 메소포타미아 문명의 중심지인 이라크는 여행금지국으로 지정되어 있으므로 대체 수단으로 고른 곳이 바로 이 누사이빈과 터키 남동부 지역이었다. 테러위험 지역이라는 악조건으로 인해 고고학, 역사적 가치에 비해 여행객이 전무한 곳이다. 실제로 이곳을 혼자서 여행하려고 하자 터키, 쿠르드 친구 모두 적극 반대하였기에 보류하고 있었다.

"화용, 누사이빈은 우리랑 같이 가자. 마침 우리도 로크만의 동생을 만날 참이었거든."

"거짓말, 누사이빈에 친척이 있다고 말한 적도 없잖아."

누르셀의 언니 구르벳과 남편인 로크만이 동행해 주겠다고 한다. 친척을 만난다는 이유를 댔지만 내가 위험에 빠질까봐 걱정이 돼서 그런 게 분명했다. 입 밖으로 말이 나온 이상 이들의 호의를 거절할 수가 없다. 친절에 대한 이들의 고집은 놀부가 강림한다 해도 도저히 꺾을 수가 없기 때문이다.

누사이빈에 도착하니 로크만의 동생이 감격스럽게 맞이해 준다. 그는 만나자마자 2분 만에 내게 형제 칭호를 붙여주더니 터키 차와 먹을거리를 대접한다.

'아이고… 이거 친형이 섭섭하겠다.'

오랜만에 만난 친형, 로크만을 투명인간 취급하며 온갖 정성을 내게 쏟아 붓는데, 낌새를 보아하니 로크만이 동생에게 미리 전화로 언질을 해놓은 모양이었다. 내가 터키 차를 마실 때 설탕 없이 마시는 것조차 미리 알고 있

었다. 토마토를 좋아한다는 것도 이미 알고 있었는지 접시엔 2단 케이크 정도는 능히 될 정도로 토마토가 쌓여 있다. 붉게 물든 토마토가 이들 형제의 진한 사랑의 색깔처럼 느껴진다. 그들의 세심한 사랑에 온몸에 전율이 돋을 지경이다.

에너지 넘치는 로크만 형제에 비해 누사이빈은 황량하다 못해 썰렁한 분위기였다. 길거리 곳곳에 현지인들이 눈에 띄긴 했지만 도시 규모에 비해 돌아다니는 사람이 매우 적었다. 마치 죽은 자들의 도시 같았다.

"이곳은 최근 몇 년 동안 전쟁으로 많은 걸 잃었어. 많은 사람들이 새로운 삶의 터전을 찾아 떠났지."

로크만의 동생이 누사이빈이 처해 있는 상황에 대해 설명해 준다.

"이곳에 있는 사람들은? 갈 곳이 없어서 어쩔 수 없이 누사이빈에 있는

거야?"

"여기에 살고 있는 사람들은 대부분 노인이야. 전쟁의 위협이 있더라도 고향 땅을 떠나고 싶지 않은 거지."

광장 대로로 장갑차와 완전무장한 군인들이 지나간다. 몇몇 군인들은 나를 뚫어지게 쳐다보다가 로크만을 보고는 그냥 넘어간다. 혼자 이곳에 여행을 왔다면 의심 받기 딱 좋은 상황이었을 것이다.

초록빛 벌판 위에 앙상한 국경 철조망이 보인다. 터키와 시리아의 국경선이다. 2년 전 대한민국을 흔들어놨던 김 군의 IS 가입도 바로 이 터키-시리아 국경을 통과해 이루어졌다.

철책 너머로 보이는 시리아 땅은 한없이 푸르른 들판이었다. 내전과 IS로 인해 폐허가 되어 버린 땅이라고 보기엔 도저히 믿기지 않을 정도였다.

국경에 다가가 철책 너머 시리아의 모습을 사진에 담으려고 하자, 로크만이 흥분하며 얼른 나를 제지한다.

"화용, 너무 다가가지마. 경비가 삼엄한 곳이라 위험해."

잠시 들뜬 기분에 망각하고 있었지만 이곳은 세계에서 테러가 제일 많이 일어나는 지역이다. 게다가 이 국경선을 통해 시리아 난민들이 몰래 넘어오는 일이 잦은 탓에 터키 군인의 감시가 살벌한 곳이다. 얼른 뒷걸음질로 물러나면서 보니 저 멀리서 완전무장한 군인이 우리를 예의 주시하고 있다.

몇몇 가게와 레스토랑들은 불안한 정국에도 여전히 영업을 하고 있었다.

겉보기에는 전운이 감돌고 있었지만 인적이 드물다는 것만 **빼**면 일반 도시와 크게 다를 바 없다. 하지만 밤이 되면 말 그대로 진정한 유령도시가 되어 버린다. 가로등 간격이 매우 길어서 길은 칠흑 같은 어둠에 싸여 있고, 간판에 불이 켜져 있는 가게는 도시 전체에서 손가락에 꼽을 정도다. 전쟁과 테러의 위협이 도사리고 있는 곳이기에 특히 밤이 되면 시민들은 활동을 자제하고 집 안에만 칩거하고 있는 듯 했다.

그러나 누사이빈 시민들은 남녀노소를 가리지 않고 한국에서 온 여행자를 엄청나게 환대해 줬다. 침울한 분위기와 다 쓰러져 가는 건물도 차츰 사람들의 웃음과 환대로 따뜻해졌다. 이방인을 친절하게 대하는 건 터키의 다른 도시와 별다르지 않았다. 음식점이나 카페에서도 자주 돈을 받지 않았다. 내가 주머니에서 돈이라도 꺼내면 마치 못 볼 걸 보기라도 한 것처럼 손부터 절레절레 흔들고, 억지로 그들 손에 터키 리라를 쥐어 주어도 금세 내 주머니로 리턴 된다.

"넌 우리 도시를 방문한 게스트야. 차 한 잔 정도는 얼마든지 줄 수 있다고."

매번 똑 같은 레퍼토리다. 작은 돈이니 지불하겠다는 나와 얼마 안 되니 안 받겠다는 사장 사이에 팽팽한 신경전이 펼쳐지곤 했다. 끝끝내 내가 고집을 부리면 옆에 있던 다른 손님이 나와 사장 사이에 벌어지는 일기토에 끼어들어 양쪽에서 연타로 어퍼컷을 날린다. 그리고 난데없는 2:1의 상황에 승기를 놓친 나는 어쩔 수 없이 백기를 들고 투항한다.

누사이빈 여행의 동반자 로크만과 그의 동생은 한 술 더 뜬다. 나를 이곳까지 안전하게 데려와 주고 가이드해 준 것이 고마워 작은 선물과 음료수를 주었더니, 내 딴에는 고맙다는 소리를 들을 줄 알았는데, 이 친구들은 정색하며 나를 다그친다.

"화용, 음료수랑 기념품이 필요하면 왜 우리에게 얘기를 안 했어?"

"아니 난 너희들에게 조금이나마 보답하려고…."

나는 진심으로 작은 보답의 의미로 선물한 건데 이 친구들은 자신들이 부족하게 대접해 준 걸로 생각한다. 그들의 언어 해석법을 따르자면 "우리가 이 기념품과 음료수를 미리 사 줬어야 했어. 그러지 못해서 미안해."라는 뜻이다. 무슨 천하제일 친절대회를 하는 것도 아니고, 이들의 친절에 대한 사고회로가 경이롭게 느껴질 정도다.

하지만 이것으로 이들의 친절과 호의가 끝났다고 생각하면 안 된다. 나의 뒤통수를 제대로 후려갈긴 사건이 일어났다. 로크만 동생 집에는 독특해 보이는 장식품들이 꽤나 많았다. 대부분 예전에 시리아나 사우디아라비아에 갔다가 사온 것이라고 한다.

하지만 바로 이 장식품이 문제의 원인이었다. 로크만 동생의 집을 떠나는 날, 그는 내가 극찬했던 기념품을 상자에 예쁘게 포장해서 건네주는 게 아닌가! 아니… 자기 집에 보관하고 있는 기념품을 왜 내게 주냐고요. 상점에서 사 주는 기념품도 부담 되서 못 받을 지경인데 자기 집에 모셔놓은 유니크한 기념품을 선물해 주는 것이다. 왜냐고? 내가 이 기념품을 보고 멋지다고 칭찬했기 때문이란다. 순간 아차 싶었다. 이번에도 말실수를 한 것이었다.

　난 정말 이 기념품을 가지고 싶은 마음이 추호도 없었다. 오히려 가지고 다니면 앞으로의 긴 일정에 무거운 짐이 될 게 뻔했다. 이번에는 초반부터 내가 완강한 태도로 안 받겠다고 거세게 나갔다. 그리고 옥신각신 실랑이 끝에 나중에 기념품을 받기 위해 다시 방문하겠다는 조건으로 마무리되었다. 후에 누르셀이 귀띔을 해 줬는데 이쪽 지역에선 초대한 손님에게 자기 집에 가지고 있던 물건을 선물하는 게 꽤나 빈번한 일이라고 한다.

　누사이빈 찻집에선 연세 지긋하신 분들이 언제나 두 팔 벌려 환영해 준다. 모두가 새로운 삶의 터전을 찾아 떠나갈 때, 고집스레 자신의 터전을 고수하고 있는 뚝심이 느껴지는 어르신들, 마치 수 십 년 동안 나라의 안위만을 생각하는 충신의 혼이 느껴지는 것만 같다. 나는 어린 시절 할아버지 품에 안긴 것처럼 쪼르르 달려가 가벼운 포옹을 하고, 감성적인 할아버지는 눈물을 보이기도 한다. 주름진 눈가에 뚝뚝 떨어지는 눈물 덩어리에 나도 금세 눈시울이 붉어진다. 말은 안 통하지만 할아버지께서 나를 손자처럼 생각하시는 것만 같은 느낌이 들었다. 후에 알게 된 사실이지만 할아버지의 손자는 안타깝게 2년 전 내전을 겪는 동안 실종되었다고 한다.

죽어가는 도시에서도 밝은 사람들이 살아가고 있다. 이곳의 느낌이다. 언론과 인터넷을 통해 접했던 터키 동남부 특히, 시리아 국경지대, 우리가 흔히 위험한 지역이라고 인식하는 그곳에 사는 사람들은 세계 어느 나라 사람들보다도 친절했다. 터키인, 쿠르드인, 아랍인, 시라아인들이 한데 뭉쳐 사는 이곳엔 전쟁과 테러, 살육과 파괴라는 단어가 세상에서 가장 어울리지 않는 것만 같은 사람들이 살고 있었다.

가끔씩 이들의 파격적인 친절을 보면 왜 이런 평화로운 곳에서 피 보라가 일어나는지 도저히 이해할 수 없을 정도였다. 이들의 친절에는 어떠한 가식도 대가에 대한 기대도 없다. 그냥 내가 우연히 만남 손님이라서 대접해 줄 수도 있고, 또는 코란에 지나가는 나그네를 모른 채 하지 말라는 문구가 적혀져 있어 그럴 수도 있다. 사랑 받고 싶다면, 그리고 행복을 느끼고 싶다면, 이곳 터키 동남부만한 곳이 없을 것이라 감히 단언한다. 이 황량한 도시가 마법의 주문을 걸기라도 한 것처럼 이곳에 지낼수록 사람에 대한 신뢰와 사람이 커지는 느낌이다.

로크만 가족과 누사이빈 시민들에게 보내는 한 줄 편지

가장 위험하다고 알려진 그곳을 나는 가장 행복하고 소중한 곳으로 기억해요. IS도 거의 패망 직전까지 다다랐다고 하는데, 앞으로 그 땅에 평화와 축복만이 가득하길 기원할게요.

TIP : 여행지에서 최고의 게스트가 되는 방법

1. 긍정적인 평가를 반드시 남겨주자.

숙박업소의 사장님들은 게스트의 후기에 굉장히 민감하다. 후기가 좋으면 좋을수록 손님을 끌어모으는 원동력이 되기 때문이다. 전 세계에는 숙박업소 사장님들이 눈여겨 관찰하는 3개의 유명 사이트가 있다.

    1) 부킹닷컴

    2) 트립어드바이저

    3) 구글맵

이 3개 사이트의 특징은 국적에 상관없이 널리 이용된다는 점, 여행객들에게 가장 영향력 있는 평가 후기가 모여 있다는 점, 모바일을 이용해 간편하게 예약, 평가할 수 있다는 점을 특징으로 뽑을 수 있다. 게스트가 이 사이트에 좋은 후기를 남겨주면 사장님들이 두 팔 벌려 환영하는 것은 안 봐도 빤한 일이다. 하지만 여기서 절대 놓치지 말아야 할 포인트가 체크인 하자마자 좋게 평가를 해 줘야 한다는 점이다. 나중에 체크아웃한 후 평가하는 건 숙박업소에 좋을 지는 몰라도 우리에겐 아무 득이 될 게 없다. 숙소를 정한 후 그곳에 머물게 되면 체크인하자마자 극찬의 평가를 적는다. 그리고 사장님께 천연덕스럽게 모바일 스크린을 보여주며 한마디 한다.

"너의 호스텔이 너무 좋아서 후기 남기려도 하는데 이렇게 남기는 건 어때?"

자기 숙소가 망하기를 바라지 않는 이상 모든 사장님은 모바일에 적힌 극찬의 글을 보며 굉장히 좋아할 것이다. 후기를 업로드하며 한마디 덧붙이자.

"난 원래 이런 후기 작성 안하는 데 너희 숙소가 너무 좋아서 처음 적어보는 거야."

여러분은 이 순간 이후 최고 특별 대접을 받는 게스트가 될 것이다. 실제로 나는 이런 스킬을 통해 1~6시간 체크아웃 연장권, 아침 식사 특별 메뉴, 룸 무료 업그레이드 등의 혜택을 맛보았다.

만약 사장님이 없고 숙소에 직원만 있다면? 후기를 적을 때, 반드시 그 직원의 이름을 기입해 주자. 예를 들어 직원의 이름이 피터라면, "피터라는 직원이 굉장히 친절하고 적극적으로 도와줬습니다."라는 식으로 적으면 된다. 설령 직원이 무료로 방을 업그레이드 해 주진 않을지언정 여러분을 더욱 사랑스럽게 대해 줄 것이다.

레스토랑도 마찬가지다. 레스토랑에서 주문을 마치자마자 바로 극찬의 평가를 남겨주자. 그리고 웨이터나 오너에게 약간의 생색을 내며 평가 글을 보여주면 된다. 아마 여러분의 메뉴가 한 두 단계 업그레이드되거나, 무료 맥주나 음료의 행운이 깃들 것이다. 만약 아무런 혜택이 없을지라도 레스토랑의 모든 직원들은 여러분께 하나라도 더 친절하고자 노력한다.

2. 근 현대 역사와 그 나라 위인들에 대해 알고 가자.

한 국가의 역사와 위인을 칭찬하는 건 그 국민을 영원히 내 편으로 만드는 거와 같다. 그들에게 과거부터 "너희 나라를 좋아했고, 이는 앞으로도 이어질 거야."라는 강한 유대감을 줄 수 있기 때문이다. 한국인이 외국인 여행객에게 물어보는 "DO YOU KNOW?" 시리즈와 같은 맥락이라고 보면 될 것이다. 다만 여러분이 먼저, 근 현대 역사적 소재를 얘기한다는 점이 차별화된 포인트다. 앞서 나의 에피소드를 보면 터키에서 국부 아타튀르크를 극찬하고, 아르메니아선 대학살을 주제로 현지인들과 많은 교감을 나눈 장면이 있다. 간단한 몇 마디를 나누었을 뿐이지만 현지인들의 반응이 굉장히 호의적이었던 기억이 아직까지 남아 있다.

맹목적으로 그들의 역사 자부심을 띄워주기보단 알 듯 말 듯 배우는 자의 입장에서 칭찬해 주는 걸 추천한다. 여러분께서 직접 묻지 않아도 알아서 상세히 설명해 줄 것이다. 한 가지 재밌는 점은 현지인들이 역사적 위인을 설명할수록 그에 비례해 나에 대한 호감도가 높아진다는 점이다. 그저 저희는 방아쇠를 당기고 난 후 격한 공감만 해 주면 된다. 가장 쉽고 단순하게 현지인의 사랑을 듬뿍 얻게 되는 마법과도 같은 스킬인 셈이다.

개인적으로 직접 이 스킬을 실현한 바, 고대~중세 위인보다 근 현대 인물을 칭찬하는 게 효과가 더 컸다. 아무래도 최근의 역사적 사실이라 국민들이 더 강한 동질감을 느끼는 것 같다. 주의할 점도 있다. 그 나라의 현직 대통령과 총리에 대한 칭찬 발언은 삼가자. 현직에 있는 정치인에 대한 발언은 현지인과 논쟁을 불러일으킬 리스크가 존재하기 때문이다.

3. 이름을 기억하라.

세계일주는 수많은 만남의 연속이다. 새로운 사람을 만나면 으레 그렇듯 이름을 당연히 물어본다. 상호간에 통성명을 했으면 그 이후부터는 반드시 이름을 불러 주자. "Hi friend", "sir", "Mr"라는 타인을 부르는 호칭이 있지만 전부 이름을 불러주는 것보다 굉장히 딱딱한 느낌이다. 이런 명칭은 통성명 이후 그대로 폐기처분하면 된다. 외국인 친구의 이름이 아무래도 한국인보다 낯설기 때문에 한번 들으면 잊어먹기 십상이다. 한 번에 기억하기 힘들다 싶으면 핸드폰에 메모해 두자.

한 가지 더. 공항, 레스토랑, 숙소 직원들은 가슴에 명찰을 달고 있는 경우가 있다. 이럴 때는 굳이 이름을 물을 필요가 없다. 먼저 자연스레 그들의 이름을 먼저 말하고 대화를 건네 보자. 예를 들어 그 사람의 이름이 '마르타'라고 한다면, "마르타, 넌 몇 시까지 일해?" "마르타, 여기서 가장 인기 있는 메뉴가 어떤 거니?"라는 식이다. 아마 상대방은 여러분이 자신의 이름을 알고 있다는 사실에 놀랄 것이다. 손님이 명찰을 보고 이름을 알아낼 것이라고는 기대하지 않았기 때문이다.

먼저 이름을 불러주는 단순하기 그지없는 행동이 여러분께 두 배 세 배 이상의 친절함을 가져다 줄 것이다. 실제로 명찰을 달고 있는 직원을 만나면 완벽한 찬스를 맞이한 것처럼 그들의 이름을 냉큼 불러주곤 했다. 10명이면 10명 모두 다 한껏 긍정적인 태도로 업그레이드된다. 일례로 비행기 승무원에게 이름을 부르며 물을 가져달라고 하자, 요청하지도 않은 와이파이 서비스랑 추가 간식을 제공받기도 했다.

서아시아와 터키여행 핵심정보

1. 정치, 사회, 문화 등 다방면에서 이슬람교의 영향력이 매우 큰 지역이다. 이슬람교의 역사와 교리를 간단하게라도 훑어보고 가면 서아시아를 여행하는 데 큰 도움이 된다.
2. 흔히들 치안이 안 좋다고 생각하지만, 치안이 좋지 않은 지역은 제한적이다. 대도시나 관광지는 치안이 괜찮은 편이고, 현지인들 역시 외국인 여행자들에게 굉장히 친절하다. 긴장을 늦추지 않는 건 좋지만 지레 겁먹지 말자.
3. 서아시아는 의외로 굉장히 질 좋은 특산품이 많은 곳이다. 페르시아의 식기와 카펫, 터키의 요리와 금속 세공품, 조지아의 와인 등이 그러하다. 유럽의 특산품에 비해 가격은 훨씬 저렴하면서도 품질은 뒤떨어지지 않는다. 주머니 사정이 넉넉하다면 구매해보는 것을 강력 추천한다.
4. "인샬라!"라는 말을 반드시 써먹도록 하자. '신의 뜻으로'라는 이 단어는 이슬람 문화권에서 굉장히 자주 쓰이는 말이다. 동방의 관광객이 이 말을 쓴다면 분명 호의적인 반응을 보여줄 것이다.
5. 서아시아는 차 문화가 굉장히 발달한 지역이기도 하다. 차의 역사는 인류의 먹거리 역사 중 가장 오래된 품목이기도 하다. 서아시아를 여행하며 다채로운 차를 즐겨보도록 하자.

이란
1. 세계에서 제일 보수적인 이슬람국가이다. 이들의 종교를 비난하는 말은 절대 삼가도록 하자. 이란 여행이 피곤해질 수 있다. 추가로 여성 여행자라면 국적에 상관없이 반드시 히잡을 착용해야 한다.
2. 이란인과 아랍인은 다른 민족이다. 이란 사람들에게 아랍인이라고 하는 건, 한국인에게 중국인이라고 하는 것만큼 실례인 말이다. 같은 종교를 믿는다고 이들을 한 민족으로 생각하는 건 금물!
3. 세계 최초의 제국이라는 페르시아제국, 세계에서 가장 오래된 종교 중 하나인 조

로아스터교. 1979년에 일어난 이란 이슬람혁명 등 이란의 역사와 문화를 알고 간다면 볼거리가 더욱 풍부해질 것이다.

4. 드라마 '주몽'을 누구보다 사랑하는 사람들이다. 주몽 얘기를 꺼내면 더 큰 호의를 보여줄 것이다.

5. 세계에서 택시비가 제일 저렴한 국가 중 하나다. 그래서인지 테헤란을 제외하곤 대중교통이 열악하다. 택시를 적극 이용하도록 하자.

아르메니아

1. 세계에서 가장 오래된 기독교 국가가 바로 아르메니아이다. 이에 걸맞게 아르메니아에는 성스러운 기독교문화 유산들이 곳곳에 산재해 있다. 기독교의 역사를 알고 간다면 아르메니아를 여행하는 즐거움이 배가될 것이다.

2. 아르메니아판 홀로코스트, 아르메니아 제노사이드 추모기념관은 반드시 방문해야 할 관광코스다. 단 잔인한 장면이 많으니 심장이 약한 사람은 가지 않는 것을 추천한다.

3. 아르메니아 브랜디는 맛도 종류도 다양하다. 술을 좋아하는 사람이라면 한 번쯤 즐겨 봐도 좋을 것이다.

4. 아르메니아는 주변국과 사이가 굉장히 안 좋다. 특히 아제르바이잔과의 사이는 불구대천의 원수일 정도로 매우 심각하다. 때때로 국경이 폐쇄되거나, 양국 간에 입국 사실이 있으면 문제도 되는 경우가 있으니 출국 전에 현지 상황을 철저히 체크하도록 하자.

조지아

1. 와인에 대한 자부심이 세계 어느 국가보다 대단하다. 가격 또한 매우 저렴해서 지겹게 와인을 마실 수 있는 곳이 바로 조지아다. 술을 조금이라도 즐길 줄 아는 사람이라면 와인의 풍미에 빠져보도록 하자.

2. 스위스 이상의 아름다운 자연풍경을 가진 나라다. 그에 반해 물가는 굉장히 저렴한 편이다. 더 많은 관광객들이 몰려들기 전에 조지아의 자연을 마음껏 감상할 것을 강력 추천한다.

3. 겨울 레포츠와 익스트림 스포츠를 즐기기에 환상적인 조건을 갖추고 있다. 이 분야에 관심 있는 사람이라면 조지아는 최적의 여행지가 될 것이다.

4. 조지아 커피는 미국 조지아주에서 따온 것이다. 조지아 사람들에게 조지아 캔 커피를 즐겨 마신다고 말하는 실례를 범하지 말자.

터키

1. 터키는 차를 사랑하는 데 있어 세계 최고 수준이다. 하루에 최소 2~10잔 가까이 차를 마신다. 터키에서 차의 포지셔닝은 우리나라 아메리카노와 소주를 합친 것 이상이다. 차의 맛도 좋고 가격도 저렴하니 마음껏 차 문화를 즐겨보도록 하자.

2. 터키는 세계적인 스포츠 선진국이다. 축구, 농구, 배구 등 모든 종목에서 리그가 활성화 되어 있다. 특히 터키의 축구 사랑은 유럽에 결코 뒤지지 않는다. 터키에서 가장 인기 구단인 갈라타사라이와 페네르바체 경기를 구해보고 화제로 삼아보자. 그들의 호의가 몇 배는 증폭될 것이다.

3. 터키의 국부 아타튀르크는 터키인들의 존경과 사랑을 한몸에 받고 있다. "Hâkimiyet kayıtsız şartsız milletindir.(주권은 조건 없이, 제한 없이 인민의 것이다.)" 라는 어록을 한 번 보여주고 한껏 칭찬해보라. 터키인들의 진정한 친절을 느낄 수 있을 것이다.

4. 터키의 볼거리는 유럽대륙 전체와 맞먹는다. 터키는 고대 히타이트 유적부터, 그리스 -로마시대 문화유산, 비잔틴제국 시대, 오스만제국시대 등 전 세계에서 볼거리가 가장 많은 나라 중 한 곳이다.

5. 동남아시아를 제외하고 한류가 가장 광범위하게 퍼져 있는 나라이기도 하다. 한국인에 대한 호감도 역시 대단하다. 하지만 한국인이라고 직접적으로 밝히지 않는 이상 중국인이라고 오해하는 경우가 많으니, 자신이 한국인임을 어필하자.

나는 여행을 하며 비로소 사람을 배웠다

평범한 학생. 10대의 나를 표현하는 가장 정확한 말이다. 학창시절 반장
한번 해본 적 없고 체육시간에 운동을 월등히 잘하지도 못하는 그런 학생
이었다. 성적은 언제나 상위권과 중 상위권을 왔다 갔다 했던 탓에 공부를
잘한다는 소리는 들어봤어도 '탁월하다.'라는 말을 들을 정도는 아니었다.
다만 남들보다 특이한 점이 있다면 토목업에 종사하는 아버지 탓에 이사를
자주 다녔고, 유치원부터 초중고를 모두 다른 지역에서 졸업했다는 점이었
다는 것 정도?

10대 시절 내게 일어났던 가장 큰 사건은 15살에 서울에서 강원도로 전
학을 갔던 일일 것이다. 흔히 중2병이라고 불리는, 남학생들의 사춘기가 막
시작될 때쯤 우리 가족은 서울을 떠나 강원도 동해시라는 낯선 곳에 새로
운 터전을 잡게 되었다. 강원도 친구들은 스스럼없이 나를 대해 주긴 했지
만, 서울에서 온 놈이 나댄다는 소리를 들을까봐 항상 몸가짐을 조심했다.
2001년, 당시엔 전국적으로 청소년들의 '왕따' 문제가 언론에 대대적으로
보도되던 때였다. 나는 서울 출신이라는 이유로 강원도 친구들에게 해코지

를 당할까봐 내심 두려웠었고, 혹여 내가 '왕따'의 대상이 될지도 모른다는 불안감에 새로운 친구들을 사귈 때면 어김없이 사탕발림을 하곤 했다. 에피소드마다 간혹 나오는 나의 입 발린 칭찬 스킬은 아마 이때 형성된 게 아닐까 싶다.

중학교 때 나름 열심히 공부한 덕에 강원도에서 제일 좋다는 명문고에 입학하게 되었다. 도내에서 공부를 좀 한다는 학생들이 모여든 만큼 학업 성적이 태어나서 처음으로 바닥을 깔아보기도 했지만, 공부할 과목이 많아짐에 따라 내가 가진 적성도 차차 알게 되었다. 지금도 그렇지만 당시엔 명문대를 가는 건 곧 성공의 지름길로 인식되었다. 나 역시 스스로의 의지와 상관없이 이름 있는 대학에 입학하는 게 삶의 유일한 목표였다. 가끔 친구들과 PC방을 가고, 야간 자율학습 시간엔 지리부도를 보며 가고 싶은 장소에 동그라미 표시를 하는 게 유일한 즐거움이었다. 그러다 감독 선생님에게 국영수 공부는 안 하고 쓸데없는 지도만 본다고 한대 쥐어 박히기도 했다. 그날의 기억이 유독 뇌리에 남는 이유는 맞아서 아팠기 때문이 아니라 이때부터 어렴풋이 꿈꿔오던 나의 세계일주의 꿈이 허황된 망상 취급을 받는 것만 같았기 때문이다.

2006년 20살, 나는 홍익대학교 경영학과에 입학하게 되었다. 대학생활은 말 그대로 신세계였다. 태어나서 처음 연애란 걸 해보게 되고, 아르바이트를 하면서 돈을 벌기도 했다. 성인이 되었다는 뿌듯함에 술, 담배를 입에 대기 시작한 것도 이때의 일이었다. 당시만 해도 신입생은 펜 대신 술잔을 잡고 죽자 살자 노는 분위기였는지라 학업을 등한시하기도 했다. 그러다 21살 가을, 여느 대한민국 남자들처럼 나도 입대 영장을 받게 되었고 병역의 의무를 이행하고자 군대를 가게 되었다.

군 생활을 돌이켜 보면 남들과 딱히 다를 바가 없었던 것 같다. 이등병,

일병 때는 하루하루가 죽을 맛이었고, 남몰래 화장실에서 혼자 울기도 했지만 계급이 올라감에 따라 몸도 마음도 한결 가벼워졌다. 국방부 시계가 막바지에 접어든 말년 병장 시절, 당시 대학생들에게 한창 유행처럼 번진 해외 워킹홀리데이에 관심을 가지기 시작했다.

'외국에서 영어도 배우고, 돈도 벌고 여행도 한다.'

이보다 더 매혹적인 프로그램이 있을까? 영어 학습, 아르바이트, 해외여행. 세 마리의 토끼를 잡을 수 있다는 생각에 전역하자마자 한 치의 망설임도 없이 호주로 떠나게 되었다.

2011년, 25살, 1년간의 호주 워킹홀리데이를 성공적으로 마친 후, 그동안 모은 돈으로 5개월 동안 동아시아를 여행했다. 어렸을 적 버킷리스트였던 삼국지의 무대도 밟아보고, 당시만 해도 한국인이 거의 가지 않던 라오스와 티베트에 가보기도 했다. 아마 이때가 나의 20대 시절 가장 행복한 시기가 아니었나 싶다. 누구의 간섭도 없이 자유롭게, 꿈꿔오던 장소를 내 눈으로 목도했기 때문이리라.

그러나 달도 차면 기운다던가? 순탄할 것만 같았던 내 인생에 시련이 다가오기 시작한다. 2010년 아버지의 사업이 실패하면서 집은 반지하 10평짜리로 이사를 가게 되었고, 우리 가족은 수 억 원의 빚더미를 떠안게 되었다. 기울어진 가세에 투덜거릴 틈도 없이 집에 조금이나마 보탬이 되고자 학업과 두 개의 아르바이트를 병행하게 되었다.

2012년 11월 23일, 대학교 3학년 시절. 도서관에서 기말고사 시험공부를 하던 중 낯선 번호로 전화가 왔다. 별 생각 없이 전화를 받았는데 의외의 인물이 말을 건넨다. 경찰관이란다. 그는 내 인적사항을 간단히 확인한 후 대뜸 당장 집에 가보라고 다그치듯 말했다. 왜 그러시냐고 이유를 묻는 내게 지금 집이 화재가 났다고 한다. "장난전화 아닌가요?"라는 나의 물음에 그 경찰관은 관등성명까지 대면서 사태의 심각성을 인지시켜 주었다. 그 자리서 잡고 있던 핸드폰을 놓쳐버렸다. 미친 듯이 학교 정문으로 뛰어나가 눈앞에 있는 택시를 잡아탔다. 1시간을 달려 집 근처에 다다르니 땅바닥은 홍수가 난 듯 물바다였고, 코끝에는 역한 불 냄새가 느껴지기 시작했다. 주변에는 얼굴도 모르는 동네 주민 수십 명이 우리 집과 나를 번갈아 바라보며 혀를 차고 있었다.

　폐허가 된 집에 들어가니 모든 것이 다 타버렸다. 화재의 원인은 내 방의 문어발식 콘센트 연결로 인한 누전이었고, 가장 큰 피해를 입은 곳 역시 내 방이었다. 옷, 전공 책, 모든 앨범 사진, 군 시절 여자 친구와 주고받았던 편지까지… 26년간 살아온 나의 모든 흔적이 한줌의 재가 되어 버렸다. 멍 하니 망부석처럼 내 방을 바라보는데 이상하리만큼 슬프지가 않았다. 눈물 한 방울조차 나오지 않았다. 가족이 다치지 않고 모두 무사하다는 안도감 때문일까? 아니면 더 이상 잃을게 없다는 내 청춘의 허탈감 때문일까.

　온 가족이 합심했기에 화재복구 작업은 예상보다 신속히 진행되었다. 구청과 적십자에서 속옷, 치약 등의 생필품을 지원해 주었고, 나는 찜질방

과 친구 집을 전전하며 숙식을 해결하였다. 낮에는 작업자들과 복구작업에 매진하고, 저녁에는 기말시험 공부를 하고, 늦은 밤에는 친구네 집에서 잠을 자는 생활을 반복했다. 약속이라도 한 듯 집의 복구와 기말고사가 동시에 끝났고, 뿔뿔이 흩어졌던 우리 가족은 다시금 원래의 보금자리에 돌아올 수 있었다. 그리고 2주 후 날아온 기말 성적표에는 4.18이라는 숫자가 박혀 있었다. 내 대학생활 중 가장 높은 평점이다.

2013년, 27살. 4학년 2학기부터는 '취준생'의 신분이 되었다. 2008년 금융위기 이후 취업난이 한층 가열되었던 터, 특히 나와 같은 인문계 출신은 '스카이도 힘들다.'라고 할 정도로 취업 시장은 녹록치가 않았다. 3점 중반의 학점, 워킹홀리데이를 경험했다고 말하기 부끄러울 정도인 700점대의 토익 점수, 자격증도 하나 없는 나의 쓰레기 스펙은 번번이 좌절감만 안겨줬다. 하지만 성과가 없는 건 아니었다. 가장 단기간에 확실히 올릴 수 있는 스펙인 '자소서'에 목숨을 걸었다. 이 전략은 적중해 2년간의 취준생 기간 동안 총 5군데의 대기업에 최종 합격할 수 있었다. 이 중 네 군데는 업계 선

두일 만큼 안정된 연봉과 복지를 제공하는 인기 회사였다. 내가 선택한 회사는 해외진출을 가장 활발히 하고 있는 건자재 회사였다. 본사에서 경험을 쌓은 뒤 해외 주재원으로 근무하는 것이 목표였기 때문이다.

위기는 곧 기회라고 2년간의 기나긴 취업준비 기간이 내게 큰 선물을 가져다주기도 했다. 매일 같이 방문하던 취업카페에 취업 후기를 작성하였고, 이 글이 시발점이 되어 나의 취업 성공기가 대한민국의 대표 경제지 1면을 장식하게 되었다. 뿐만 아니라 신문을 접한 모교 취업진로센터에서 나를 섭외해 3, 4학년 학생 300명을 대상으로 취업 특강을 열기도 하였다. 2년간 132번의 서류 탈락이 뜻하지 않은 환희를 안겨준 순간이었다. 살아가면서 헛되이 보낸 시간은 없다는 깨달음을 얻은 소중한 경험이기도 했다.

2015년, 29살. 나는 신입사원이 되었다. 당시 대한민국을 뒤흔들었던 인기 드라마 '미생'처럼 나의 신입사원 시절도 순탄치 않았다. 전쟁터 같은 직장에서 작은 실수는 대역죄와 같았고, 높은 직급들의 상사들과 함께 있는 사무실은 가만히 숨만 쉬고 있어도 극도의 긴장감에 심신이 피곤해지곤 했다. 사회생활을 하며 단맛, 쓴맛도 한 번씩 맛보게 되고, 아파도 안 아픈 척, 슬퍼도 안 슬픈 척, 약한 모습을 보이면 여과 없이 짓밟히는 냉정한 세상을 경험하게 되었다.

하지만 회사생활이 나를 버겁게만 한 것은 아니었다. 꼬박꼬박 들어오는 월급은 살면서 처음으로 경제적 안정이란 걸 느끼게 해 주었고, 평생의 롤모델이 될 사람도 회사에서 만날 수 있었다.

2016년, 30살. 1년 2개월의 짧은 회사생활을 마치고 세계일주라는 원대한 꿈에 도전하게 되었다. 혹자는 직장까지 그만두면서까지 세계일주를 가야 하겠느냐며 만류하기도 하고, 몇몇 친구는 경제적으로 어려운 우리 집의 상황을 들어 현실적인 충고를 해 주기도 했다. 모두가 일리 있는 말이었다.

왜 세계일주를 가느냐는 주변 사람들의 물음에 굳이 이유를 찾아가면서까지 대답하진 않았다. '시간이 지나면 못 갈 이유만 더 생길 거 같아서.' 라는 미혼의 젊은이라는 조건을 들먹이며 답변하기도 했고, 때로는 '스스로 만족하고 더 행복하기 위해서' 라는 감성적인 멘트를 날리기도 했다.

긍정적인 반응이 없던 것은 아니었다. 아니 오히려 긍정적인 반응이 훨씬 더 많았다. 무엇보다 사랑하는 가족은 단 한마디의 반대 의견도 없이 나의 결정을 적극 지지해 주었다. 친구들은 자기 일처럼 마냥 같이 신나하고, 설렘을 함께 공유했다. 회사 사람들도 용기 있는 결정이라며 칭찬의 말을 아끼지 않았다. 특히 대표이사님은 손목시계와 보조 배터리를 선물로 건네주시며, 해외에서도 항상 몸조심하라는 진심어린 조언을 해 주셨다.

문득 지금 생각해보면 세계일주를 떠나기 전에 가장 잘한 일이 있다면 회사 사람들과 웃으면서 결별한 것이 아닐까 싶다. 설령 회사생활이 마음에 안 들고 상사가 죽을 만큼 미워도, 마지막 순간만큼은 서로 웃으면서 헤어지는 게 가장 중요한 사실임을 알게 되었다. 처음 시작할 때의 악감정은 지내면서 바뀔 수 있지만, 끝맺을 때의 악감정은 되돌릴 수 없기 때문이다. 마찬가지로 서로 좋게 헤어지면, 그 감정을 굳힌 채로 10년이고 20년이고 좋은 이미지로 상대방을 기억할 수 있기 때문이다.

세계일주는 온전히 자신만의 방식으로 세상을 즐기는 프로젝트다. 오랜 기간 투병생활을 요구하는 것도 아니고, 합격일지 탈락일지 모르는 불안한 시험공부에 매달리는 것도 아니다. 까다로운 스펙을 바라는 것도 아니며, 피 터지는 경쟁률 따윈 애초에 존재하지 않는다. 그러나 흔히 말하는 금수 저가 아닌 이상 세계일주는 상당한 리스크가 존재하는 프로젝트이기도 하다. 당장의 안정적인 수입이 끊기는 것은 물론 경력단절, 세계일주 후에 찾아올 무직 상태의 막막함은 미래에 대한 끝도 없는 불안감을 가져다주기

때문이다. 쉽게 생각하면 한없이 너그럽고, 어렵게 생각하면 끝도 없이 깜깜해지는 게 바로 이 세계일주인 것이다.

리스크를 등한시한 건 아니다. 하지만 그때, 세계일주의 실행여부와 상관없이 미래에 대한 불안감은 언제나 실재한다는 것을, 그리고 그 공포를 떨쳐내지 못하면 평생 동안 갈 수 없을 거라는 생각이 들기 시작했다.

향후 미래의 삶이 안정적인 회사를 다녔던 과거보다 훨씬 어렵고 무거우며, 때로는 고통스러울지도 모른다. 하지만 나는 이 모든 것들을 감내하더라도 미래를 바라보는 성취 대신 현재의 행복을 택하고자 했던 것이다.

2016년 8월 30일, 뜻을 세운다는 30살, 이립의 나이.
나의 세계일주는 시작되었다.

Thanks to

사랑하는 가족, 친애하는 벗들, 강릉고, 홍익대 동문들, 아주산업 광주사업소, 해커스어학원, 동글익, 팀가이스트, 공군 제 8542부대, 故고우영 작가님, 창세기전의 신화 소프트맥스, 지브리스튜디오, 프로게이머 강민. 가수 이브, 왁스. 그리고 생면부지의 한국 여행자를 위해 기꺼이 문을 열어준 전 세계 친구들.

가슴 속에 기억하겠습니다. 감사합니다.

지금은 세계일주 전성시대
괜찮아, 위험하지 않아

지은이 정화용

발행일 2018년 12월 24일

펴낸이 양근모

발행처 도서출판 청년정신 ◆ **등록** 1997년 12월 26일 제 10─1531호

주 소 경기도 파주시 문발로 115 세종출판벤처타운 408호

전 화 031)955─4923 ◆ **팩스** 031)955─4928

이메일 pricker@empas.com